# 预防兽医学综合实验教程

YUFANG SHOUYIXUE ZONGHE SHIYAN JIAOCHENG

张浩吉　黄淑坚　张济培　主编

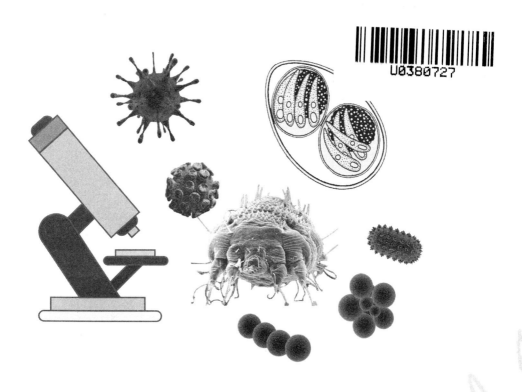

中国农业出版社

北　京

# 本书编委会

主　编　张浩吉　黄淑坚　张济培

编　者（按姓氏汉语拼音排序）

陈济铠（佛山科学技术学院）

陈　瑜（新瑞鹏宠物医疗集团有限公司）

郭锦玥（佛山科学技术学院）

侯艳丽（瑞派宠物医院管理股份有限公司）

黄福强（佛山科学技术学院）

黄良宗（佛山科学技术学院）

黄淑坚（佛山科学技术学院）

李晋飞（新瑞鹏宠物医疗集团有限公司）

李智丽（佛山科学技术学院）

刘领汉（瑞派宠物医院管理股份有限公司）

陆英杰（佛山科学技术学院）

梅　堃（佛山科学技术学院）

余新刚（佛山科学技术学院）

张浩吉（佛山科学技术学院）

张济培（佛山科学技术学院）

张雪莲（佛山科学技术学院）

主　审　白挨泉　陈建红　顾万军

YUFANG SHOUYIXUE ZONGHE SHIYAN JIAOCHENG

# 前 言

在长期的教学实践中，我们深切体会到学生实践操作技能的训练和运用专业知识分析问题与解决问题能力的培养，对动物医学专业学生成才建业尤为重要。近几年来，围绕培养高素质应用型人才，为了强化学生的实践动手能力，我们在课程体系改革中，开展了将分散于各课程中的实验教学内容整合成独立的实验课程的尝试，取得了很好的效果。本教程是在此背景下，以预防兽医学学科中的家畜传染病学、禽病学和兽医寄生虫学3门课程的实验内容为基础整合而成。本书的实验项目重点针对华南地区常见的猪、禽疫病，经数年教学实践和优化，并兼顾知识体系的科学性、系统性和完整性进行了补充和完善，编写成《预防兽医学综合实验教程》一书。

本书共分为4部分，收集编写了32项实验。在实验项目设计和选择中，适当减少验证性实验，增加了综合性和设计性实验所占分量，旨在加强学生分析问题和解决实际问题能力的训练，力求保持对预防兽医学中有关细菌、病毒和寄生虫方面实验内容的系统性。每个实验项目涵盖的内容在实际操作中可能不局限于2学时，综合性实验和设计性实验常需要10多个学时以上的集中实验。因此，在教学过程中，使用者可根据实际情况取舍内容。附录部分还收集了动物病原微生物分类名录和生物安全实验室分级等方面的内容，以期提高学生的生物安全意识和自我保护意识。

非常感谢新瑞鹏宠物医疗集团有限公司和瑞派宠物医院管理股份有限公司的专家为本书编写提出了宝贵的建议，并参加了部分内容的编写工作。书中参阅和引用了一些文献资料或图片，在此谨向原著作者表示衷心的感谢。本书的使用对象是动物医学专业（含小动物医学方向）本科生和相关学科专业研究生，也可供动物养殖企业、宠物医院和科研机构相关技术人员参考。

在《预防兽医学综合实验教程》撰写之初，正值非洲猪瘟肆虐我国养猪业之时，而在教材完稿修审之时，又遇新型冠状病毒在中华大地肆虐之际。在此抗击"新冠肺炎"的非常时期，耳边不时有"己亥末，庚子春，荆楚大疫，染者数万……"的萦绕，尤感人和动物疫病防控者肩负的担子之重，作为预防兽医专业教师承载的责任之巨。人类一直处在抗击传染病的征途上，需要不断学习，不断创新，任重道远，希望这本书能为使用者提供专业、实用的指导。

由于我们的水平有限，错误和不妥之处在所难免。因此，恳请各位读者在使用过程中提出宝贵的修改意见，以使本书的内容不断完善。

编　者

2020 年 2 月于佛山

# 目 录

## 第四部分　设计性实验

# 第一部分

## 实验基础

# 一、预防兽医学实验课程守则

在预防兽医学实验课程教学过程中，由于操作者有机会接触某些病原微生物或寄生虫，存在一定程度的生物安全风险。为确保操作者个人的人身安全，保证实验效果，防止病原微生物及寄生虫等污染实验室及周边环境，要求操作者在实验过程中必须遵守如下守则。

**1. 常规实验守则**

（1）实验课前，学生必须提前认真预习当节课程实验内容，仔细阅读实验指导，明确实验目的和要求，了解实验原理及主要实验过程，做到心中有数，思路清晰。在实验课中认真聆听指导教师实验前的讲解。如有疑问，应在开始操作前及时向指导教师提出，并在问题解决后再进行操作。

（2）不可将与实验课程无关的物品带入实验室。实验教程指导和文具等必需品应集中放置于指定区域，并远离实验操作台。注意实验着装，不佩戴首饰，不穿短裤、短裙、凉鞋和拖鞋等进入实验室。开始实验前，必须正确穿戴好工作服、手套和口罩等个人防护装备，实验结束后离开实验室时工作服需要反叠带离，一次性手套与口罩则需要统一收集和处理。

（3）实验室内必须保持安静，不可在实验室大声喧哗和随意走动。严禁吸烟、进食和饮水。实验过程中，严禁用嘴吸取液体，避免用手触摸头、面部及身体其他裸露部位。

（4）实验过程中须严格遵守操作规程，如遇问题，应先独立思考、分析原因，仍无法解决的，应向指导教师寻求帮助。

（5）如不慎打破装载菌种的容器或皮肤、衣物、桌面等被含有病原微生物或寄生虫的材料污染时，应立即向指导教师报告并及时作出正确处理。

（6）培养（或处理）有生物安全风险的材料时，应在培养皿、容器或包装袋表面注明日期、实验组别、物品名称及处理方法，统一置于指定收集点进行培养（或处理）。实验室中的菌种及其他物品不得带出实验室外。

（7）认真观察、分析实验结果，根据真实情况记录实验结果。如实验结果与预期不一致，应仔细分析实验过程中的每一个环节，培养自己独立思考、分析问题和解决问题的能力。

（8）实验结束后，及时清理实验器具。实验废弃物（液）应统一收集弃置于指定位置或容器中。用消毒液浸湿抹布和拖把，对实验台和实验室地面进行擦拭消毒。接触过菌液或虫卵的玻璃吸管、毛细滴管、涂菌棒、玻璃棒和玻片等也应集中置于消毒液内进行浸泡消毒。

（9）离开实验室前，需用肥皂、洗手液等清洁剂彻底洗净双手，必要时还可用消毒液对双手进行浸泡消毒。

**2. 实验意外事故紧急处理守则**

在实验过程中如发生意外事故，应立即报告指导老师，并按下述方法进行紧急处理。

（1）皮肤创伤。先尽量去除皮肤创伤中的异物，然后用无菌生理盐水洗净，再涂抹2%汞溴红水溶液或2%碘酒进行消毒，必要时可进行包扎处理。

（2）烧灼伤。对烧灼伤部位迅速用自来水冲刷或浸泡降温，然后在创伤部位涂抹无毒的液体石蜡或5％鞣酸等。

（3）化学腐蚀伤。被强酸（非浓硫酸）腐蚀时应先用大量清水冲洗，再以5％碳酸氢钠溶液洗涤中和；由于浓硫酸具有较强吸水性，吸水后会大量释放热量，造成皮肤烧伤，因此被浓硫酸腐蚀时不可直接用水冲洗，应先用干燥洁净的抹布快速轻柔地将皮肤表面多余的浓硫酸擦拭掉，然后再用大量清水冲洗，再以5％碳酸氢钠溶液洗涤中和；强碱腐蚀伤应先以大量清水冲洗，再以5％醋酸溶液洗涤中和。

（4）误吸菌液。应将口中液体立即吐至盛有消毒液的容器内，继而反复用大量清水或3％过氧化氢漱口，并服用广谱抗生素以防感染。

（5）菌液溅、洒至桌面和地面。应立即用抹布浸透消毒液后覆盖于污染位置半小时，然后再抹去，并继续用清水反复擦拭数次。若双手或其他裸露皮肤被病毒液、菌液或处于感染阶段的寄生虫等污染，应立即将相关部位浸泡于消毒液或用消毒液覆盖10～20 min，再用肥皂洗刷和清水冲净。

# 二、预防兽医学常用实验仪器及原理

预防兽医学实验室常用的实验仪器有普通光学显微镜、恒温培养箱、干燥箱、离心机、水浴锅、高压灭菌器、聚合酶链式反应（PCR）扩增仪、电泳仪、移液器、超净工作台等。

## （一）普通光学显微镜

### 1. 观察前的准备

（1）取出显微镜。将显微镜从储藏柜或镜箱中取出时，右手握镜臂，左手托镜座，平稳地把显微镜置于实验桌上。

（2）放置显微镜。显微镜置于操作者身体左前方，离实验台边缘约10 cm处，实验记录本和绘图纸则置于操作者身体右侧。

（3）调整亮度。无光源显微镜是利用物镜底部的反光镜反射白炽灯灯光或自然光来调节光照的。天然光源光线较强时应使用平面镜；天然光源光线较弱或利用人工光源时宜用凹面镜，注意勿反射直射阳光，否则，不但影响物像的清晰度，还会伤害眼睛。旋转物镜镜盘，将10倍物镜对准光孔，将聚光器的虹彩光圈调至最大。左眼观察目镜视野亮度，调整反光镜角度，使视野亮度达到最大、最均匀为最佳。自带光源显微镜是通过调节亮度旋钮来调节视野亮度强弱的。观察染色标本时应使用强亮度，观察未染色标本时则应使用弱亮度。

### 2. 低倍镜观察

由于低倍镜视野大，便于确定目标和具体观察位置，因此观察所有标本都应首先选用低倍镜。将标本玻片置于载物台上，用标本夹固定，旋转玻片推动器旋钮，移动标本玻片至物镜正下方，调节粗准焦螺旋旋钮，从显微镜侧方观察物镜下降至接近标本处。通过目镜观察并同时用粗准焦螺旋旋钮缓慢调节载物台高度，直至镜中出现标本物象，再利用细准焦螺旋旋钮调节物像至最清晰，用推动器微调标本片位置，将合适的标本目的像移到视野中央进行观察。

### 3. 高倍镜观察

在低倍物镜观察的基础上转换高倍物镜。较好的显微镜，低倍镜头与高倍镜头是同焦的。在转换物镜时要从侧面观察，避免镜头与玻片相撞。然后从目镜观察，调节光照，使亮度适中，缓慢调节粗准焦螺旋旋钮，慢慢下降载物台直至物像出现，再用细准焦螺旋旋钮调至物像清晰，找待观察的部位，并移至视野中央进行观察。

### 4. 油镜观察

（1）旋转粗准焦螺旋旋钮将油镜镜头和标本间距离调整至2厘米左右。

（2）在玻片标本待观察区域滴上一滴香柏油。

（3）从侧面观察，调节粗准焦螺旋旋钮将镜筒缓慢下降至油镜镜头部位浸在香柏油中，镜头与标本相接。但应特别注意不能挤压标本，切勿用力过猛，避免压碎玻片和损坏镜头。

（4）通过目镜观察标本，调节光亮程度。再用粗准焦螺旋旋钮缓慢上调镜筒，当物像出现后再用细准焦螺旋旋钮调至最清晰。如果调节粗准焦螺旋旋钮至油镜离开油面仍未见物像出现，则必须重复步骤（3）和（4）操作至物像清晰为止。

### 5. 观察后复原

下调载物台，旋转卸下油镜头。首先使用擦镜纸轻拭去镜头上的大部分油迹，再用擦镜纸蘸取少许乙醚、乙醇（2∶3）混合液或二甲苯，清除镜头上剩余的油迹，最后再用擦镜纸擦拭2～3下即可，使用擦镜纸时注意向同一个方向擦拭。将显微镜各部件恢复至取出时状态，调整镜盘至物镜头与载物台通光孔位置成"八"字形，再下调聚光器和载物台至最低位置，调整反光镜与聚光器成垂直。用柔软纱布清洁载物台等部位，最后将显微镜小心放回储藏柜内或镜箱中。

## （二）培养箱

培养箱是培养微生物的主要设备，常用于细菌繁殖和细胞培养。培养箱的工作原理是以人工方式在密闭的箱体内营造适合微生物或细胞生长繁殖的环境，包括控制温度、湿度、气体组成等。当前较常用培养箱有：电热式培养箱、水热式培养箱、生化培养箱和二氧化碳培养箱。

### 1. 电热式和水热式培养箱

电热式和水热式培养箱外层多由石棉板或铁皮构成。电热式培养箱夹层多为石棉或玻璃棉等隔热材质，以增强保温效果；水热式培养箱夹层为铜制储水夹层。箱内温度通过温度控制器进行自动调控：水热式培养箱采用电热管加热水的方式升温；电热式培养箱采用电热丝直接加热，利用空气对流，使箱内温度均匀。当前所使用的大多数恒温培养箱，在它们的外侧显眼处都安装有数字显示温度计可随时监测箱内温度情况。电热式和水热式培养箱使用与维护应注意以下几点。

（1）箱内不宜过多放置培养物，以便空气对流使箱内各区域温度保持一致、平稳。

（2）放入或取出培养物时动作应迅速，必须及时关闭培养箱门，以免温度波动。

（3）电热式培养箱应在箱内放置盛水的容器，以保持湿度。

（4）水热式培养箱应注意先加水再通电，同时应定时检测夹层水位，及时添加水。

（5）将电热式培养箱风顶适当旋开，以利于调节箱内的温度。

**2. 生化培养箱**

生化培养箱同时装有电热丝加热和压缩机制冷，可调温度范围大，使用广泛。生化培养箱使用与维修保养与电热式培养箱相似。由于生化培养箱装有压缩机，因此保养时与冰箱保养类似，如保持电压稳定、不过度倾斜、及时清扫散热器灰尘等。

**3. 二氧化碳（$CO_2$）培养箱**

二氧化碳培养箱是在普通培养箱中加入 $CO_2$ 系统，以满足培养需求，常用于细胞和一些特殊微生物的培养。$CO_2$ 培养箱的正面有操作盘，盘上设有电源开关、温度调节器（手动式和液晶显示盘）、$CO_2$ 注入开关、$CO_2$ 调节旋钮、湿度调节旋钮、温度显示盘、$CO_2$ 显示盘、湿度显示盘、$CO_2$ 样品孔（用于抽取箱内的样品，以检测箱内的 $CO_2$ 是否达到显示盘上所显示的含量）和报警装置（超温报警灯）。

培养箱应放置于位置比较平稳并远离热源的地方，以防止温度波动和微生物污染。在接通电源前，应按照使用说明书，在培养箱内加入一定的蒸馏水（所加入的水最好含一定量的消毒剂，详见说明书），以免烧坏机器。当加水到一定量后，报警灯亮，即停止加水；打开电源开关，开始加温，将温度控制器调到所需温度，当温度达到所需温度时，会自动停止加热；超过所需温度时，超温报警灯亮，并发出报警声。培养箱所用的 $CO_2$ 可以用液态 $CO_2$ 或气体 $CO_2$，无论用哪种，都必须是纯净的，否则会降低 $CO_2$ 传感器的灵敏度和污染 $CO_2$ 过滤装置。$CO_2$ 供给的管子不能过于弯曲，以保证气体的畅通。如长期不使用 $CO_2$ 时，应将 $CO_2$ 注入开关关闭，防止 $CO_2$ 调节器失灵。所有气体、温度和湿度参数一旦固定后就不要随意扭动和调节开关，以免影响箱内培养环境的稳定，同时降低机器的灵敏度。所加入的水必须是蒸馏水或去离子水，防止矿物质蓄积在水箱内产生腐蚀作用，箱体内的水最少每年更换一次。定期检查箱内水量是否足够，并定期用消毒液擦洗消毒培养箱腔体，置物板可取出清洗消毒。

## （三）干燥箱

干燥箱又称干热灭菌器，其原理与电热式培养箱相似，不同之处在于干燥箱内温度较高，常用于玻璃器皿消毒。要进行干热消毒的玻璃器皿必须提前洗净、干燥，包装好再放入干燥箱内。然后，接通电源，打开加热开关，当温度达到 60～80 ℃时启动鼓风机，加速箱内空气流动，使箱内各区域温度均匀一致。当温度达到灭菌需求时（通常为 160～180 ℃）保持一定时间，通常为 1.5 h，然后停止加热，待干燥箱内温度自然冷却至室温时方可打开箱门，取出灭菌物品。注意，当干燥箱内温度高于 67 ℃时，不可开箱取放器皿，以免烫伤。灭菌后玻璃器皿上的棉塞和包裹用纸应略呈淡黄色，而不应呈焦黑色。

## （四）离心机

离心机是利用物体在转动时产生离心力这一原理，对混合物中不同密度、不同质量的组分进行分离的仪器设备。低速离心机和低速冷冻离心机的转速一般为 4 000～7 000 r/min；

高速离心机和高速冷冻离心机的转速为 10 000～20 000 r/min；转速在 40 000 r/min 以上的称为超速离心机。

**1. 普通离心机的基本使用步骤**

（1）将盛有待分离样品的离心管置于离心机金属管套内，利用天平进行平衡，使相对两管样品连同其管套的重量相等。如出现奇数管样品，多出的一管可用清水添加于新的离心管中以完成配平。

（2）将完成配平的离心管及其套管按对称位置放入离心机转盘中，将转盘盖盖好，锁紧。

（3）盖上离心机机盖，并确保机盖锁紧。

（4）接通电源，慢慢旋转速度调节器指针至目标转速刻度上并维持转速一定时间。

（5）达到离心时间，当速度调节器的指针慢慢回调至零点后关闭电源。

（6）等转动盘自行完全停止转动后，打开离心机盖，小心、轻轻地取出离心管，以免离心沉淀物因震动而重新上浮。

（7）使用离心机过程中，若出现离心机剧烈震动，发出较大噪音，提示样品重量分布不平衡。若有金属音，提示转盘内部试管破裂。遇上述情形均应立即停止离心，进行检查。

**2. 超速离心机**

超速离心机转速远高于普通离心机，可达 50 000 r/min 以上，常用做病毒的提纯、浓缩、病毒颗粒大小、沉降速率及浮密度的测定等。由于超速离心机的转速很高，所以在使用时要严格按照相关机型使用说明进行操作，另外还应注意下列使用要点。

（1）按照仪器使用说明和要求进行安装，放置离心机时应保证机体稳固，保持机体位置水平，必要时需使用水平仪确定水平情况。使用前应全面检查各项安装使用要求，确保无误后方可启用。

（2）当同时有几个转头时，应根据需要和用途，选择合适的转头，并按说明书要求将转头正确稳固地安装在转轴上。

（3）取出离心管和管套，装入所要离心的材料，在万分之一天平上准确称量。再轻轻平稳地放入转头中，盖好离心池上的盖，并确定已经完全锁紧。

（4）接通电源后，按实验需要调节离心过程中的转速、温度和离心时间，即可启动。启动后，当离心池内温度达到所需温度后，抽气机自动抽真空。

（5）当离心池呈真空状态时，抽气机自动停止，转头自动启动。在离心机加速阶段，操作者需要密切观察离心机工作状况，特别注意离心机稳定情况、有无出现剧烈抖动或者异响等。在离心速度达到目标速度并稳定后才可离开。

（6）达到离心时间后，离心机自动减速停止。当离心池进气，内外气压平衡后方可打开离心池盖，小心取出离心管。

（7）离心结束后，全面检查，擦干离心池内壁冷凝水，最后切断电源。

## （五）电热恒温水浴锅

电热恒温水浴锅常用于溶解化学药品、融化培养基、灭活血清等。使用时先在锅内加入适量水，为缩短加热时间也可按所需温度加入适量热水。绿灯亮提示电源接通，红灯亮提示锅内加温。调整温度控制器至所需温度。观察玻璃温度计以确定水温是否达到目标温度，若水温不够但红灯已灭或水温过高但红灯不灭，应上调或下调温度控制器显示温度。红灯亮，为接通锅内电热管使之加温；红灯灭，为断电降温。注意锅内的铜管中装有玻璃棒，用于保持恒温，切勿碰撞或剧烈振动，以免碰断内部的玻璃棒，使调温失灵。

### （六）高压蒸汽灭菌器

高压蒸汽灭菌锅是根据沸点与压力成正比的原理而设计的。一般细菌和芽孢在 121.3 ℃、灭菌 15～20 min 条件下可被完全杀死。高压蒸汽灭菌锅用法及注意事项如下。

**1. 手提式高压蒸汽灭菌锅**

（1）需在灭菌器内加入适量的水，水位接近金属隔板处。

（2）将待灭菌物品用纱布或者旧报纸包扎好，均匀放置于隔板上。

（3）将高压锅盖盖好，拧紧锅盖固定螺旋，关闭气门。

（4）开始加热，注意温度勿上升过快，以免玻璃器皿过热破裂。

（5）当压力计指示锅内气压达到 $1.38 \times 10^4 \sim 2.07 \times 10^4$ Pa（$3.45 \times 10^4$ Pa 以内）时慢慢打开气门，排出锅内空气，直至气体不再喷出为止，然后重新关紧气门。

（6）当压力上升至目标压力时开始计时，至规定时间后停止加热。

（7）待灭菌器自然降温，锅中压力自行降至零，方可缓缓打开气门排气。排气完毕后，开盖取出灭菌物品。切勿在排气完成、气压计指针下降至零前打开锅盖。

（8）将锅内水从排水口排出，并及时清洁锅内壁。

**2. 全自动蒸汽灭菌锅**

（1）打开锅盖，添加蒸馏水至刚好没过隔板。

（2）打开电源开关。

（3）灭菌物品包扎体积以不超过 200 mm×100 mm×100 mm 为佳，各包灭菌物品之间要保留一定间隙，置于金属框内以利于蒸汽的穿透，确保灭菌彻底。如灭菌物品为固体，高压灭菌条件通常为 121 ℃灭菌 20 min；如为液体，则将液体装在可耐高温的玻璃器皿中，液体体积为容器体积 2/3 左右，灭菌条件通常为 121 ℃灭菌 18～20 min。

（4）将锅盖盖好，锁止扳手扳至锁止位置，使锅盖充分压紧锁定。

（5）设定高压时间和温度即可开始高压灭菌。

（6）待灭菌进程指示灯提示灭菌结束后，将灭菌物品迅速转移到干燥箱内干燥。

### （七）聚合酶链式反应（PCR）扩增仪

PCR 扩增仪的品牌很多，不同品牌的操作方法各有不同，须按具体操作说明进行操作。PCR 扩增仪常见操作流程如下。

（1）打开电源开关后，机器会先自检，时间大约 1 min。

（2）打开样品盖，放入 PCR 样品，关紧盖子，部分机型需通过旋转盖顶旋钮调节松紧度。注意松紧度不应太紧，以免 PCR 样品管被压变形。

（3）PCR 扩增仪的运行。如果运行已经存储的程序，用箭头键选择已存储的程序，按确认键后，开始执行程序。如果要输入新的程序，则在菜单上用箭头键选择相应程序步骤，每步设置后确认，最后输入一个新的名字命名程序并存储。返回到菜单，选择新命名程序，开始运行。

（4）在 PCR 扩增仪程序运行过程中，可用屏幕切换键查看运行过程及时间。按暂停键或终止键则可分别暂停和停止运行程序。电压不稳需外加电源保护装置，保证机器安全及实验结果的稳定。

## （八）电泳仪

电泳是一种带电分子在电场中向着电性相反的电极移动的现象。在溶液中，能吸附带电质点或本身带有可解离基团的物质颗粒，如核酸、蛋白质等，在一定的 pH 条件下，于直流电场中会受到电性相反的电极吸引而发生移动。不同物质的颗粒在电场中的移动速度除与其带电状态和电场强度有关外，还与颗粒的大小、形状和介质黏度有关。根据这一特征，应用电泳法便可对不同物质进行定性或定量分析，或将一定混合物进行组分分析或单个组分提取制备，电泳仪正是基于上述原理设计制造的。

常见的电泳类型可根据支持介质不同分为纸电泳、乙酸纤维素薄膜电泳、薄层电泳和凝胶电泳等。此外，根据支持介质的装置形式不同又可分为水平板式电泳、垂直板式电泳、垂直盘状电泳、毛细管电泳、桥形电泳和连续流动电泳等。其中，琼脂糖凝胶电泳是分子生物学实验中最常用的一种电泳方法，该方法用琼脂糖做支持介质。琼脂糖凝胶具有筛网结构，核酸分子在通过时会受到阻力，分子量大的物质通过琼脂糖凝胶时受到的阻力大，泳动速度较慢，因此在凝胶电泳中，带电颗粒的分离不仅取决于净电荷的性质和数量，而且还取决于分子大小，这就大大提高了分辨能力。

### 1. 琼脂糖凝胶电泳仪的一般使用方法

（1）接线。首先将配备的两条导线连接到电泳槽的正极、负极接口处，注意极性不要接反。目前的电泳仪一般会用不同颜色代表正、负极，导线颜色和接口颜色一致，可避免连接错误。

（2）添加电泳液。往电泳槽中倒入适量的电泳液，不能太满，以刚好没过凝胶面为准。

（3）点样。将配制好的琼脂糖凝胶放入电泳槽中，注意加样孔应在负极端（因核酸带负电荷，在电场中会向正极移动）。点样时应注意每孔的加样量不应过多，以免溢出至邻近孔造成污染。样品数量较多时应加快点样速度。

（4）开机。打开电源，设定电压及电泳时间，按运行按钮后，开始进行电泳。正确运行后即可看到在电泳槽的负极端液面冒出大量气泡。

（5）通过观察标记（marker）或样品染料泳动距离，以确定是否应结束电泳。如需停止则关闭电源，拔出电泳仪插头。

### 2. 注意事项

（1）电泳仪运行后，切勿触碰电极、电泳液、凝胶及其他可能带电部分。如必须接触上述部件，应先停止电泳，切断电源后再行触碰，以免触电。

（2）总电流不超过仪器额定电流时，可以多槽同时使用，但切勿超载。

（3）电泳过程中如出现噪音较大、放电等异常现象，应立即切断电源，检查每个部件是否正确连接后再重新运行。

（4）电泳槽长期不使用时，需倒掉电泳槽中的电泳液，保持干燥。

### （九）移液器

移液器也叫移液枪，是在一定量程范围内，将液体从原容器内移取到另一容器内的一种计量工具，被广泛用于生物、化学等领域。移液器的设计依据是胡克定律：在一定限度内弹簧伸展的长力与弹力成正比，也就是移液器内的液体体积与移液器内的弹簧弹力成正比。

根据工作原理可分为空气置换移液器与正向置换移液器；根据能够同时安装吸头的数量可将其分为单通道移液器和多通道移液器；根据刻度是否可调节可将其分为固定移液器和可调节式移液器；根据调节刻度方式可将其分为手动式移液器和电动式移液器；根据特殊用途可将其分为全消毒移液器、大容量移液器、瓶口移液器、连续注射移液器等。移液器用法及注意事项如下。

（1）首先要了解每把移液器的量程范围，调整移液量时切勿超出该移液器最大量程范围，否则易导致调节轮失灵，甚至报废。

（2）不同量程的移液器应装上对应吸头。

（3）将移液器吸排按钮下压至第一停点。

（4）垂直握持移液器，使吸头尖端浸入液面下几毫米处，不应将吸头直接插到液体底部。

（5）缓慢平稳地松开吸排按钮，吸取样液。避免液体进入吸头速度过快，而导致部分液体冲入移液器内部，造成移液器污染。

（6）轻轻将吸头提离液面。

（7）排液时应把吸排按钮平稳地按压到第一停点，再继续按压按钮至第二停点以彻底排空吸头中的液体。

（8）提起移液器，然后按压吸头弹射器弃除吸头。

### （十）超净工作台

超净工作台又称净化工作台，是为了适应现代化工业、光电产业、生物制药以及科研试验等领域对局部工作区域洁净度的需求而设计的。其原理是：通过风机将空气吸入预过滤器，经由静压箱进入高效过滤器过滤，将过滤后的空气以垂直或水平气流的状态送出，使操作区域达到百级洁净度，以保证生产对环境洁净度的要求。超净工作台的用法及注意事项如下。

（1）使用工作台时，先用清洁液浸泡的纱布擦拭台面，然后用消毒剂擦拭消毒。

（2）接通电源，提前 30 min 打开紫外灯进行照射消毒，处理净化工作区内工作台表面积累的微生物。15 min 后，关闭紫外灯，开启送风机。

（3）工作台面上不要存放不必要的物品，保持工作区内的洁净气流不受干扰。

（4）操作结束后，清理工作台面，收集废弃物，关闭送风机及照明开关，用清洁剂及消毒剂进行擦拭消毒。

（5）最后开启工作台紫外灯，照射消毒 30 min 后，关闭紫外灯，切断电源。

# 三、常用器皿的准备和培养基制备

## （一）常用器皿的准备

预防兽医学实验操作过程中涉及的器皿种类很多，这些器皿在使用前必须经干燥清洁和严格灭菌处理。因此，从事预防兽医学相关实验的操作者应熟练掌握各种器皿用前、用后的处理方法和规程。

### 1. 玻璃器皿的准备

（1）玻璃器皿的清洗。首次使用的玻璃器皿往往会含有游离碱，一般先将其浸泡于2%盐酸溶液中数小时，以去除游离碱，然后用自来水冲洗干净。也可先用热水浸泡器皿，再用去污粉或肥皂刷洗，最后经过热水洗刷、自来水清洗，干燥后再灭菌备用。

已用过的玻璃器皿，如盛有培养过细菌的液体培养基的试管或三角瓶，因其内含有大量微生物，洗刷前应先经过高压蒸汽灭菌，然后取出，趁热拔去沾有蜡或油的棉花塞，立即倒去培养污物，再将试管投入温水中，稍加洗刷后浸泡于5%肥皂水内，煮沸5分钟。也可将清空的瓶子用汽油浸泡，待油溶解后再行刷洗。加过消泡剂的发酵瓶或做通气培养的大三角瓶，一般先将清空的瓶子用洗衣粉或10%氢氯化钠溶液清除油污后，再行刷洗。玻璃管（瓶）壁上的培养物痕迹难以被试管刷去除时，可在粗铁丝顶端捆上纱布，用水浸润后蘸少许去污粉或细沙，轻轻摩擦管（瓶）壁进行清理。

（2）培养皿的清洗。用过的培养皿中往往有废弃的培养基，需先经高压蒸汽灭菌或沸水煮沸30 min后，倒掉污物，方可清洗。如果灭菌条件不便，可将器皿中的培养基刮出，倒在一起，以便统一处理。洗刷时，先用热水洗一遍，再用洗衣粉或去污粉擦拭，然后用自来水冲洗干净。将培养皿全部向下，一个压着一个，倒扣于洗涤架上或桌面上。

（3）吸管的清洗。吸取过菌液的吸管，使用完后应先放入装有5%苯酚溶液的玻璃筒内消毒；仅吸取无菌液体的吸管，使用后放入清水中，防止干燥；用于吸取高黏滞性或油状液体的吸管，应先浸泡于10%氢氧化钠溶液中0.5h，去掉油污，再进行清洗。如果吸管经以上处理仍留有污垢，可置于洗液中浸泡1 h，然后进行清洗。清洗时，用普通钢针制成的小钩取出吸管粗端的滤芯棉，将直径为6～7.5 mm的橡胶管一端连在自来水龙头上，另一端套在吸管的粗端，放水冲洗即可。洗净的吸管粗端向下，下面垫一块干净的厚布或几层纱布，使吸管的水分能被充分吸干。

附：洗液配制方法

浓洗液配方：重铬酸钾40 g，浓硫酸800 mL，水160 mL；

稀洗液配方：重铬酸钾50 g，浓硫酸100 mL，水850 mL；

配制方法：将重铬酸钾溶于水中，冷却后，边搅拌边将浓硫酸缓缓加入溶液中。

（4）玻片的清洗。将待清洗玻片置于2%来苏儿或5%苯酚溶液中浸泡48 h，然后置肥皂水中煮沸。洗刷后，再用清水冲洗干净，拭干保存，或浸泡于95%酒精中备用。

（5）器皿的包扎

①试管和三角瓶。包扎前玻璃试管口和瓶口均需先塞好棉花塞，松紧适当。检查玻璃管

（瓶）壁是否存在裂纹。待棉花塞好后，再在棉塞的瓶口外面包裹一层牛皮纸，用棉线扎好，置于干燥箱中灭菌备用。

②培养皿。洗净的培养皿通常用旧报纸或牛皮纸包装，层叠放置，每包 10～12 套，置干燥箱中灭菌备用。

③吸管。吸管包扎前粗端应先塞入少许棉花，以免使用时因不慎而将菌液吸入洗耳球或移液器中。塞入的棉花与吸管口距离为 5 mm 左右，棉花全长为 10 mm 左右。然后，用纸对吸管进行包扎。将纸裁为宽 5～8 cm 的长纸条，先把试管的尖端放在纸条的一端，呈 45°角折叠纸条，包住尖端，一手捏住管身，一手将吸管压紧在桌面上，向前滚动，以螺旋式包扎，最后将剩余的纸条打结，灭菌备用。

（6）玻璃器皿的用前消毒。普通玻璃器皿在用前应以干热灭菌法（140～160 ℃，1～2 h）灭菌，也可用高压蒸汽灭菌法（121.3 ℃，15～20 min）灭菌。

**2. 塑料或乳胶制品的准备**

（1）聚乙烯板的清洗。聚乙烯材质制品使用完后应及时浸泡于含有洗洁精的温水中，再用纱布擦洗。切勿用硬物擦拭，以免留下刮痕。然后清水冲洗干净，晾干备用。如果污垢仍无法去除，可重新置于稀洗液中浸泡过夜后，再行清洗。其他的塑料或乳胶制品可用同样的方法清洗。

（2）聚乙烯板的消毒。聚乙烯板可用紫外灯照射方法消毒，其他的塑料或乳胶制品，如乳胶塞和乳胶滴头等，可用高压蒸汽灭菌法灭菌。

**3. 注意事项**

（1）由于洗液中含有强酸成分，具有较强腐蚀性，在浸泡器皿或捞取器皿时要穿戴好个人防护设备，白大褂、工业用防腐蚀手套、护目镜等，不能穿短裤、拖鞋、凉鞋等暴露大量腿和脚部皮肤的衣物。注意操作动作要轻、慢，以免将洗液溅落到衣服、皮肤上，腐蚀衣物和损伤皮肤。

（2）有些不耐热的塑料制品不能用高压蒸汽灭菌法灭菌，以免损坏物品。所有的塑料或乳胶制品均不可用干热灭菌法灭菌。

## （二）常用培养基的制备

### 1. 普通肉汤培养基

（1）成分。牛肉膏 5 g，蛋白胨 10 g，氯化钠 5 g。

（2）配制方法

①上述成分加入 1 000 mL 水中，混合加热至完全溶解。

②上述溶液用 1 mol/L 氢氧化钠调至 pH 7.2～7.6，煮沸 3～5 min，滤纸过滤，最后补足蒸发的水分。

③分装于烧瓶或试管中，瓶口或管口塞好棉塞，包扎后，121 ℃ 高压蒸汽灭菌 20 min。

④灭菌后于阴凉处降温，然后存于 4 ℃ 冰箱中备用。

### 2. 普通琼脂（固体）培养基

（1）成分。pH 7.6 的普通肉汤 100 mL，琼脂粉 1.5 g。

（2）配制方法

①将琼脂粉加入肉汤中，加热溶解，并补足失去的水分。用双层或多层医用纱布过滤，除去杂质，分装于烧瓶或试管中，121 ℃高压灭菌 20 min。

②分装于试管中的培养基灭菌后，试管需斜置冷却，形成斜面培养基；分装于烧瓶中的培养基灭菌后，冷却至 50～60 ℃，无菌操作，将琼脂倾入无菌培养皿中平放，冷却后成琼脂平板培养基。

### 3. 血液琼脂培养基

（1）成分。脱纤维羊血（或兔血）5～10 mL，普通琼脂培养基 100 mL。

（2）配制方法

①普通琼脂培养基 100 mL，高压灭菌，待温度降至 45～50 ℃时（稍烫手），无菌操作加入 1 mL 的无菌脱纤维羊血（或兔血，加入前应置 37 ℃水浴中保持恒温）。

②轻轻摇匀，切勿产生气泡，倾注于直径 9 cm 的无菌平皿内，约 15 mL，制成平板；或分装于试管，放成斜面。

③待凝固后，置 37 ℃温箱中孵育 18～24 h。若无细菌生长，保存于 4 ℃备用。

### 4. 半固体琼脂培养基

（1）成分。pH 7.6 的普通肉汤 100 mL，琼脂粉 1.5 g。

（2）配制方法

①将琼脂粉加入 100 mL 普通肉汤中。

②加热溶解，补足失去的水分。

③用医用纱布过滤，除去杂质。分装于试管中，塞好棉塞，121 ℃高压灭菌 20 min 备用。

### 5. 沙门-志贺氏（SS）琼脂培养基

SS 琼脂培养基是一种强选择性培养基，常用于分离粪便中沙门菌属及志贺菌属细菌。对大肠杆菌有较强抑制作用，故可增加粪便接种量，以提高病原菌检出率。目前它是最常用的肠道杆菌选择性培养基。

（1）配制方法。将 70 g SS 琼脂粉加入 1 000 mL 水中，混合加热溶解，降温至 50～60 ℃，倒入培养皿中，冷却后即成 SS 平板培养基，置 37 ℃温箱中，待培养基表面完全凝固后即可使用。

（2）培养结果。肠道病菌呈无色或微黄色透明菌落，大肠杆菌呈红色菌落。

（3）成分及变色原理。SS 琼脂成分较多，大体可分为 2 类。

①营养物质：牛肉膏，蛋白胨。

②抑制非病原菌生长的抑制物：煌绿，胆盐，硫代硫酸钠等。

胆盐促进沙门菌生长，硫代硫酸钠可缓和胆盐对痢疾志贺菌与沙门菌的有害作用，并能中和煌绿和中性红染料的毒性。

### 6. 麦氏培养基（MAC）

（1）成分。蛋白胨 20.0 g，氯化钠 5.0 g，胆盐 5.0 g，中性红 0.3 g，琼脂 15.0 g，结晶紫 0.001 g，乳糖 10.0 g，蒸馏水 1 000 mL。

（2）配制方法。除中性红与结晶紫外，将其他成分加热溶解于 1 000 mL 水中，用 1 mol/L 的氢氧化钠溶液或盐酸溶液调至 pH 7.1 后加入 0.1% 结晶紫水溶液 1 mL 和 1% 中性红水溶液 3 mL，混合均匀，于 121 ℃ 高压蒸汽灭菌 15 min。

（3）变色原理

①胆盐能抑制部分革兰氏阳性菌及部分非病原菌的生长，但能促进某些革兰氏阴性病原菌的生长。

②因为含有乳糖及中性红指示剂，故分解乳糖的细菌（如大肠杆菌）菌落呈红色，不分解乳糖的细菌菌落不呈红色。

### 7. 德曼-罗戈萨-夏普（MRB）培养基

（1）成分。胰蛋白胨 10.0 g，磷酸氢二钾 2.0 g，葡萄糖 20.0 g，乙酸钠 3.0 g，牛肉浸膏 10.0 g，柠檬酸三铵 2.0 g，酵母浸膏 5.0 g，七水硫酸镁 0.2 g，X-Gal 0.06 g，吐温-80 1.0 mL，半胱氨酸 0.5 g，蒸馏水 1 000 mL，琼脂 20.0 g。

（2）配制方法。将（1）中除琼脂粉外的各成分加热溶解于 1 000 mL 水中，用 1 mol/L 的氢氧化钠溶液或盐酸溶液调至 pH 6.2。然后加入琼脂，完全溶解混合均匀，121 ℃ 高压蒸汽灭菌 15 min。

# 四、动物的采血技术

在预防兽医学实验中，常涉及对实验动物血液进行常规检测及分析，掌握几种常见动物如小鼠、兔、鸡的采血技术很有必要。几种常用动物的采血方法如下。

### 1. 小（大）鼠采血方法

（1）剪尾采血。需血量很少时，例如血细胞计数、血红蛋白测定、制作血液涂片等实验均可用此法。将小鼠麻醉后，剪去尾部尖端约 5 mm，从尾巴根部向尖部按压，血液即从断端流出。也可用手术刀切断尾动脉或尾静脉，让血液自行流出。采血结束后，消毒、止血。用此法每只鼠可采血约 10 次，每次每只小鼠可采血约 0.1 mL，大鼠约 0.4 mL。

（2）眼眶后静脉丛穿刺采血。使用特制的 7～10 cm 硬玻璃采血管或一次性注射器针头，玻璃采血管一端内径为 1～1.5 mm，另一端逐渐扩大，细端长约 1 cm。采血前，将采血管浸入 1% 肝素溶液中，干燥后使用。采血时，左手拇指及食指抓按住鼠两耳之间皮肤对鼠进行固定，轻轻压迫其颈部两侧，阻碍静脉回流，使眼球充分外突，眼眶后的静脉丛充血。右手持采血管，将其尖端插入内眼角与眼球之间，轻轻向眼底方向刺入，当感到有阻力时立即停止刺入，旋转采血管以切开静脉丛，血液即流入采血管中。采血结束后，拔出采血管，放松左手，出血即停止。用本法在短期内可重复采血。小鼠一次可采血 0.2～0.3 mL，大鼠一次可采血 0.5～1.0 mL。

（3）颈（股）静脉或颈（股）动脉采血。实验鼠麻醉后，剪去一侧颈部外侧被毛，做颈静脉或颈动脉分离手术，用注射器即可抽出所需血量。大鼠多采用股静脉或股动脉。方法如下：大鼠麻醉后，剪开腹股沟处皮肤，即可看到股静脉，把此静脉剪断或用注射器采血即可；股动脉较深，需剥离出再采血。

（4）摘眼球采血。此法常用于鼠类大量采血。采血时，用左手固定动物，压迫眼球，尽量使眼球突出，右手用镊子或止血钳迅速摘除眼球，眼眶内很快流出血液。

（5）断头采血。用剪刀迅速剪掉动物头部，立即将动物颈朝下，提起动物，血液流入已准备好的容器中。

### 2. 兔的采血方法

（1）耳缘静脉采血。将兔固定，拔去耳缘静脉局部的被毛，消毒。用手指轻弹兔耳，使静脉扩张，用针头刺耳缘静脉末端，或用刀片沿血管方向割破一小切口，血液即流出。本法为兔最常用的采血方法，可多次重复使用。

（2）耳中央动脉采血。在兔耳中央有一条较粗的、颜色较鲜红的中央动脉。用左手固定兔耳，右手持注射器，在中央动脉的末端，沿着与动脉平行的向心方向刺入动脉，即可见血液进入针管。由于兔耳中央动脉容易痉挛，故抽血前必须让兔耳充分充血，采血时动作要迅速，采血所用针头不要太细，一般用 6 号针头，针刺部位从中央动脉末端开始，不要在近耳根部采血。

（3）颈静脉采血。方法同小鼠、大鼠的颈静脉采血。

（4）心脏采血。使家兔仰卧，在第三肋间胸骨左缘 3 mm 处穿刺，针头刺入心脏后，持针手可感觉到兔心脏有节律地跳动，此时如还抽不到血，可以前后进退调节针头的位置。注意切不可使针头在胸腔内左右摆动，以防弄伤兔的心、肺。

### 3. 鸡的采血方法

（1）鸡冠采血。剪破鸡冠可采血数滴供做血液涂片用。

（2）静脉采血。将鸡固定，伸展翅膀，在翅膀内侧选一粗大静脉，小心拔去羽毛，用碘酒或酒精棉球消毒。再用左手食指、拇指压迫静脉近心端，使该血管扩张，针头由翼根部向翅膀方向沿静脉平行刺入。采血完毕后，用碘酒或酒精棉球压迫针刺处止血。一般可采血2～10 mL。

（3）心脏采血。将鸡侧卧固定，右侧在下，头向左侧固定。找出从胸骨走向肩胛部的皮束后下大静脉，心脏约在该静脉分支下侧；或由肱骨头、股骨头、胸骨前端 3 点所形成的三角形中心稍偏前方的部位。用酒精棉球消毒后在选定部位垂直进针，如刺入心脏，可感到心脏跳动，稍回抽针头可见回血，否则应将针头稍拔出，更换一个角度再刺入，直至抽出血液。

# 第二部分

## 验证性实验

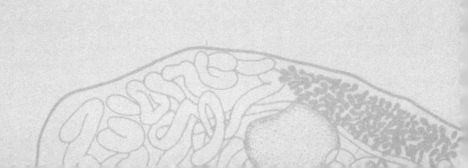

# 实验一　炭疽的实验室诊断

## 一、实验目的

1. 掌握炭疽杆菌环状沉淀反应和串珠实验的原理。
2. 掌握炭疽实验室诊断的操作方法及结果判定。

## 二、实验内容

1. 疑似炭疽感染病畜组织病料的采集原则。
2. 组织标本片的观察，炭疽感染病畜组织中菌体的显微镜观察。
3. 炭疽感染病畜组织的细菌分离培养。
4. 炭疽杆菌环状沉淀反应和串珠实验的操作方法及结果判定。

## 三、实验器材

显微镜，炭疽普通琼脂平板培养物，炭疽肉汤培养物，炭疽沉淀素，炭疽标准抗原，0.5％苯酚生理盐水，炭疽组织标本片，炭疽培养物标本片等。

## 四、操作与观察

### 1. 疑似炭疽感染病畜组织病料的采取

疑为炭疽死亡的动物尸体，严禁剖检，应先从末梢血管采血涂片镜检，作初步诊断。

（1）活体：采集静脉血液（耳静脉或肢端静脉），若为痈型炭疽时可抽水肿液，疑为肠炭疽时可采取带血粪便进行检验。

（2）病死畜：先从末梢血管采血涂片镜检，必要时可做局部切口取小块脾脏，然后切口用浸透浓漂白粉液的棉花或纱布堵塞，妥善包装好后送检。

### 2. 显微镜观察炭疽病畜组织中菌体分布情况（观察组织标本片）

炭疽杆菌在病畜临死前4～20 h出现于血液中，菌体数少，故取濒死时或刚死亡动物的血液做涂片标本。最好用瑞氏或吉姆萨染色法，炭疽杆菌在组织中呈单个或成对存在，有时见2～5个菌体短链；当用碱性亚甲蓝染色时，菌体多呈蓝色，荚膜呈淡粉红色。

若为新鲜的病料，染色后镜检，见有较多量的菌体，即可确诊。

### 3. 炭疽病畜组织的细菌分离培养

炭疽杆菌为一种长而直的粗大杆菌，细菌的两端平直，两菌相连呈竹节状。在动物体内呈单个或2～5个菌体相连形成短链，容易形成荚膜，而在培养物中一般不形成荚膜，但在鲜血琼脂或血清琼脂中，并在供给10％～20％二氧化碳时能形成较明显的荚膜。在培养物中呈长链状。

（1）濒死期或死亡时间较短动物：无菌采取其组织病料，直接涂布接种于普通琼脂平板及肉汤中，置 37 ℃培养 18～24 h 后，镜检判断有无炭疽杆菌生长。

（2）陈旧或污染病料：可将血液或组织乳剂先放到肉汤中加温至 65～70 ℃，保温约 10 min，以杀死无芽孢的细菌。吸取 0.5 mL 肉汤，划线接种至普通琼脂平板进行分离培养。检查生长的菌落，如有疑似炭疽的菌落，则应挑取进行纯培养。

炭疽杆菌在普通琼脂平板上的生长特点是灰白色、不透明、表面粗糙、边缘不整的卷发样菌落。炭疽杆菌在肉汤培养物中的生长特点是培养 24 h 后，试管底部有绒毛状或絮状物沉淀。

在半固体琼脂穿刺生长，无运动性，呈倒松树样；明胶穿刺培养，呈倒松树样，缓慢液化，呈漏斗样。

**4. 炭疽杆菌的血清学诊断——环状沉淀反应**（Ascoli 反应）

（1）原理：将可溶性抗原与相应的抗体混合，当两者的比例合适，并有盐类存在时，即有白色沉淀物出现，这种现象叫作沉淀反应。沉淀反应中的抗原叫沉淀原，为完全透明的微生物浸出液或滤液；与沉淀原起反应的抗体叫沉淀素。

（2）被检材料的采取与处理

新鲜病料：脾脏、肝脏、肾、血液等材料研磨，加入 5～10 倍 0.5% 苯酚生理盐水后过滤。

干皮等：剪取皮肤坏死灶 1 cm² 切碎放置试管中，加入 5～10 倍 0.5% 苯酚生理盐水，4～8 ℃浸泡 20 h 后过滤，取过滤液作为被检液。

（3）实验操作步骤

取沉淀反应管 3 支，各加 0.1 mL 炭疽杆菌抗血清作为沉淀素。

将被检液沿管壁轻轻加入其中 1 支沉淀反应管，使其重叠在炭疽沉淀素血清上，使上下两液间形成一整齐分界面。

对于另 2 支沉淀反应管，其中 1 支加炭疽标准抗原，作为阳性对照；另 1 支加生理盐水，作为阴性对照，操作方法同上。

将反应管直立静置，3～5 min 内判定结果。

（4）结果判断

新鲜病料 1～5 min 两液接触面出现清晰致密如一环状线者为阳性。皮革等病料于 10 min 出现环状线者为阳性。

不出现白线者为阴性。

白线不清晰，则为可疑反应，应重做一次。若重做仍为可疑，按阳性判断。

（5）影响环状沉淀反应的因素

pH：pH 过低或过高均可使诊断血清中的蛋白质发生凝固或絮状沉淀，从而影响结果判读，实验条件以 pH 5～8 为宜。

温度：以室温 20 ℃为宜。

沉淀素的特异性：类炭疽杆菌含有与炭疽杆菌共同的抗原成分，故与特异性不高的炭疽沉淀素接触时会出现弱阳性反应，出现假阳性。

**5. 串珠实验**

原理：炭疽杆菌在适当浓度青霉素溶液作用下，菌体肿大形成串珠，这种反应为炭疽杆菌所特有。可用此法与其他需氧芽孢杆菌鉴别。

方法：取培养 4～12 h 的肉汤培养物 3 管，其中 2 管分别加入浓度为 5 UI/mL 和 10 UI/mL 青霉素溶液 0.5 mL，混匀，另一管加生理盐水 0.5 mL 做对照。37 ℃孵育 1～4 h，取出后加入 20％甲醛溶液 0.5 mL，固定 10 min，涂片镜检。

## 五、思考题

1. 简述炭疽杆菌的培养特性及其在组织培养物中的菌体形态。
2. 简述环状沉淀实验及串珠实验原理、操作方法，并分析相应的实验结果。

## 六、实验报告要求

总结炭疽的实验室诊断过程和结果（绘图），并综合分析得出实验结论。

# 实验二　布鲁氏菌病的诊断

## 一、实验目的

1. 掌握凝集反应的实验原理。
2. 掌握布鲁氏菌检测中虎红平板凝集实验及试管凝集实验的操作方法。

## 二、实验内容

1. 凝集反应的实验原理。
2. 布鲁氏菌虎红平板凝集实验和试管凝集实验的实际操作方法。
3. 布鲁氏菌虎红平板凝集实验及试管凝集实验的结果判定。

## 三、实验器材

虎红平板凝集抗原，试管凝集抗原，布鲁菌病阳性血清，布鲁菌病阴性血清，0.5%苯酚生理盐水，待检血清，玻璃板，小试管（康氏管），吸管，滴管（或注射器），试管架，吸耳球（或橡皮吸头），牙签，记号笔，消毒缸等。

## 四、操作与观察

### 1. 凝集反应的实验原理

颗粒性抗原（如细菌、红细胞）与相应的抗体在适量电解质存在的条件下，经一定时间后凝聚成肉眼可见的凝集物。颗粒性抗原与其特异性抗体在电解质存在条件下，于玻片上出现肉眼可见的凝集小块，称为玻片凝集反应，为一种定性实验。抗原与不同稀释度的抗体在试管直接结合而出现的凝集现象称为试管凝集反应，是一种定量实验。

### 2. 虎红平板凝集反应

①在虎红平板凝集实验卡片或一块洁净玻璃板上画若干个 3～4 cm² 方格。
②在小方格中将被检血清与虎红抗原等量混合，即各加一滴（约 0.03 mL），用牙签充分混匀，在 4 min 内判定结果，同时做阴、阳性血清对照，并做好记录。
③被检血清在规定时间内出现凝集反应者判为阳性，否则判为阴性。

### 3. 试管凝集反应

①每份血清用 4 支试管，另取对照管 3 支试管，共 7 支试管。
②稀释血清和加入抗原（表 2-1）：各管加入 0.5%苯酚生理盐水，后加 0.2 mL 被检血清至第一管中，混匀，吸出 1.5 mL 弃去；再吸 0.5 mL 至第二管，混匀；吸 0.5 mL 至第三管混匀，依次至第四管，混匀，吸弃 0.5 mL。第五管中不加待测血清，第六管中加 1∶25 稀释的布鲁氏杆菌阳性血清 0.5 mL，第七管中加 1∶25 稀释的阴性血清 0.5 mL。

表 2 - 1 布鲁氏杆菌试管凝集反应操作示意（μL）

| 管号 | 1 | 2 | 3 | 4 | 5 | 6 | 7 |
|---|---|---|---|---|---|---|---|
| 最终血清稀释度 | 1：25 | 1：50 | 1：100 | 1：200 | 对照 | | |
| | | | | | 抗原对照 | 阳性血清（1：25） | 阴性血清（1：25） |
| 0.5%苯酚生理盐水 | 2.3 | 0.5 | 0.5 | 0.5 | 0.5 | | |
| 被检血清 | 0.2 | 0.5 | 0.5 | 0.5 | | 0.5 | 0.5 |
| 抗原 | 0.5 | 0.5 | 0.5 | 0.5 | 0.5 | 0.5 | 0.5 |

弃1.5　　　　　　　　　　弃0.5

③各管加入 0.5 mL 抗原后，7 支试管同时混匀，37 ℃放置 4～10 h，取出后室温放置 18～24 h，观察并记录结果。

**4. 结果判断**

++++　　出现大的凝集块沉于管底，液体完全清亮透明，即 100%凝集。

+++　　有明显凝集片和颗粒沉于管底，液体几乎完全透明，即 75%凝集。

++　　可以看见颗粒沉于管底，液体不甚透明，即 50%凝集。

+　　仅仅可以看见颗粒，液体混浊，即 25%凝集。

—　　液体均匀混浊，无凝集现象。

确定血清凝集价时，应以出现++以上凝集现象的最高稀释度为准。牛、马、骆驼凝集价 1：100 以上，猪、山羊、绵羊和狗 1：50 以上为阳性；牛、马、骆驼 1：50，猪、羊等 1：25 为可疑。

## 五、思考题

总结凝集反应实验中的注意事项，对相应实验结果进行分析，并对被检畜群提出处理意见。

## 六、实验报告要求

写出布鲁氏菌病的诊断过程和相应结果，综合分析后作最终的结果判定。

# 实验三　猪流行性腹泻的 RT-PCR 诊断

## 一、实验目的

掌握猪流行性腹泻的实验室诊断方法之一，即逆转录聚合酶链反应（RT-PCR）。

## 二、实验内容

1. 提取病料中的总核糖核酸（RNA）。
2. RT-PCR 扩增，产物的回收与纯化。
3. RT-PCR 产物连接载体及转化。
4. 菌液 PCR 鉴定。

## 三、实验器材

### 1. 仪器

PCR 扩增仪，凝胶图像分析系统，恒温培养箱，高速冷冻离心机，超低温冰箱，超纯水系统，电热恒温水槽，超净工作台，恒温摇床，电热鼓风干燥箱，小型匀浆器，离心机，制冰机，电泳仪。

### 2. 材料

患病猪病料（肠道组织或粪便），DMEM，大肠杆菌 DH5α，一步法 RT-PCR 试剂盒（RT-PCR One-Step Kit），重组 Taq DNA 聚合酶（5 U/μL），dNTPs（2.5 mM），DNA 标记（DNA Marker），Trizol 试剂，氯仿，无水乙醇，异丙醇，琼脂糖，核酸染料 Gold view，琼脂糖凝胶回收试剂盒，质粒提取试剂盒，PMD19-T 载体试剂盒，含氨苄西林（100 μg/mL）的 LB 固体培养基，无 RNA 酶的 DEPC 水。

## 四、操作与观察

了解 RT-PCR 的原理和实验操作流程，进行一系列的实验操作，并在实验结束后，掌握构建序列进化树及分析方法。

### 1. 引物的设计与合成

根据基因库（GenBank）中现有的猪流行性腹泻病毒（PEDV）CV777 株和 Brl/87 株的基因序列，针对其基因保守区利用 Oligo 6.0 设计扩增 PEDV 部分 S 基因（COE 蛋白，目的片段 420 bp），设计合成引物：

S1　5' - GCAACTCAAGTGTTCTCAG - 3'
S2　5' - GAGTCATAAAAGAAACGTCCG - 3'

### 2. 粪便样品、组织样品中 RNA 的提取

（1）取肠道组织置于预冷、无菌的研磨器中，加入 3 mL DMEM（含 400 U/mL 青霉素、

200 $\mu$g/mL 链霉素），反复研磨，然后置于 $-80\ ^\circ\!C$ 的冰箱中迅速冷冻，再迅速置于 $37\ ^\circ\!C$ 温水中融化，如此反复冻融 3 次，用 10 000 g 离心 20 min，上清液用 0.22 $\mu$m 的过滤器过滤除菌。粪便样品加入 1 mL DMEM 直接震荡 5 min，用 10 000 g 离心 5 min，取上清液用于 RT-PCR 检测。

（2）取离心后的上清液 250 $\mu$L 至 1.5 mL 的无 RNA 酶离心管，加入 750 $\mu$L 的 Trizol 试剂后立即混匀，室温放置 10 min。

（3）加入 200 $\mu$L 氯仿，剧烈摇动 15 s、室温放置 5 min 后，4 $^\circ\!C$ 12 000 g 离心 15 min。

（4）吸取 500 $\mu$L 上清液于新的 1.5 mL 无 RNA 酶离心管，加入 500 $\mu$L 异丙醇，温和颠倒混匀，$-80\ ^\circ\!C$ 放置 10 min。

（5）4 $^\circ\!C$ 12 000 g 离心 10 min，弃上清，沉淀用 500 $\mu$L 70% 的冰乙醇洗一次，$-80\ ^\circ\!C$ 放置 10 min 后 12 000 g 离心 5 min，弃上清，再以 7 500 g 离心 5 min，吸干倒置，真空冷冻风干 5 min。

（6）用 20 $\mu$L 无 RNA 酶的 DEPC 水溶解沉淀，并加入 0.5 $\mu$L 的人类胎盘 RNA 抑制酶（HPRI），直接用于 RT-PCR 或 $-80\ ^\circ\!C$ 保存备用。

### 3. 一步法 RT-PCR 扩增

参照 PrimeScript $^\circledR$ One Step RT-PCR Kit Ver. 2 产品说明书，按表 3-1 所示，配制 RT-PCR 反应液（50 $\mu$L 体系）。

表 3-1　50 $\mu$L RT-PCR 反应体系（$\mu$L）

| 成分 | 用量 |
| --- | --- |
| PrimeScript 1 Step 酶混合液 | 2 |
| 2×1 Step 缓冲液 | 25 |
| 上游引物 | 1 |
| 下游引物 | 1 |
| RNA 模板 | 5 |
| 无 RNA 酶双蒸水补至 | 50 |

将反应液混匀，稍离心后置于 PCR 仪，RT-PCR 反应按以下程序进行：50 $^\circ\!C$ 逆转录 30 min，94 $^\circ\!C$ 预变性 5 min；94 $^\circ\!C$ 变性 30 s，55 $^\circ\!C$ 退火 30 s，72 $^\circ\!C$ 延伸 90 s，共 30 个循环；4 $^\circ\!C$ 保存。将 RT-PCR 产物按比例混合上样缓冲液（Loading Buffer）后，配置 1% 的琼脂糖凝胶进行电泳检测和 PCR 产物回收。

### 4. RT-PCR 产物的回收与纯化

参照 Omega 公司的琼脂糖凝胶回收试剂盒说明书进行。

（1）RT-PCT 产物电泳后，在紫外灯下尽可能小地迅速切下含目的基因片段的凝胶。

（2）称取凝胶块的重量，按照每 1 g 凝胶加入 1 mL 结合缓冲液（Binding Buffer）对应量，加入适量体积的 Binding Buffer，55～65 $^\circ\!C$ 水浴至凝胶完全溶解（7～10 min）。每 2～3 min 震荡一次。

（3）将 HiBind DNA 柱子套在 2 mL 收集管上。

（4）将 DNA、凝胶混合液转移至套在 2 mL 收集管的 HiBind DNA 柱子中，10 000 g 离心 1 min，倒去滤液。

（5）HiBind 柱一次只能装 700 μL 溶液，若混合液超过 700 μL，每次转移 700 μL 至柱子中，然后重复（4）的步骤。

（6）将柱子重新装回收集管，加入 300 μL Binding Buffer，按上述条件离心，弃去滤液。

（7）将柱子重新装回收集管，加入 700 μL SPW 洗涤缓冲液（Washing Buffer），按上述条件离心，弃去滤液。

（8）可重复步骤（7）一次。

（9）弃去滤液，把柱子重新装回收集管，13 000 g 离心空柱 2 min 以甩干柱子上的基质。

（10）将柱子装在干净的 1.5 mL 离心管上，加入 30～50 μL 65 ℃ 预热的洗脱缓冲液（Elution Buffer）到柱子基质，室温静置 2 min，以大于 13 000 g 离心 2 min 洗脱出 DNA。

### 5. 回收产物与克隆载体的连接

按 pMD19 - T 载体试剂盒的使用说明进行。连接反应体系如表 3 - 2 所示（共 10 μL）。

表 3 - 2　10 μL 连接反应体系（μL）

| 成分 | 用量 |
| --- | --- |
| 连接液（Solution Ⅰ） | 5 |
| PCR 产物 | 4 |
| pMD -19T 载体 | 1 |

离心混匀后，于 4 ℃ 连接过夜。连接产物直接用于转化。

### 6. 连接产物转化感受态细胞

按 pMD19 - T 载体试剂盒的使用说明，取制备好的感受态细胞 50 μL，加入连接产物 5 μL，混匀后冰浴 30 min，42 ℃ 热休克 90 s，迅速转移至冰上冰浴 2 min，加入 200 μL 不含抗生素的 LB 液体培养基，于 37 ℃ 摇床中以 160 r/min 振摇培养 45 min；取 200 μL 菌液涂布于含氨苄西林的 LB 平板上，37 ℃ 培养过夜。

### 7. 阳性菌落的筛选、鉴定

从上述过夜培养的平板中挑取单个菌落，接种于 3 mL 含氨苄西林的 LB 液体培养基中，37 ℃ 220 r/min 振摇培养 3 h，进行 PCR 鉴定，反应体系如表 3 - 3 所示。

表 3 - 3　菌液 PCR 鉴定反应体系（μL）

| 成分 | 用量 |
| --- | --- |
| 10×缓冲液（Buffer） | 2 |
| dNTPs | 1 |

| 成分 | 用量 |
| --- | --- |
| 上游引物 | 0.5 |
| 下游引物 | 0.5 |
| 重组 Taq DNA 聚合酶 | 0.5 |
| 菌液 | 1 |
| 双蒸水 | 14.5 |

将上述反应体系分别混匀后离心，在 PCR 仪上执行如下反应程序：94 ℃预变性 3 min；94 ℃变性 30 s，55 ℃退火 30 s，72 ℃延伸 90 s，共 30 个循环；4 ℃保存。PCR 产物用 1% 琼脂凝胶电泳进行检测。

### 8. 从大肠杆菌 DH5α 中提取重组质粒 DNA

（1）将 PCR 鉴定的阳性菌液按 1∶100 的比例扩大培养，37 ℃ 220 r/min 振摇培养过夜。

（2）将 4 mL 培养物倒入 2 mL 离心管中，12 000 r/min 离心 1 min，弃上清，收集细菌沉淀。以下步骤按质料小提中量试剂盒说明书进行操作。

（3）加入 250 μL 冰预冷溶液 P1，重悬菌体，剧烈振荡。

（4）加入 250 μL 溶液 P2，上下翻转 6～8 次轻柔混匀。

（5）加入 350 μL 溶液 P3，上下翻转 6～8 次温和混匀，12 000 r/min 离心 10 min。

（6）上一步收集的上清液转移到吸附柱 CP3 中，12 000 r/min 离心 30～60 s，倒掉收集管中的废液，将吸附柱 CP3 放入收集管中。

（7）向吸附柱中 CP3 中加入 600 μL 漂洗液 PW，12 000 r/min 离心 30～60 s，倒掉收集管中的废液，将吸附柱 CP3 放入收集管中。

（8）重复步骤（7）。

（9）将吸附柱 CP3 放入收集管，12 000 r/min 离心 2 min，去除吸附柱中残余的漂洗液。

（10）将吸附柱 CP3 置于一个干净的离心管中，向吸附膜的中间部位滴加 50～100 μL 洗脱液双蒸水，室温放置 5 min，12 000 r/min 离心 1 min 将质粒溶液收集到离心管中，置于−20 ℃中保存。

### 9. 目的基因序列的测定

选择经 PCR 鉴定为阳性的重组质粒，送测序公司进行序列测定。

### 10. 目的基因序列的分析

应用序列分析软件 DNA Star Lasergene 7.1 对测序结果进行拼接处理。应用 MEGA 4.1 基因序列软件的 Clustal W 计算方法进行序列比对。用临位相接法（Neighbor-joining 法）进行系统进化树的构建，设定 1 000 的 Bootstrap 值验证进化树可信度。COE 基因与 GenBank 中调出的参考序列进行比对，分析彼此间的相似性、遗传进化关系及变异程度。

**11. 注意事项**

（1）RNA 提取时，要杜绝外源酶的污染，同时要阻止内源酶的活性。

（2）采用 DNA 酶处理 RNA 样品，防止 DNA 污染。

（3）逆转录时要注意防止 RNA 降解，保持 RNA 完整性。

（4）为了防止非特异性扩增的出现，实验中应设置对照。

## 五、思考题

1. 实验室常用的确诊 PEDV 的方法有哪些，各有何优缺点？

2. 在规模化猪场中如果暴发猪流行性腹泻，应采用怎样的有效的综合防控措施？

## 六、实验报告要求

记录猪流行性腹泻的 RT-PCR 诊断程序和结果，综合分析后得出实验结论。

# 实验四　猪传染性胃肠炎的实时荧光定量 PCR 诊断

## 一、实验目的

掌握猪传染性胃肠炎的实验室诊断方法之一，即实时荧光定量 PCR 方法。

## 二、实验内容

1. 从临床腹泻样品中提取总 RNA，并逆转录成 cDNA。
2. 制备猪传染性胃肠炎病毒（TGEV）标准阳性质粒。
3. 了解实时荧光定量 PCR 实验原理，并掌握其操作方法。

## 三、实验器材

### 1. 仪器

荧光定量 PCR 仪，琼脂糖凝胶电泳仪，凝胶成像系统，超净工作台，恒温培养箱，高速冷冻离心机，电热恒温水槽，空气恒温摇床，小型匀浆器，小型离心机，制冰机。

### 2. 材料

采集具有呕吐、腹泻症状的仔猪粪便或病死猪的小肠内容物，TGEV 疫苗（WH‐1株），Trizol 试剂，rTaq DNA 聚合酶（5 U/μL），dNTPs（2.5 mM），逆转录试剂盒（PrimeScript™ RT Reagent Kit with gDNA Eraser），染料法荧光定量试剂盒（TB Green® Premix Ex Taq™ Ⅱ），大肠杆菌 DH5α，DNA Marker，氯仿，异丙醇，无水乙醇，琼脂糖，DEPC 水，磷酸盐缓冲液（PBS）。

## 四、操作与观察

### 1. 引物的设计与合成

根据 GenBank 公布的 TGEV S 基因序列，用 Primer Express 3.0 软件进行生物信息学分析并设计及合成引物，预期扩增片段长度为 175 bp。

S1　5'‐CTCACCACCTACTACCACCACAGA‐3'
S2　5'‐CTAGCACCATGTAAATAAGCAACAACCTC‐3'

### 2. 疫苗株病毒和临床腹泻样品的 RNA 提取

（1）取肠道组织置于液氮预冷的研钵中，用研杵充分研磨组织，其间不断加入液氮。随后加入 2 mL 预冷的 PBS，混匀，反复冻融 3 次，4 ℃ 10 000 g 离心 10 min，上清用 0.22 μm 的滤器过滤除菌。粪便样品加入 1 mL PBS 震荡 5 min，用 10 000 g 离心 5 min，取上清液。

（2）取离心后的上清液 250 μL 至 1.5 mL 无 RNA 酶离心管，加入 750 μL 的 Trizol 试

剂后立即混匀，室温放置 10 min。

（3）加入氯仿 200 μL，剧烈摇动 15 s，室温放置 5 min 后，4 ℃ 12 000 g 离心 15 min。

（4）吸取 500 μL 上清液于新的 1.5 mL 无 RNA 酶离心管，加入 500 μL 异丙醇，温和混匀，室温静置 10 min。

（5）4 ℃ 12 000 g 离心 10 min，弃上清液；一般在离心后，试管底部会出现 RNA 沉淀；用 1 mL 75% 的乙醇洗一次，轻轻上下颠倒洗涤离心管管壁，7 500 g 4 ℃ 离心 10 min 后小心弃去上清，切勿触及沉淀，枪头吸干后，风干 5 min。

（6）用 20 μL 经 DEPC 处理的无 RNA 酶的三蒸水溶解沉淀，溶解的沉淀物即为总 RNA。然后将提取的总 RNA 逆转录为 cDNA 或 −80 ℃ 保存备用。

### 3. 总 RNA 逆转录成 cDNA

（1）去除基因组 DNA。参照 PrimeScript™ RT Reagent Kit with gDNA Eraser 说明书，按表 4-1 所示配制去除基因组 DNA 的反应液。反应条件为 42 ℃ 水浴或 PCR 仪上 2 min，然后放置冰上 2 min。

表 4-1　去除基因组 DNA 反应体系（μL）

| 试剂 | 用量 |
| --- | --- |
| 5×gDNA Eraser Buffer | 2.0 |
| gDNA Eraser | 1.0 |
| 总 RNA | 1* |
| 无 RNA 酶的单蒸水加至 | 10 |

＊ 20 μL 逆转录反应体系中，最多可使用 1 μg 的总 RNA。

（2）逆转录反应。按表 4-2 所示配制逆转录的反应液，进行逆转录反应。

表 4-2　逆转录体系（μL）

| 试剂 | 使用量 |
| --- | --- |
| 步骤 1 的反应液 | 10.0 |
| PrimeScript RT Enzyme Mix I | 1.0 |
| RT Primer Mix | 1.0 |
| 5×PrimeScript Buffer 2（实时荧光定量） | 4.0 |
| 无 RNA 酶的双蒸水 | 4.0 |
| 总共 | 20 |

### 4. 标准阳性质粒的制备

（1）依据上述实验合成的 TGEV cDNA 为模板（双蒸水做阴性对照），根据已合成的引物进行 PCR 扩增。反应体系如表 4-3。

表 4-3　PCR 反应体系（μL）

| 试剂 | 使用量 |
| --- | --- |
| 5×PCR Buffer | 10.0 |
| rTaq DNA 聚合酶 | 0.5 |
| 上游引物 | 2.0 |
| 下游引物 | 2.0 |
| dNTPs | 2.5 |
| cDNA 模板 | 5.0 |
| 双蒸水加至 | 50 |

将反应液混匀，稍离心后置于 PCR 仪。RT-PCR 反应按以下程序进行：94 ℃预变性 5 min；94 ℃变性 30 s，60 ℃退火 30 s，72 ℃延伸 40 s，共 30 个循环；4 ℃保存。

得到的 PCR 产物，直接用于 1%琼脂糖凝胶电泳检测和回收。PCR 产物回收方法根据琼脂糖凝胶 DNA 回收试剂盒说明书进行。

（2）将 PCR 回收产物与克隆载体连接。反应体系如表 4-4 所示。

表 4-4　连接体系（μL）

| 试剂 | 使用量 |
| --- | --- |
| Solution I | 5 |
| PCR 产物 | 4 |
| pMD-18T 载体 | 1 |

离心混匀后，于 4 ℃连接过夜，连接产物直接用于转化。

（3）连接产物转化感受态细胞：取 50 μL 大肠杆菌 DH5α 感受态细胞，待其在冰上融化后，加入 10 μL 连接产物，轻轻混匀后，冰浴 30 min，42 ℃水浴加热 90 s，再置冰上 2 min，加入 500 μL 预热的 LB 液体培养基，37 ℃ 200 r/min 振荡培养 45～60 min，2 000 r/min 低速离心 2 min，弃 300 μL 上清，轻轻重悬细菌沉淀，涂布于 $Amp^+$ 的 LB 琼脂平板，37 ℃培养 12～16 h。

（4）提取质粒并对重组质粒进行 PCR 和测序验证：从上述过夜培养的平板中挑取单个菌落，接种于 5 mL $Amp^+$ 的 LB 液体培养基中，37 ℃ 220 r/min 振荡培养 6～8 h。根据质粒提取试剂盒说明书提取质粒后，进行 PCR 鉴定，反应体系如表 4-3。PCR 产物用 1%琼脂凝胶电泳进行检测。将 PCR 鉴定为阳性的重组质粒进行序列分析并命名为 pMD18-S。

**5. 实时荧光定量 PCR 反应条件及标准曲线的建立**

（1）标准曲线的建立：运用紫外分光光度计测定标准品 pMD18-S 浓度，并计算其拷贝数。将标准品进行 10 倍系列稀释（$10^{-10} \sim 10^{-1}$），选取 7 个稀释度（$10^{-10} \sim 10^{-4}$）为模板，且每个稀释度的标准品做 3 个重复，根据 TB Green ® Premix Ex Taq™ Ⅱ 试剂盒说明书的反应体系（表 4-5）进行荧光定量 PCR 扩增。以起始模板数的对数为 X 轴，循环阈值（Cq 值）为 Y 轴建立标准曲线，同时建立回归方程及相关系数（$R^2$）。

（2）将样品进行实时荧光定量 PCR 检测。根据上述实验方法，从临床腹泻样品中提取的 RNA 进行逆转录后获得的 cDNA 作为模板，运用 TB Green ® Premix Ex Taq Ⅱ 试剂盒说明书中的反应体系（表 4-5）加样，每个样品做 3 个重复。反应程序为：95 ℃ 预变性 30 s；95 ℃ 变性 5 s，60 ℃ 退火 30 s，共 40 个循环；熔解曲线：65 ℃ 以 0.5 ℃/s 升至 95 ℃。同时分别以 TGEV 阳性质粒为模板作为阳性对照组，双蒸水作阴性对照组。最后通过建立的标准曲线对样品模板进行定量分析。

**表 4-5　TGEV 实时荧光定量 PCR 鉴定反应体系**（μL）

| 试剂 | 使用量 |
| --- | --- |
| TB Green ® Premix Ex Taq | 10.0 |
| 上游引物（10 μmol/L） | 0.4 |
| 下游引物（10 μmol/L） | 0.4 |
| cDNA 模板（<100 ng） | 2.0 |
| 双蒸水加至 | 20 |

### 6. 注意事项

（1）RNA 提取时，避免 RNA 酶的污染。

（2）实时荧光定量 PCR 比 RT-PCR 更加灵敏，因此加样时注意加样量的准确性。

## 五、思考题

1. 实验室还有哪些常用的确诊 TGEV 的方法？
2. 实时荧光定量 PCR 中嵌合荧光检测法的作用原理是什么？

## 六、实验报告要求

记录猪传染性胃肠炎实时荧光定量 PCR 实验室诊断过程和结果，综合分析后得出实验结论。

# 实验五　鸡白痢的血清学诊断——平板凝集实验

## 一、实验目的

1. 了解凝集实验的基本原理。
2. 掌握平板凝集反应实验的操作技术及其生产应用。

## 二、实验内容

1. 鸡白痢平板凝集实验的原理与操作。
2. 鸡白痢平板凝集实验的临床应用。

## 三、实验器材

鸡白痢抗原，生理盐水，玻璃板，滴管，微量移液器，采血针头，不锈钢丝环，牙签，洁净玻板等。

## 四、操作与观察

凝集反应实验原理见实验二。平板凝集实验是在玻璃板或纸质反应卡上，先滴一滴抗原，然后加入含有相应抗体的血清或全血，两者结合后出现凝集颗粒，操作流程与结果判定见图 5-1。该实验具有简易、快速、敏感、特异的特点，长期以来，广泛用于多种人畜传

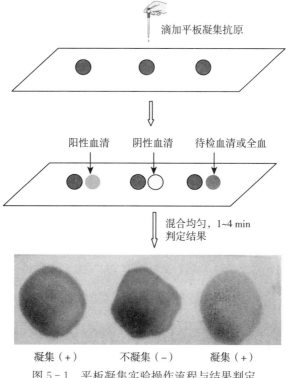

图 5-1　平板凝集实验操作流程与结果判定

染病的快速诊断，在家禽中最常用的是鸡白痢与鸡败血支原体感染的检验。本实验以鸡白痢的平板凝集实验为例进行操作训练。

### 1. 实验操作

先将抗原充分振荡混匀，用滴管或移液器吸取，垂直滴一滴（约 $50~\mu L$）于平板上。用针头刺破被检鸡的翅静脉或鸡冠，用不锈钢丝环蘸取血液（或预先采血分离血清）一环或用移液器吸取滴加 1 滴（约 $50~\mu L$）于抗原中，用牙签迅速将被检鸡全血与抗原混匀并散开至直径约为 2 cm 的薄层后，观测至 5 min，判定结果并记录。同时，用阳性参考血清、阴性血清或生理盐水分别做阳性、阴性对照。

### 2. 结果判定标准

在阳性对照和阴性对照反应均成立的前提下，抗原与全血或血清混合后，于 1 min 内出现大量块状凝集颗粒且底液清亮者为强阳性反应，记录为＋＋＋＋；1～3 min 内出现大量大小不等的凝集颗粒且底液略有混浊者为中强度阳性反应，记录为＋＋～＋＋＋；3～4 min 后，出现少量细微颗粒，底液较混浊者为弱阳性反应，记录为＋；未见凝集现象发生或在 4 min 以后出现不明显的凝集现象者为阴性反应，记录为－。

### 3. 注意事项

（1）鸡白痢抗原应保存于 8～10 ℃、避光、干燥处，使用过程中应不断摇匀。
（2）鸡白痢抗原适用于检查产蛋母鸡及一年以上的公鸡，对幼龄鸡的敏感性较差。
（3）平板凝集反应应在 20 ℃ 以上的室温下进行。
（4）使用蓝紫色鸡白痢抗原做实验，最好衬以白色背景以便于观察结果。
（5）本实验还可以用鸡卵黄液做被检材料，判断标准同上。

### 4. 鸡白痢平板凝集实验的临床应用

鸡白痢是流行普遍、危害严重的鸡传染病，其传播的重要途径之一是经卵垂直传播。因此，做好种鸡群中鸡白痢的控制与净化是防治工作中的重要手段。鸡白痢平板凝集实验以简便、快捷、特异、敏感等特点在国内外普遍用于该病的临床检验，监视该病的控制与净化效果，指导控制与净化措施的修订与实施。为更好地发挥本试验在相应疾病控制中的作用，在实施检验时应注意如下事项。

（1）对一般性商品生产种鸡群作鸡白痢检验时注意的问题：
①检验样品抽检比例一般为 1‰～2‰。
②检验出的阳性鸡可淘汰也可不淘汰。
③对后备鸡群检验的时间间隔，首次检验应在 40～70 日龄，第二次检验在全面开产后每年检测 2～3 次。
④检验工作一定要配合有效的防疫工作。
⑤检验后对结果作统计，计算感染的阳性率并与上次检验结果比较，以便评估上次检验后相应防疫措施的效果，修订防疫计划，直至鸡群感染率下降至最低水平。
（2）对以建立净化鸡白痢和鸡败血支原体病为目的的无特定病原体（SPF）鸡群作检疫

时注意的问题：

①检验样品的比例应为 100％。

②检验出的阳性鸡应予淘汰。

③检验时间间隔应为每月 1 次，或根据具体净化计划确定间隔时间。

④对检验为阴性鸡群实施特别严格的隔离、卫生消毒措施和药物防治措施。

⑤鸡群完全净化的基本标准是以最后连续 3 次检验全为阴性，且鸡群在该段时间未用过对相应疾病敏感的药物。

## 五、思考题

1. 鸡白痢平板凝集实验应注意哪些问题，判定结果的标准是什么？

2. 在家禽养殖生产中，平板凝集实验除用于鸡白痢检验外，还常用于哪些疫病？

## 六、实验报告要求

1. 详细描述实验结果，分析阳性结果的判断标准。

2. 简述本实验在生产中的应用及应注意的主要问题（参考实验注意事项内容）。

# 实验六　小鹅瘟的血清学诊断——琼脂扩散实验

## 一、实验目的

1. 了解琼脂扩散实验（AGP）的基本原理。
2. 掌握琼脂扩散实验的操作技术及在家禽疫病诊断上的应用。

## 二、实验内容

1. 琼脂扩散实验（AGP）的原理和临床应用介绍。
2. 小鹅瘟的琼脂扩散实验操作训练。

## 三、实验器材

1. 小鹅瘟抗原：购自兽医生物制品厂，也可自行制备。将小鹅瘟病毒（GPV）种毒按 1∶10 稀释，经尿囊腔接种 12～14 d 无 GP 抗体的鹅胚，0.2 mL/只，37 ℃孵化，每天照蛋 2 次，收集接种后 72～120 h 死亡胚，静置 4 ℃冰箱 4～12 h，收获尿囊液及具有典型病变的胚体。取 1 份胚体、2 份尿囊液捣碎制成匀浆，加等量氯仿振摇 30 min，以 3 500 r/min 离心 30 min，吸取上清液装入透析袋，包埋于干燥硅胶中过夜，至袋内溶液完全干燥，向袋内加入原液容量 1/20 的去离子水，使内容物溶解，即为沉淀抗原。

2. 小鹅瘟阳性参考血清：将 GPV 种毒按 1∶10 稀释，经尿囊腔接种 12～14 d 无 GP 抗体的鹅胚，0.2 mL/只，37 ℃孵化，每天照蛋 2 次，收集接种后 72～120 h 死亡胚，静置于 4 ℃冰箱 4～12 h，收获尿囊液，得到抗原液。将抗原液浓缩、灭活，得到的灭活抗原，分别免疫健康羊或健康家兔，采血提取血清，经 AGP 试验效价达到 1∶32 以上，冷冻干燥保存。

3. 被检材料
(1) 被检血清：采集受检雏鹅血液自然析出的血清。
(2) 被检抗原：无菌采取可疑患病雏鹅肝、脾组织，称重剪碎，用生理盐水或 Hank's 液制成 1∶2 的组织悬液，参照制备标准 GP 抗原方法用氯仿处理、硅胶包埋浓缩至完全干燥，加入 1/5 原液量的无菌去离子水于透析袋内，待完全溶解后置无菌小瓶或离心管内冻结保存。

4. 琼脂凝胶液的配备：将琼脂糖 0.7～1.2 g，氯化钠 8 g，苯酚 0.1 mL，蒸馏水 100 mL 依次混合，用 5.6%碳酸氢钠溶液调至 pH 6.8～7.6，水浴加热使琼脂糖充分溶解，以备制作琼脂凝胶板。

5. 其他器材：恒温培养箱，高压蒸汽灭菌锅，电磁炉，微波炉，水浴锅，酒精灯，玻璃平皿，移液枪，琼脂板打孔器，针头，打孔和加样示意图等。

## 四、操作与观察

### 1. 实验原理

琼脂扩散试验是血清学沉淀实验的一种，以琼脂凝胶作为抗原抗体免疫扩散和形成沉淀反应的载体。琼脂凝胶的含水量在 90% 以上，能允许分子量在 200 kDa 以下的大分子物质自由通过和扩散，绝大多数的可溶性抗原与免疫球蛋白的分子量都在 200 kDa 以下，所以能在凝胶内自由扩散。若特异的抗原、抗体在凝胶中各以其固有的扩散系数扩散，当两者在比例最合适的区域内相遇，即发生沉淀反应形成不透明的白色沉淀线。由于反应生成的沉淀物的颗粒较大，停留在凝胶中不再扩散。

AGP 试验简易、敏感、特异、快速，已广泛应用于多种人、畜、禽传染病的诊断，但常易受免疫接种的影响，因而对试验结果的临诊意义要综合分析。在家禽传染病防控中，AGP 试验可用于马立克氏病（MD）、鸡传染性法氏囊病（IBD）、小鹅瘟（GP）等疫病检测。本实验以小鹅瘟的琼脂扩散试验为例进行操作训练。

**2. 琼脂凝胶板的制备**

将充分融化的琼脂凝胶液倾注于清洁的玻板上或洁净的玻璃平皿中，制成厚度约为 3 mm 的琼脂凝胶板，注意琼脂中不能产生气泡。

**3. 琼脂板打孔**

将打孔和加样示意图（大小与凝胶板相仿，已画好打孔图样为七孔梅花图形，孔距 3 mm，孔径 3 mm）放在凝胶板底下，用打孔器依样打孔，用针头挑出孔内琼脂粒。加样前将板底部在酒精灯火焰上稍加热，使孔底琼脂液化封孔。琼脂凝胶板的制备和打孔过程，见图 6 - 1。

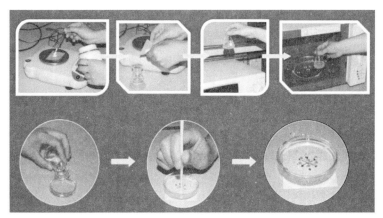

图 6 - 1  琼脂凝胶板的制备和打孔过程

**4. 加样**

在琼脂板中心孔加标准抗原，外周加入被检血清。将琼脂板置 37 ℃，保持一定湿度，恒温箱中感作 24 h 后观察结果。

**5. 结果判定**

（1）若受检血清有 GP 特异抗体，则在抗原与抗体孔之间产生肉眼可见的清晰白色沉淀线，此为阳性反应。相反，如抗原抗体之间不出现沉淀线则为阴性反应。

（2）沉淀线一般出现在抗原、抗体孔之间，但有时由于抗原浓度与抗体浓度不一，沉淀线往往偏近抗原孔或抗体孔，有时可能出现一条以上的沉淀线，这些情况均属阳性反应。

（3）如果被检孔没有出现白色沉淀线，但邻近的阳性对照孔的沉淀线末端向该被检孔内侧偏弯，可认为该被检孔样品为阳性；若邻近的阳性对照孔的沉淀线末端向该被检孔向该孔外侧偏弯，或该被检孔虽然有沉淀线，但该沉淀线与阳性对照孔沉淀线交叉（属非特异性沉淀线），则此被检样品为阴性。

沉淀线形状位置与抗原抗体扩散率及浓度关系见图 6-2。

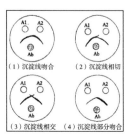

（1）沉淀线吻合：待检抗原与标准抗原完全相同。

（2）沉淀线相切：待检抗原中含有与标准抗原相同的抗原，还含有另外的抗原与抗血清相对应。

（3）沉淀线相交：待检抗原有与抗血清对应的抗原，但和标准抗原不同。

（4）沉淀线部分吻合：待测抗原和标准抗原性质相同，但含量较低。

A1：待检抗原；A2：标准抗原

沉淀线形状、位置与抗原抗体扩散率及浓度的关系

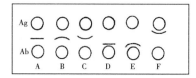

A：Ag、Ab浓度及扩散率近似；　　B：Ag、Ab浓度近似，扩散率Ag>Ab；
C：Ag、Ab浓度近似，扩散率Ag<Ab；　D：浓度近似，扩散率Ag>Ab；
E：浓度Ag>Ab，扩散率Ag>Ab；　　　F：浓度Ag<Ab，扩散率Ag<Ab

图 6-2　沉淀线形状位置（左）与抗原抗体扩散率及浓度关系（右）示意图

### 6. 注意事项

（1）配制琼脂凝胶时，琼脂浓度（琼脂板的硬软度）对实验操作及结果均会造成影响。琼脂浓度较大时，制成的琼脂胶较硬，较易打孔，但过硬的凝胶板容易在反应过程中干裂，而且由于密度大，还会影响样本的扩散速度；而浓度太低时，琼脂凝胶板很软，难于打孔，而且打孔后，孔内容易渗水，影响加样量。气温高时，浓度应大些，气温低时，浓度应小些。通常浓度为 $0.65\% \sim 1.2\%$。

（2）为了避免打孔时孔周边琼脂脱离漏底，可在制备琼脂板前，将玻璃板浸入充分融化的琼脂凝胶液中，取出放在恒温箱中烘干，再行倒板。这样由于玻璃板面较粗糙，与琼脂结合较牢，打孔时孔周琼脂不易脱离。

（3）加样量应统一以加至各孔孔满为标准，如果抗原、抗体的比例不当，易影响反应结果。反应温度必须始终相对恒定，否则会造成假阳性。观察结果最好在日光灯下进行。

（4）理论上，大多数传染病都可应用 AGP 实验作检验，目前常应用 AGP 实验检验的家禽传染病还有鸡马立克氏病、鸡传染性法氏囊病、家禽脑脊髓炎、病毒性关节炎、滑液囊霉形体病、禽流行性感冒、禽霍乱、鸭肝炎等，基本原理和方法同上，具体操作可按试剂说明书进行。

## 五、思考题

1. 小鹅瘟 AGP 实验基本操作方法与注意事项包括哪些？结果判定方法是什么？
2. AGP 可用于哪些家禽病的检测？

## 六、实验报告要求

1. 说明琼脂扩散实验的基本原理、方法。
2. 准确报告本次实验的结果，分析存在的问题。
3. 说明本实验还可以应用于哪些家禽传染病的检验。

# 实验七  动物常见吸虫的形态学观察

## 一、实验目的

1. 通过对大片吸虫或姜片吸虫的仔细观察，熟悉吸虫构造的共同特征。
2. 通过对比，掌握常见吸虫的形态构造特点及其中间宿主。

## 二、实验内容

1. 观察主要吸虫，如大片吸虫、肝片吸虫、姜片吸虫、华支睾吸虫及日本分体血吸虫等成虫及虫卵的形态结构。
2. 观察吸虫引起的病变器官的病理变化。
3. 观察吸虫中间宿主——螺蛳的形态特征并测量其大小。

## 三、实验器材

显微镜，放大镜，载玻片，盖玻片，寄生虫病理浸渍标本，尺子，虫体的形态图片，虫体彩色封片和虫卵等。

## 四、操作与观察

教师简述吸虫的基本形态构造后，学生分组进行吸虫的形态观察。首先，取出大片吸虫或姜片吸虫的浸渍标本并放在平皿内，在放大镜下观察其形态，用尺子测量大小。然后，取出染色标本并在显微镜下仔细观察，主要观察口吸盘、腹吸盘的位置和大小，食道、肠的形态，睾丸数目、形状和位置，阴茎囊的构造和位置，卵巢、卵模、卵黄腺、子宫的形状和位置，生殖孔的位置等。最后，取出由各种吸虫引起的动物器官病理浸渍标本进行观察，并找出其特征性的病理变化。

学生分组，在平皿中观察螺蛳的形态特征，并测量其大小。

### 1. 吸虫的基本构造

吸虫多为雌雄同体（个别为雌雄异体），体扁平，有口吸盘、腹吸盘。消化系统由口、咽、食道和呈左右分支的肠组成，肠末端为盲端。生殖系统构造复杂，雄性生殖系统通常有2个睾丸，也有多个的（血吸虫）；输精管合并为输精总管后通入阴茎囊，有的输精总管膨大形成贮精囊；输精总管的末端为阴茎，开口于腹吸盘前；贮精囊的周围有前列腺。雌性生殖器官有一个卵巢，通过输卵管连接卵模，卵模还与受精囊、劳氏管、子宫、卵黄管相通。子宫的另一端通生殖孔，卵黄管的另一端与虫体两侧的卵黄腺连接。复殖吸虫成虫的基本形态见图7-1。

### 2. 吸虫的鉴别要点

（1）形状和大小。
（2）表皮光滑或有结节、小刺。

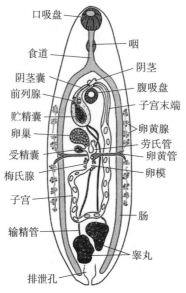

图 7-1　复殖吸虫成虫的基本形态

（3）口吸盘和腹吸盘的位置与大小。

（4）肠的形状与构造。

（5）雌雄同体或异体。

（6）生殖孔的位置。

（7）睾丸的数目、形状和位置。

（8）卵巢的数目、形状和位置。

### 3. 畜禽主要吸虫的形态特点

（1）片形科（Fasciolidae）：体扁平。口吸盘、腹吸盘甚为接近，肠（除少数外）皆呈分支状。有阴茎囊和阴茎，睾丸呈分支状，前后排列于虫体的后端，卵巢在睾丸之前，卵黄腺在肠的两侧，但汇合于睾丸之后，子宫位于睾丸之前。

①肝片吸虫（*Fasciola hepatica*）：外观呈叶片状，自肝胆管取出时呈棕红色，长 20～35 mm，宽 3～15 mm。虫体前端有一个三角形的锥状突，口吸盘位于锥状突的前端。锥状突后，虫体左右展开形成肩部（彩图 1）。虫体中部最宽，向后逐渐变窄。腹吸盘位于虫体腹面中线上的肩部水平位置（图 7-2）。片形吸虫为雌雄同体，生殖器官非常发达，睾丸呈分支状，位于虫体中央的下半部。盘曲的子宫位于腹吸盘后方。卵巢在虫体上部，呈鹿角状分支。虫体两侧为卵黄腺（彩图 2）。

虫卵：呈长椭圆形，黄褐色，窄端有不明显的卵盖，卵内充满卵黄细胞和一个胚细胞，大小为 120～150 $\mu$m×60～90 $\mu$m。

②大片形吸虫（*Fasciola gigantica*）：成虫柳叶状，大小为 33～76 mm×5～12 mm，虫体的长度超过宽度 2 倍以上。前部有呈圆锥状的突出，称头锥；头锥后方变宽，称为肩部，但不明显；虫体的两侧比较平行，前后的宽度变化较小；虫体后端钝圆。肠分支，内侧支比较多，并有明显的分支。

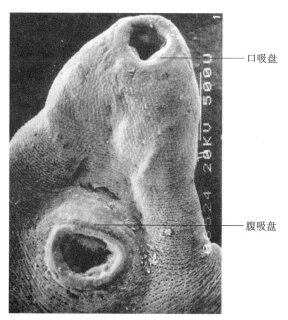

口吸盘

腹吸盘

图 7-2　肝片吸虫前端扫描电镜图

虫卵：椭圆形，金黄色，有卵盖，大小为 144～200 $\mu$m×70～109 $\mu$m。

③布氏姜片吸虫（*Fasciolopsis buski*）：大小为 20～70 mm×8～20 mm，虫体肥厚。口吸盘位于虫体前端；腹吸盘发达，呈倒钟形，距口吸盘近，比口吸盘大 3～4 倍。肠不分支，呈波浪状弯曲，伸达体后端。睾丸 2 个，呈树枝状，前后排列于虫体后半部，阴茎囊明显。卵巢也呈树枝状，卵模在体中部呈圆形，外被梅氏腺。卵黄腺位于虫体两侧呈颗粒状。充满虫卵的子宫屈曲成团，位于卵巢与腹吸盘之间。生殖孔开口于腹吸盘前方（图 7-3、彩图 3）。

虫卵：大小为 130～145 $\mu$m×85～97 $\mu$m，呈卵圆形，两端钝圆，淡黄褐色。卵盖不明显，卵黄细胞分布均匀，胚细胞常靠近卵盖的一端。

（2）分体科（Schistosomatidae）：雌雄异体，一般雌虫较雄虫细。肠管在虫体后部合而为一。雄虫睾丸 4 个或 4 个以上。虫卵无卵盖，内含毛蚴。

日本分体吸虫（*Schistosoma japonicum*）：雄虫大小为 10～20 mm×0.5～0.55 mm。腹吸盘后形成抱雌沟，雌虫常卷曲在此沟内。在腹吸盘背面稍后方有睾丸 6～8 个，生殖孔开口于腹吸盘后。雌虫体细长，暗褐色，大小为 15～26 mm×0.3 mm。肠约在虫体全长的后 1/3 处合并，合并后的肠管两侧为卵黄腺，在虫体中部略偏后为长椭圆形的卵巢，子宫伸向虫体前方，开口于腹吸盘后方生殖孔（图 7-4、图 7-5）。

虫卵：淡黄色，椭圆形或接近圆形，在卵壳一侧有一小棘，无卵盖。卵内含有毛蚴。虫卵大小为 70～100 $\mu$m×50～80 $\mu$m。

（3）前后盘科（Paramphistomatidae）：体肥厚，圆锥形或圆柱形。腹吸盘位于虫体末端，称后吸盘。子宫向上行。种类甚多，有些有腹袋。

①鹿前后盘吸虫（*Paramphistomum cervi*）：虫体为茄状的圆锥体，大小为 5～11 mm×2～4 mm。腹吸盘位于虫体后端，肠分支终止于腹吸盘背面。睾丸横椭圆形或略有分叶，前后排列于虫体中部。卵巢圆形，位于睾丸后方，卵黄腺颗粒状，位于肠管与腹吸盘之间的体

两侧（图7-6）。

虫卵：椭圆形，淡灰色，卵黄细胞不充满整个虫卵，大小为114～176 $\mu$m×73～100 $\mu$m。

②长菲策吸虫（*Fischoederius elongatus*）：虫体深红色，圆筒状，前端稍小。虫体大小为15.4～16.9 mm×4.8～5.2 mm。腹吸盘与口吸盘的比例是2.5：1。生殖孔开口于食道后方的腹袋内。睾丸2个，在虫体的后部，呈背腹方向排列，边缘完整或分3叶。子宫弯曲，沿体中线伸到生殖孔。肠短，只达虫体中部（彩图4）。

虫卵：长椭圆形，大小为118～132 $\mu$m×66～72 $\mu$m。

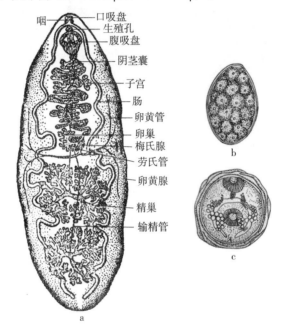

图7-3 布氏姜片吸虫

a. 成虫的形态 b. 虫卵 c. 囊蚴

（引自汪明等，2003）

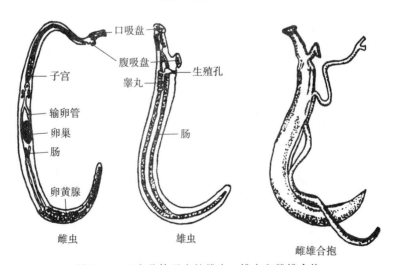

图7-4 日本分体吸虫的雌虫、雄虫和雌雄合抱

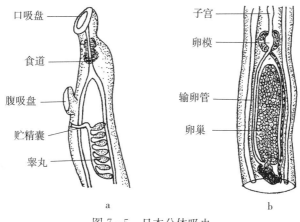

图 7 - 5　日本分体吸虫

a. 雄虫前端　b. 雌虫卵巢部分

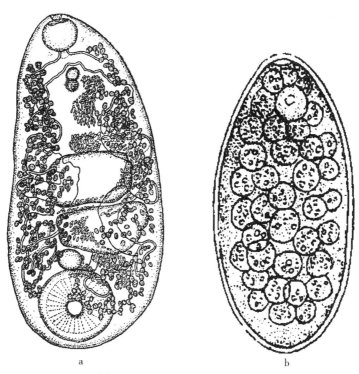

图 7 - 6　鹿前后盘吸虫及虫卵图

a. 成虫　b 虫卵

（4）前殖科（Prosthogonimidae）：口吸盘位于虫体前端腹面，腹吸盘距口吸盘较远。生殖孔在口吸盘的左侧，睾丸在体内并列，卵巢在睾丸前，子宫在虫体中部。虫卵形状与鹿前后盘吸虫相似。

### 5 种前殖吸虫的检索表

（1）子宫在腹吸盘前后均有盘曲 ………………………………………… 卵圆前殖吸虫

①卵圆前殖吸虫（*Prosthogonimus ovatus*）：新鲜虫体呈鲜红色，体扁平，呈梨形，前端狭小而后端钝圆。虫体大小为 3～6 mm×1～2 mm。口吸盘呈椭圆形，腹吸盘位于虫体前 1/3 处，盲肠两支。睾丸 2 个，呈长椭圆形，不分叶。卵巢位于腹吸盘背面，呈分叶状。卵黄腺位于虫体前中部的 2 侧，其前界达到或超过腹吸盘中线。子宫盘曲于睾丸与腹吸盘前后，占位大，其上行支盘曲于腹吸盘与肠叉之间。生殖孔开口于虫体前端口吸盘左侧（故名前殖吸虫，图 7 - 7）。

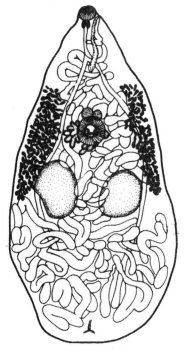 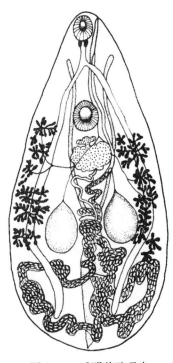

图 7 - 7　卵圆前殖吸虫

（引自汪明等，2003）

图 7 - 8　透明前殖吸虫

（引自汪明等，2003）

虫卵：大小仅 22～24 $\mu$m×13 $\mu$m，卵圆形，棕褐色，壳薄，一端有卵盖，一端有小刺。

②透明前殖吸虫（*Prosthogonimus pellucidus*）：虫体椭圆形，体表前半部有小刺，口吸盘近圆形，腹吸盘圆形，二者大小相等。睾丸卵圆形，卵巢分叶，位于腹吸盘与睾丸之间。卵黄腺起始于腹吸盘后缘终于睾丸之后（图 7 - 8、彩图 5）。

（5）后睾科（Opisthorchiidae）：体扁长，生殖孔开口于腹吸盘之前，阴茎细小，贮精囊弯曲或盘结，缺阴茎囊，睾丸前后直列或斜列，位于卵巢之后，子宫在卵巢与生殖孔之间。卵内含毛蚴。

①中华分支睾吸虫（*Clonorchis sinensis*）：又名华支睾吸虫、肝吸虫。体狭长，背腹扁平，前端尖细，后端略钝，体表无刺。虫体大小一般为 10～25 mm×3～5 mm。口吸盘略大于腹吸盘，后者位于虫体前端 1/5 处。消化道的前部有口、咽及短的食管，然后分叉为 2 支肠伸至虫体后端。睾丸前后排列于虫体后端 1/3 处，呈分支状，从睾丸各发出一支输精管，约在虫体的中部会合为输精总管，向前逐渐膨大形成贮精囊。贮精囊接射精管开口于生殖腔。无阴茎和阴茎囊。卵巢边缘分叶，位于睾丸之前。受精囊在睾丸和卵巢之间，呈椭圆形。劳氏管细长，弯曲，开口于虫体背面。卵黄腺滤泡状，分布于虫体两侧，从腹吸盘向后延至受精囊。输卵管的远端为卵模，周围为梅氏腺。子宫从卵模开始盘绕而上，开口于腹吸盘前缘的生殖腔（图 7-9、彩图 6）。

虫卵：黄褐色，内有成熟的毛蚴。卵甚小，平均为 29 μm×17 μm，形状似芝麻。一端较窄且有盖，盖周围的卵壳增厚、形成肩峰；另一端有小疣状突起（图 7-9）。

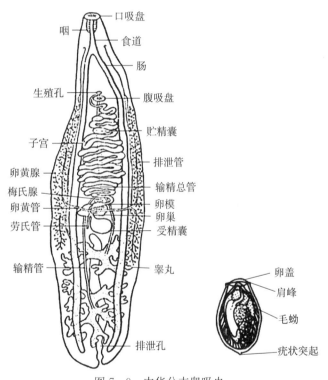

图 7-9 中华分支睾吸虫

②鸭对体吸虫（*Amphimerus anatis*）：体窄长，后端尖细，虫体大小为 14～24 mm×0.8～1.2 mm。睾丸 2 个，长圆形，分叶或不分叶，位于虫体后方前后排列。卵巢分叶，位于睾丸之前。卵黄腺成簇状排列在肠管两侧，自虫体后端 1/3 起，止于睾丸前缘或后缘（图 7-10）。

虫卵：呈卵圆形，顶端有卵盖，另一端有一小突起，卵长 27 μm。

（6）棘口科（Echinostomatidae）：体长形，表皮有棘，睾丸前后排列，位于虫体中部靠后。卵巢多在睾丸之前，子宫在卵巢与腹吸盘之间。有阴茎囊。

卷棘口吸虫（*Echinostoma revolutum*）：新鲜虫体为淡红色桉树叶状，体表有小棘，大小为 10.3～13.3 mm×1.19～2.09 mm，虫体前端有头冠，其上有 37 个小棘，其中各有 5 个排列在两侧，称为角棘。口吸盘小于腹吸盘，睾丸呈椭圆形纵列于体中后部。阴茎囊位于肠叉处，生殖孔开口于腹吸盘前方。卵巢近圆形，位于虫体中部。子宫弯曲于卵巢前方。卵黄腺呈颗粒状，分布于肠外侧（图7-11）。

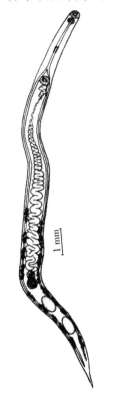

图7-10　鸭对体吸虫

（引自汪明等，2003）

图7-11　卷棘口吸虫

（引自汪明等，2003）

虫卵：椭圆形，淡黄色，有卵盖，大小为114～126 $\mu$m×68～72 $\mu$m。

### 4. 吸虫的中间宿主

吸虫的中间宿主多为各种淡水螺蛳，肝片吸虫和大片形吸虫的中间宿主为各种椎实螺（图7-12、图7-13）；姜片吸虫的中间宿主为扁卷螺（图7-14）；日本分体吸虫的中间宿主为钉螺（图7-15、图7-16）；前后盘吸虫、前殖吸虫、后睾吸虫和棘口吸虫的中间宿主均为各种淡水螺。

a

b

图7-12　肝片吸虫的中间宿主

a. 小土蜗螺　b. 椭圆萝卜螺

图 7 - 13　肝片吸虫中间宿主

a. 小土蜗螺　b. 耳萝卜螺

（引自李祥瑞，2011）

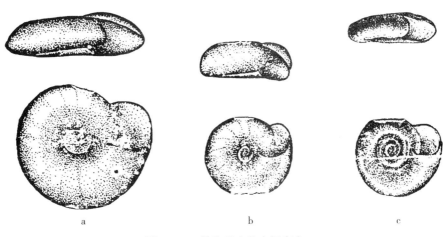

图 7 - 14　姜片吸虫的中间宿主

a. 尖口圆扁螺　b. 半球多脉扁螺　c. 凸旋螺

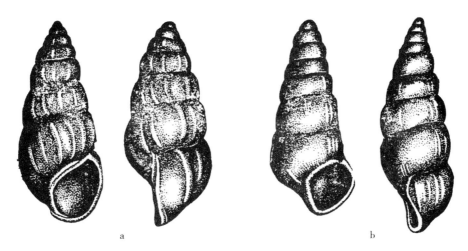

图 7 - 15　日本分体吸虫的中间宿主

a. 有肋钉螺　b. 光壳钉螺

图 7 - 16　日本分体吸虫的中间宿主——钉螺

(引自李祥瑞，2011)

## 五、思考题

1. 根据吸虫的形态结构特征，阐述其对寄生生活的适应性。

2. 吸虫种类、形态鉴定的主要依据是什么？

## 六、实验报告要求

1. 绘出肝片吸虫或姜片吸虫的形态构造图，并标记出各器官的名称。

2. 绘出几种常见吸虫卵的形态简图。

3. 将观察的各种吸虫的形态特征按下表格式填入。

| 标本号 | | | |
|---|---|---|---|
| 形状 | | | |
| 大小 | | | |
| 腹吸盘与口吸盘的大小与位置 | | | |
| 睾丸形状和位置 | | | |
| 卵巢形状和位置 | | | |
| 卵黄腺位置 | | | |
| 子宫形状和位置 | | | |
| 其他特征 | | | |
| 鉴定结果 | | | |

# 实验八　动物常见绦虫的形态学观察

## 一、实验目的

1. 通过对有钩绦虫或莫尼茨绦虫的仔细观察，熟悉绦虫构造的共同特征。

2. 通过对比的方法，正确区别假叶目绦虫和圆叶目绦虫，并掌握畜禽常见绦虫成虫、中绦期幼虫和虫卵的形态构造特征。

3. 了解绦虫的中间宿主类型和特征。

## 二、实验内容

教师扼要地讲述假叶目绦虫（以孟氏迭宫绦虫为例）和圆叶目绦虫（以泡状带绦虫为例）的主要区别，然后重点介绍莫尼茨绦虫、矛形剑带绦虫、赖利绦虫的头节和节片的形态特征及其虫卵和绦虫蚴的形态特征。学生分组进行绦虫及绦虫蚴的形态观察、绦虫卵及中间宿主的形态观察。

（1）取有钩绦虫（或莫尼茨绦虫）的头节、成熟节片的染色标本，在低倍显微镜下详细观察头节的构造，成熟节片的睾丸分布、卵巢形状、卵黄腺和梅氏腺的位置，生殖孔的开口以及子宫的形状和位置。

（2）取孟氏迭宫绦虫的头节、成熟节片的染色标本，按（1）方法进行观察，并比较假叶目绦虫和圆叶目绦虫的异同。

（3）观察泡状带绦虫、矛形剑带绦虫、赖利绦虫的头节和成熟节片。

（4）观察绦虫卵装标本，认识莫尼茨绦虫卵、孟氏迭宫绦虫卵、矛形剑带绦虫卵。

（5）观察猪囊尾蚴和细颈囊尾蚴的浸渍标本及压片标本。

## 三、实验器材

显微镜，放大镜，标本针，培养皿，病理标本，病原（绦虫及其中间宿主）的形态图，各种绦虫的染色标本和浸渍标本。

## 四、操作与观察

### 1. 绦虫的基本结构（图 8-1）

绦虫扁平、带状，由头节、颈节和体节组成，与兽医关系最大的是圆叶目绦虫。圆叶目绦虫的头节呈球形或杏仁形，具有 4 个吸盘。有的种类头节顶端有顶突，顶突上有一排至数排小钩。头节之后为颈节，颈节之后为体节，前部体节为未成熟节片，其后为成熟节片，最后为孕卵节片。绦虫无体腔，也无消化系统，神经系统和排泄系统不发达，生殖系统发达。每个成熟节片有一组或两组雄性和雌性生殖器官。雄性生殖器官包括众多的睾丸和输出管，输出管汇总为输精管，输精管膨大为贮精囊，末端为阴茎，包在阴茎囊内，开口于体节侧缘的生殖孔。雌性生殖器官包括分叶的卵巢，经输卵管通卵模，与卵模相通的还有卵黄腺、梅氏腺、阴道和子宫，阴道的另一端通向体缘的生殖孔。卵具六钩蚴。

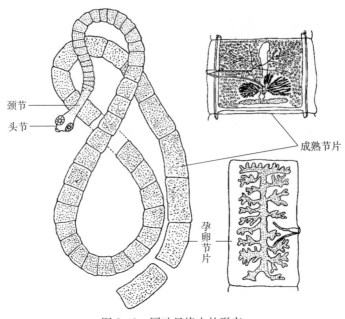

图 8-1　圆叶目绦虫的形态

**2. 圆叶目绦虫的鉴别要点**

（1）虫体的长度和宽度。

（2）头节的大小，吸盘的大小及附着物的有无，顶突的有无和小钩的数目、大小以及形状。

（3）成熟节片的形状、长度和宽度，生殖孔的位置。

（4）生殖器官的组数，睾丸的数目、分布和位置。

（5）子宫的形状及位置，卵黄腺的形状及有无。

**3. 假叶目绦虫的形态特征**

（1）头节呈匙状，背腹面各有 1 条沟。

（2）生殖腔开口于节片的前缘中部腹侧面。

（3）子宫盘曲呈花朵状，并开口于节片中部腹侧面。

（4）虫卵椭圆形，一端具卵盖，甚似吸虫卵。

**4. 畜禽主要绦虫的形态特点**

（1）裸头科（Anoplocephalidae）：头节无顶突和小钩，吸盘较大，分布明显。睾丸众多，子宫多样化，中间宿主为地螨。幼虫为似囊尾蚴。

①扩展莫尼茨绦虫（*Moniezia expansa*）：虫体长 1～6 m，宽 16 mm。头节有 4 个吸盘，体节边缘整齐。每个成熟节片各有 2 组生殖器官，卵巢与卵黄腺围成环形；睾丸 300～400 个，分布于左右纵排泄管之间。节间腺 8～15 个，为圆纽扣样，排成一行，位于节片后缘（图 8-2）。

②贝氏莫尼茨绦虫（*M. benedeni*）：基本特征同扩展莫尼茨绦虫，但本种虫体稍宽。节

间腺呈小点状密布，呈横带状，位于节片后缘的中央部分（图 8-2、彩图 7）。

③虫卵：莫尼茨绦虫卵形态不一，呈三角形、方形或圆形，直径为 50～60 μm，卵内含有一个具 3 对小钩的六钩蚴，六钩蚴被一个梨形器的特殊结构包裹着。

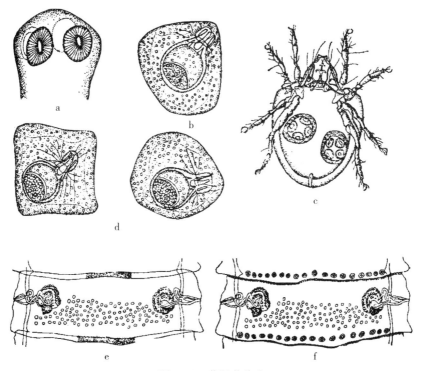

图 8-2　莫尼茨绦虫

a. 莫尼茨绦虫的头节　b、c. 扩展莫尼茨绦虫虫卵　d. 贝氏莫尼茨绦虫虫卵

e. 贝氏莫尼茨绦虫成熟节片　f. 扩展莫尼茨绦虫成熟节片

（2）带科（Taeniidae）：分节清楚，孕卵节片长大于宽，头节有 4 个明显的吸盘，生殖孔交替排列。睾丸很多，输精管弯曲，无外或内贮精囊。卵巢多为两叶，阴道弯曲，卵黄腺在卵巢之后，孕卵子宫有一主干和侧支。幼虫为囊尾蚴、多头蚴、棘球蚴等类型。成虫主要寄生于肉食动物和人，幼虫寄生于草食动物和人。

①有钩绦虫（*Taenia solium*）：寄生于人的小肠。虫体长 2～4 m，有的可达 8 m。头节呈圆形，有 4 个吸盘和顶突，顶突上有 2 排小钩（25～50 个）（图 8-3、图 8-4）。成熟节片内有一组生殖器官，其卵巢特点是具左右两叶外还有一个中央小叶（图 8-4、彩图 8）。孕卵节片内的子宫每侧有 7～12 个侧支，内充满虫卵。虫卵圆形或椭圆形，直径 31～43 μm，其外有一层薄的卵壳（常脱落），卵壳脱落后为裸露的胚膜及胚层，胚膜较厚具有辐射状条纹，内含六钩蚴（图 8-4）。

猪囊尾蚴（*Cysticercus cellulosae*）：是有钩绦虫的幼虫，寄生于猪、人等动物的肌肉等组织中。为椭圆形，黄豆大小，乳白色半透明的包囊，囊内充满囊液。囊壁上有一圆形粟粒大小的乳白色头节，头节的构造与成虫相同（图 8-5、彩图 9）。

②无钩绦虫（*Taeniarhynchus saginatus*）：寄生于人的小肠内。与有钩绦虫的形态相似，其主要区别：虫体较大，长 4～8 m；头节呈方形，无顶突和小钩（图 8-3）；卵巢无中

央小叶，子宫分支整齐，每侧15～30支（图8-6）。

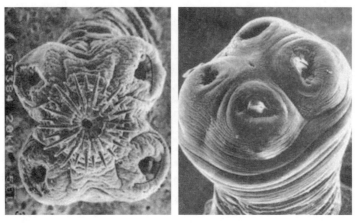

图8-3　有钩绦虫（左）和无钩绦虫（右）头节的扫描电镜图

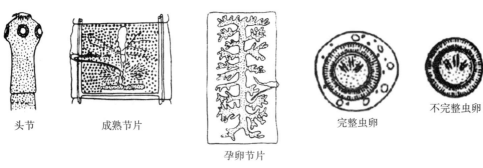

头节　　　　　成熟节片　　　　　　　　孕卵节片　　　　　完整虫卵　　　不完整虫卵

图8-4　有钩绦虫（链状带绦虫）的头节、成熟节片、孕卵节片和虫卵

（引自汪明等，2003）

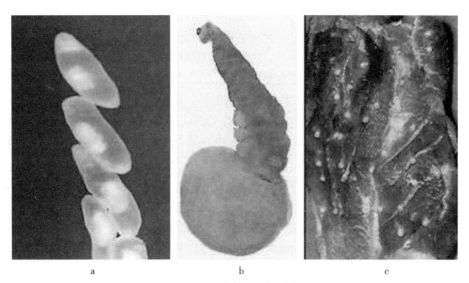

a　　　　　　　　　　　b　　　　　　　　　　c

图8-5　猪囊尾蚴的形态

a. 猪囊尾蚴　b. 头节伸出　c. 猪肉上的猪囊尾蚴

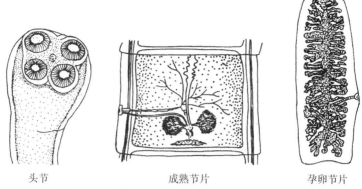

图 8-6  无钩绦虫的头节、成熟节片和孕卵节片

牛囊尾蚴（*Cysticercus bovis*）：是无钩绦虫的幼虫，寄生于牛的肌肉内。与猪囊尾蚴相似，其不同点是头节上无钩。

③泡状带绦虫（*Taenia hydetigena*）：寄生于犬等肉食动物的小肠。长 0.75～5 m。头节呈球形，有 4 个吸盘，顶突上有两排小钩（30～40 个）。孕卵节片内的子宫每侧有 5～16 个侧支，节片的波浪状边缘部分罩于下节之上。虫卵的形态同有钩绦虫卵（图 8-7）。

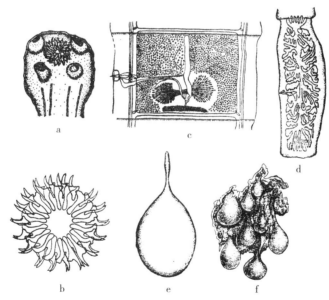

图 8-7  泡状带绦虫与细颈囊尾蚴

a. 成虫头节  b. 小钩  c. 成熟节片

d. 孕卵节片  e. 细颈囊尾蚴  f. 在宿主组织中的细颈囊尾蚴

细颈囊尾蚴（*Cysticercus tenuicollis*）：是泡状带绦虫的幼虫，寄生于猪等动物的肝脏浆膜、网膜和肠系膜等处。细颈囊尾蚴是充满液体的包囊，大小不等（从黄豆至鸡蛋大），其特征是囊壁上有一个不透明的乳白色结节；即其颈部和内凹的头节所在，如将小结的内凹部翻转出来，能见到一个相当细长的颈部与其游离端的头节（彩图 10）。

④细粒棘球绦虫（*Echinococcus granulosus*）：寄生于犬、狼等肉食动物的小肠。虫体很

小，长 2～7 mm，由 1 个头节和 3～4 个节片组成，头节有 4 个吸盘、顶突和小钩。成熟节片含雌雄生殖器官各一，睾丸有 35～55 个，阴茎囊呈梨状；卵巢呈马蹄铁形，孕卵节片中子宫每侧有 12～15 个分支盲囊，内充满 500～800 个虫卵。虫卵直径为 30～36 $\mu$m，外被一层辐射状的胚膜。（彩图 11）

棘球蚴（hydatid）：是棘球绦虫的幼虫，寄生于多种动物和人的肝、肺及其他器官中（彩图 12）。一般可分为单房型和多房型两种。单房型棘球蚴内含有液体，体积从豆粒大小到人头大小，囊壁分 3 层，外层较厚为角质层，中层为肌肉纤维层，内层较薄为生发层。在生发层上可长出生发囊，在生发囊内壁上又可长出原头节。有些生发囊脱离生发层，或有些头节脱离生发囊，游离在囊液中称"棘球砂"。囊壁内层还能形成第二代包囊，称子囊，子囊内含有头节，还能生成含有原头节的孙囊。一个发育良好的棘球蚴可含有原头节 200 万个。多房型棘球蚴与单房型棘球蚴的区别是不形成大囊，而由许多微小囊聚集而成（图 8-8）。

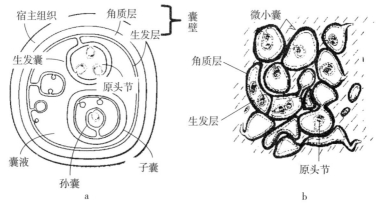

图 8-8　棘球蚴模式图

a. 细粒棘球蚴　b. 多房棘球蚴

（仿 Alvaro Di'az 等，2011）

⑤多头绦虫（*Multiceps multiceps*）：寄生于犬及其他肉食动物的小肠。虫体长 40～80 cm。头节小，有 4 个吸盘，顶突上有两排吻钩（22～32 个）。孕卵节片呈黄瓜子状，其子宫每侧有 9～26 个侧支。

多头蚴（*Coenurus cerebralis*）：为多头绦虫的幼虫，寄生于绵羊、山羊、牛、马等动物的脑和脊髓。是一个充满透明液体的包囊，外层覆有一层角质膜，在囊的内膜上有许多原头节附着，数量为 100～250 个。囊泡大小由豌豆大到鸡蛋大（图 8-9、图 8-10）。

⑥豆状带绦虫（*Taenia serrata*）：寄生于犬小肠，虫体长 60～200 cm，虫体边缘为锯齿状，孕卵节片每侧有 8～14 个侧支，每支又分小支。

豆状囊尾蚴（*Cysticercus pisiformis*）：是豆状带绦虫的幼虫，寄生于兔的肝、肠系膜和腹腔内。包囊细小，如豌豆大小，每个囊壁上具有一个原头节（彩图 13）。

（3）膜壳科（Hymenolepididae）：头节有缩入的顶突，其上有 8～10 个刺状小钩。生殖系统每节一套，生殖孔在一侧。睾丸大，通常是 3 个，孕卵节片中子宫呈一横管。

矛形剑带绦虫（*Drepanidotaenia lanceolata*）：寄生于鸭、鹅等水禽的小肠。虫体长 3～13 cm，顶突上有 8 个吻钩，颈节短，共有节片 20～40 个，前部较窄，后部逐渐增宽。睾丸 3 个，呈圆形，横列在节片生殖孔开口的一侧；卵巢位于另一侧（图 8-11、彩图 14）。中间宿主为剑水蚤。

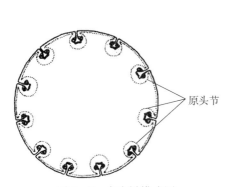

图8-9　多头蚴模式图

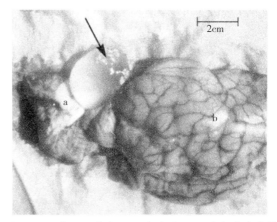

图8-10　寄生于小脑（a）与大脑（b）之间的多头蚴

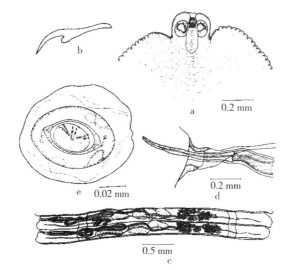

图8-11　矛形剑带绦虫

a. 头节　b. 吻钩　c. 成熟节片　d. 生殖孔　e. 虫卵和六钩蚴

（引自陈淑玉等，1994）

　　（4）戴文科（Davaineidae）：顶突上有2～3圈斧形小钩，吸盘上也有细微的小钩。生殖系统每节多为1套，但也有2套的。生殖孔1个或成双。妊娠子宫内含有虫卵的卵袋。

　　①四角赖利绦虫（*Raillietina tetragona*）：长25 cm，宽1～4 mm（彩图15）。头节呈椭圆形，上有4个卵圆形的吸盘，吸盘上有8～10列小钩；顶突较小，有约100个吻钩，多排成一列（图8-12）。颈节细长，生殖孔位于同侧。孕卵节片中每个卵袋内含6～12个虫卵。幼虫为似囊尾蚴。

　　②棘沟赖利绦虫（*R. echinobothrida*）：虫体的外形和大小与四角赖利绦虫相似。其主要区别在于：本虫头节较大，颈节较粗，吸盘4个呈圆形，顶突上有钩2列（200～240个）。孕卵节片内子宫崩解后形成90～150个卵袋，每个卵袋内含6～12个虫卵（图8-13）。

　　③有轮赖利绦虫（*R. cesticillus*）：长1～13 cm。头节上的顶突大，形状特殊呈轮状，

突出于前端，其上有400～500个小钩排成2列（图8-14）。吸盘上无小钩。生殖孔左右不规则开口。孕卵节片内子宫形成若干个卵袋，每个卵袋内含虫卵1个（图8-15）。

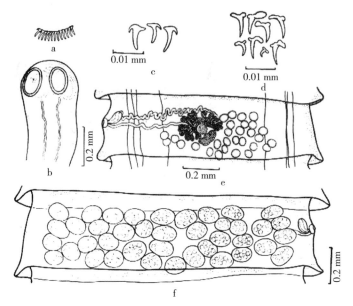

图8-12 四角赖利绦虫

a. 吻钩排列 b. 头节 c. 吻钩 d. 吸盘大小钩 e. 成熟节片 f. 孕卵节片

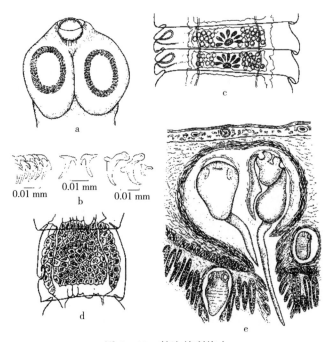

图8-13 棘沟赖利绦虫

a. 头节 b. 吻钩 c. 成熟节片 d. 孕卵节片 e. 似囊尾蚴侵入宿主肠壁

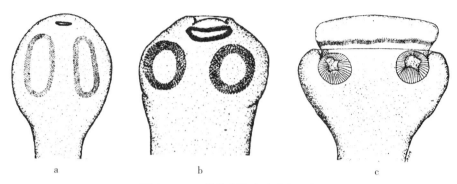

图 8-14　3 种赖利绦虫头节的比较

a. 四角赖利绦虫　b. 棘沟赖利绦虫　c. 有轮赖利绦虫

（引自汪明等，2003）

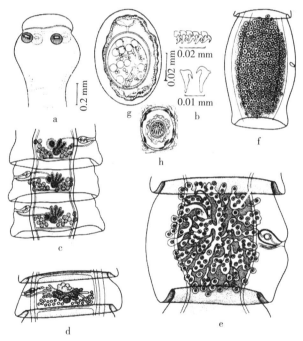

图 8-15　有轮赖利绦虫

a. 头节　b. 吻钩　c、d. 成熟节片　e、f. 孕卵节片　g、h. 虫卵

（5）双壳科（Dilepididae）：中小型虫体。头节通常具有带小钩的顶突，吸盘无小钩。生殖孔于一侧开口，规则或不规则的交替排列。睾丸通常超过 4 个，孕节子宫袋状或网状，或由卵囊构成。

犬复孔绦虫（*Dipylidium caninum*）：小型绦虫，长 10～15 cm，宽 0.3～0.4 cm，约有 200 个节片（彩图 16）。头节近似菱形，具有 4 个吸盘和 1 个发达的棒状可伸缩的顶突，顶突上有 4～6 圈小钩。颈节细而短，成熟节片和孕卵节片长大于宽，形似黄瓜籽，故又称瓜籽绦虫。每个成熟节片内有两组生殖器官，生殖腔孔开口于节片两侧的中央稍后，有睾丸 100～200 个，各经输出管、输精管通入左右两个贮精囊，开口于生殖腔。卵巢 2 个，位于两侧生殖腔后内侧，靠近排泄管，每个卵巢后方各有一个呈分叶状的卵黄腺（彩图 17）。孕卵节片子宫初为网状，后分化成许多卵囊，每个卵囊内大约 20 个虫卵（彩图 18）。

虫卵：圆球形，直径 35～50 μm，具 2 层薄的卵壳，内含六钩蚴。

（6）假叶目（PSEUDOPHYLLIDEA）：以双叶槽科（Diphyllobothriidea）迭宫属（Spirometra）的孟氏迭宫绦虫为例。

孟氏迭宫绦虫（Spirometra mansoni）：主要寄生于犬、猫，也可寄生于虎、豹等肉食动物和人。虫体长 1 m 左右，由 1 000 多个节片组成。头节呈指状，在背、腹各有 1 条吸沟作为附着器官。成熟节片的宽度大于长度，虫体末端节片长、宽几乎相等。生殖器官和生殖孔都在节片中央。有 3 个生殖孔，最上方的为雄性生殖孔，中为雌性生殖孔，下为子宫孔。子宫有 3～4 次或更多的盘曲，呈花朵状。卵巢 1 个，分 2 叶，位于节片后部，在左右两叶的中央为卵模。睾丸为小球形，较多。卵黄腺为泡状，分散在节片内。孕卵节片中子宫呈褐色的块状，其中充满微棕色的虫卵（图 8 - 16）。

虫卵：呈椭圆形，壳薄，一端具卵盖。

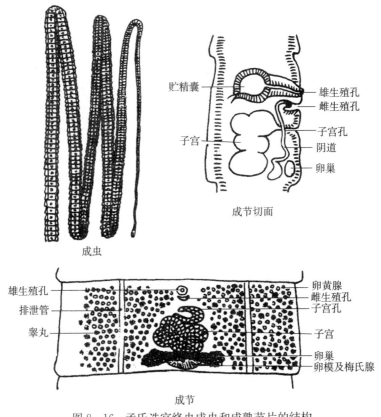

图 8 - 16　孟氏迭宫绦虫成虫和成熟节片的结构

幼虫为裂头蚴（实尾蚴类型），是在第二中间宿主内形成的。已无小钩，具有成虫样的头节，但体节和生殖器官尚未成熟。虫体乳白色，细带状，长 2～3 cm 或 3 cm 以上，宽 0.1～12 mm，体不分节，体表有横皱纹。虫体前端稍大，具有凹陷，与成虫头节相似。

## 五、思考题

1. 根据绦虫的形态结构特点，阐述其对寄生生活的适应性。

2. 根据绦虫和绦虫蚴的寄生部位思考其对宿主的危害性。

## 六、实验报告与要求

1. 莫尼茨绦虫和泡状带绦虫成熟节片的形态，并标出各器官的名称。

2. 猪囊尾蚴头节的形态。

3. 将实验观察到的畜禽主要几种绦虫和绦虫蚴的特征按表8-1、表8-2填入。

表8-1　畜禽主要几种绦虫的形态特征

| 虫体名称 | 大小 | 头节 | | 成熟节片 | | |
| --- | --- | --- | --- | --- | --- | --- |
| | 长宽 | 大小 | 吸盘附着物 | 生殖孔位置 | 生殖器组数 | 睾丸位置 |
| 有钩绦虫 | | | | | | |
| 莫尼茨绦虫 | | | | | | |
| 孟氏迭宫绦虫 | | | | | | |
| 矛形剑带绦虫 | | | | | | |

表8-2　常见几种绦虫蚴的特征

| 幼虫名称 | 寄生动物和宿主名称 | 成虫名称和寄生部位 | 头节数 |
| --- | --- | --- | --- |
| 猪囊尾蚴 | | | |
| 牛囊尾蚴 | | | |
| 细颈囊尾蚴 | | | |
| 多头蚴 | | | |
| 棘球蚴 | | | |
| 豆状囊尾蚴 | | | |

# 实验九　猪、禽常见线虫的形态学观察

## 一、实验目的

1. 通过对猪蛔虫的解剖，了解线虫的一般解剖构造。
2. 采用对比的方法，掌握猪、禽常见线虫的形态构造特点、虫卵形态特征。
3. 认识猪、禽常见线虫的中间宿主。

## 二、实验内容

教师简要介绍线虫雌、雄虫的解剖特点，雌、雄虫的外形区别后，学生分组进行实验。

1. 肉眼观察几种常见线虫的外形、表皮特点、雌雄虫的区别。
2. 每组取雌、雄猪蛔虫1条，放在蜡盘中，注以清水，用大头针固定后沿侧线以解剖针挑开表皮，对暴露出的生殖器官和消化器官仔细观察。解剖猪蛔虫时，应当使虫体的背侧向上，用解剖针沿背线剥开，如背腹线不易分辨时，也可使侧线向上，沿侧线剥开。体壁剖开以后，用大头针固定剥破的边缘，然后用解剖针仔细地分离其内部器官。
3. 用刀片仔细切下猪蛔虫的头部，置载玻片上，滴一滴甘油生理盐水使之透明后，在低倍显微镜下观察其唇部构造。
4. 观察几种畜禽常见线虫的浸渍标本和装片标本，仔细观察每种线虫的形态特征。
5. 观察猪蛔虫雌、雄虫体的1/3横切装片标本，以了解其内部构造特征。
6. 用胶头滴管吸取各种含有虫卵的粪便浸渍标本，观察并掌握几种常见线虫卵的形态特征。
7. 观察几种线虫的中间宿主的浸渍标本和装片标本。

## 三、实验器材

光学显微镜，放大镜，镊子，解剖针，平皿，载玻片，盖玻片，甘油生理盐水，猪、禽常见线虫的病理标本、封片标本及浸渍标本。

## 四、操作与观察

### 1. 线虫的一般解剖构造

成虫一般呈线状或纺锤状，两端尖细，不分节。雌雄异体，虫体大小不一，一般雌虫稍大于雄虫。整个虫体分为背、腹、头和尾等部分。

线虫体表有坚韧的角质表皮（角皮），表面光滑或有纤细的横纹、纵纹，有的局部表皮隆起，成为唇片、乳突、皮刺或各种翼膜等结构（图9-1）。在角皮下面有皮下层和肌层，角皮、皮下层和肌层组成线虫的体壁。体壁与内脏器官之间为假体腔，消化系统和生殖系统位于假体腔内（图9-2）。

消化器官由口、咽、食道和肠组成。神经系统的主要部分是位于食道周围的神经环。排泄系统多由2条排泄管组成，两管从后向前延伸，并在虫体前端相连，排泄孔开口在食道附近腹面的中线上。

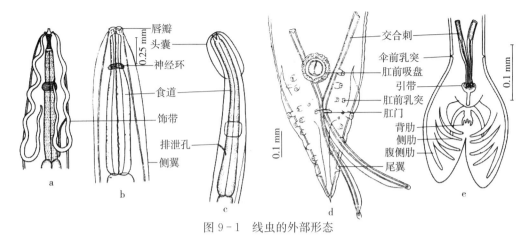

图 9-1　线虫的外部形态

a. 咽饰带线虫头部　b. 鸽蛔虫头部　c. 四辐射鸟圆线虫头部　d. 鸽蛔虫雄虫尾部　e. 四辐射鸟圆线虫交合伞

（引自汪明等，2003）

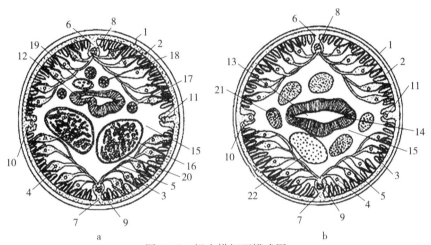

图 9-2　蛔虫横切面模式图

a. 雌虫　b. 雄虫

1. 角皮　2. 皮下层　3. 纵肌层　4. 肌细胞核　5. 肌细胞原生质部分的突起　6. 背线　7. 腹线　8. 背神经
9. 腹神经　10. 侧线　11. 纵排泄管　12. 肠　13. 肠腔　14. 肠上皮的微绒毛　15. 原体腔　16. 子宫
17. 卵巢　18. 卵巢的合胞体中轴　19. 输卵管　20. 卵　21. 精巢　22. 贮精囊

生殖系统多数为雌雄异体。雄性生殖器官多位于虫体后 1/3 部分，由睾丸、输精管、贮精囊和射精管连贯而成，开口于泄殖腔。此外还有辅助生殖器官，包括交合刺、导刺带、性乳突和交合伞等。雌性生殖器官一般由 2 条细管组成，包括 2 个卵巢、输卵管和子宫，最后合并为一条阴道。线虫没有呼吸系统和循环系统（图 9-3）。

**2. 几种畜禽常见线虫的形态特征**

（1）蛔科（Ascaridae）

猪蛔虫（*Ascaris suum*）：体大，体表角质膜的表面有横纹。口由 3 片唇围绕，口缘上有细密的小齿，背侧唇上有 2 个双乳突，腹侧唇有 1 个双乳突和 1 个单乳突（图 9-4）。体表有 4 条线，侧线比较明显。寄生在猪的小肠。

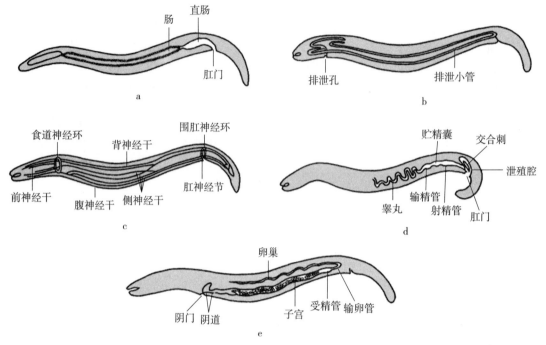

图 9-3 线虫的消化、生殖、神经、排泄系统示意图

a. 消化系统  b. 排泄系统  c. 神经系统  d. 雄性生殖系统  e. 雌性生殖系统

（引自汪明等，2003）

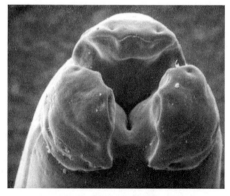

图 9-4　猪蛔虫头端的 3 片唇

雄虫：大小为长 15～25 cm，宽约 3 mm。尾部呈圆锥形，向腹侧弯曲。尾端腹面有很多小乳突。排泄孔在虫体前端腹面处，泄殖腔开口于尾部腹面近末端处。交合刺 1 对等长，约 2 mm 长。

雌虫：大小为长 20～40 cm，宽约 5 mm。尾端直，呈圆锥形，排泄孔开口于虫体的前端腹面，阴门位于虫体前 1/3 与中 1/3 交界处的腹面（图 9-5）。

（2）禽蛔科（Ascardiidae）

鸡蛔虫（*Ascaridia galli*）：体表角质层有横纹，口周围有 3 个唇片，背侧唇上有 2 个乳突，2 个腹侧唇上各有 1 个乳突，寄生在鸡、孔雀的小肠（彩图 19）。

雄虫：体长 59～62 mm。尾部有乳突 10 对，交合刺 1 对，等长（偶见稍不等长的），近端稍膨大，且向远端逐渐缩小。

雌虫：体长 65.1～80 mm。阴门位于虫体中部。阴门距尾端 0.598～1.32 mm（图 9-6）。

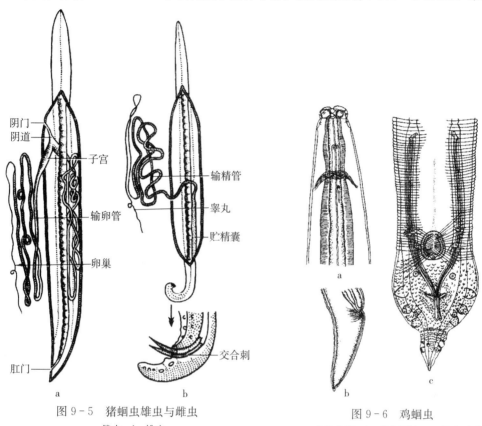

图 9-5 猪蛔虫雄虫与雌虫

a. 雌虫 b. 雄虫

图 9-6 鸡蛔虫

a. 虫体前端 b. 雌虫尾端 c. 雄虫尾端

（引自汪明等，2003）

（3）异刺科（Heterakidae）

鸡异刺线虫（*Heterakis gallinae*）：头端略向背面弯曲，口缘有 3 个不明显的唇片。体侧有侧翼，向后延伸的距离较长。食道末端有一膨大的食道球（图 9-7）。寄生在禽的盲肠。

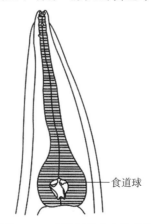

图 9-7 鸡异刺线虫虫体前端

（引自 Pamela Oberem，仿 Yorke & Maplestone，1926）

雄虫：体长 3～13 mm。尾直，末端尖细；交合刺 2 条，不等长（为左长右短）；有 1 个圆形的泄殖腔前吸盘，有尾乳突 12 对（彩图 20）。

雌虫：体长 10～15 mm。尾细长，生殖孔位于虫体中稍后方。

（4）毛线科（Trichonematidea）：口囊不发达，一般较浅，呈圆柱状或环状；口缘有 2 或 1 排叶冠；有或无背沟，如有，亦较短；有的有颈沟。食道口属线虫是本科较为常见的种类。寄生于猪的主要为有齿食道口线虫。

有齿食道口线虫（*Oesophagostomum dentatum*）：虫体呈乳白色。口囊浅，头泡膨大。雄虫大小为 8～9 mm×0.14～0.37 mm，交合刺长 1.15～1.3 mm。雌虫大小为 8～11.3 mm×0.416～0.566 mm，尾长 350 μm。寄生于结肠（图 9-8）。

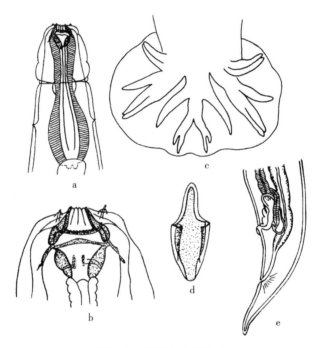

图 9-8 有齿食道口线虫
a. 前端　b. 头端　c. 雄虫尾端　d. 导刺带　e. 雌虫尾端

（5）毛首科（Trichuridae）：猪毛首线虫（*Trichuris suis*）虫体前端呈毛发状，为食道部，细长，内含由一串单细胞围绕的食道；后部为体部，粗短，内有肠管和生殖器官。寄生在猪的盲肠（彩图 21、图 9-9）。

雄虫：体长 20～52 mm。后部弯曲，有 1 条交合刺，包藏在有刺的交合刺鞘内。

雌虫：体长 39～53 mm。后端钝圆，阴门位于虫体粗细部交界处。

（6）后圆科（Metastrongylidae）：后圆线虫口囊很小，口缘有 1 对 3 叶的侧唇。交合刺 1 对，细长，末端呈单钩或双钩。阴门紧靠肛门，外有角质盖，后端有时弯向腹侧。寄生在猪的细支气管和支气管。常见的有长刺后圆线虫和复阴后圆线虫 2 种。

①长刺后圆线虫（*Metastrongylus elongatus*）：雄虫长 11～25 mm，宽 0.16～0.225 mm，交合伞较小，交合刺呈丝状，长 4～4.5 mm，末端呈单钩状。雌虫长 20～50 mm，宽 0.4～0.45 mm，尾部稍弯向腹面（图 9-10）。

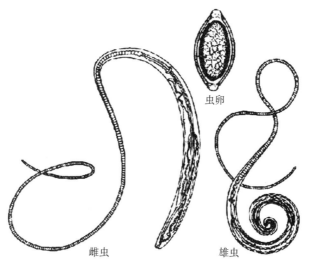

图 9-9　毛首线虫的雌虫、雄虫和虫卵

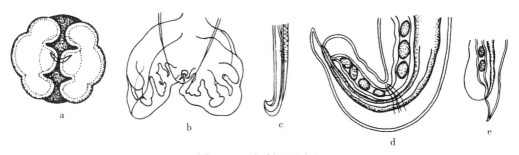

图 9-10　长刺后圆线虫

a. 头端横切面　b. 雄虫尾端　c. 交合刺　d、e. 雌虫尾端

②复阴后圆线虫（*M. pudendotectus*）：雄虫长 16～18 mm，交合伞较大，交合刺 1 对，较短，长 1.4～1.7 mm，末端呈双钩形。雌虫长 22～35 mm，有大的角质膨大覆盖着肛门和阴门（图 9-11）。

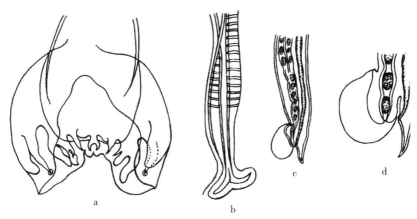

图 9-11　复阴后圆线虫

a. 雄虫尾端　b. 交合刺　c、d. 雌虫尾端

（引自汪明等，2003）

（7）冠尾科（Stephanuridae）：冠尾线虫口囊呈杯状，较厚，底部有 6～10 个小齿。雄虫交合伞小，交合刺 2 条，等长或不等长，末端分叉或不分叉。寄生在猪的肾盂、肾周围脂肪和输尿管壁等处。常见的有有齿冠尾线虫和猪冠尾线虫 2 种。

①有齿冠尾线虫（*Stephanurus dentatus*）：是常见的一种猪肾虫。虫体较细长，口囊呈杯状，底部有 6 个小齿，其中 2 个较尖，另外 4 个较短而宽。雄虫平均大小为 33.5 mm×2 mm，交合伞较小，交合刺 2 条，稍不等长，棕色，末端较尖，无分叉。雌虫平均大小为 50 mm×2.4 mm，尾部钝直，圆锥状，末端尖，有 2 个半圆形的突起，阴门稍微隆起，阴门与肛门距离较远。（图 9-12、彩图 22）。

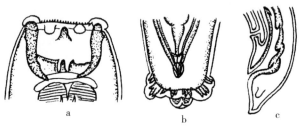

图 9-12　有齿冠尾线虫

a. 头端　b. 雄虫尾端　c. 雌虫尾端

②猪冠尾线虫（*S. suis*）：虫体较粗壮，红黑色，头尾部和两侧线更为鲜红。口囊底部有 10 个小齿，等长，较尖，呈等边三角形。雄虫平均大小为 19 mm×1.82 mm。交合刺 2 条，深褐色，不等长，末端尖，有分叉。雌虫平均大小为 23.4 mm×2.4 mm，尾部钝，锥状，末端尖，两侧有 1 对突起。阴门与肛门距离较近。

（8）锐形科（Acuariidae）

旋锐形线虫（*Acuaria spiralis*）：虫体前部具有 4 条波浪形的饰带，由前向后，然后折回，但不吻合。雄虫体长 7～8.3 mm，交合刺不等长，左侧的纤细，右侧的呈舟状。雌虫长 9～10.2 mm，阴门位于虫体后部。寄生在鸡的前胃（图 9-13）。

（9）四棱科（Tetrameridae）：四棱属（*Tetrameres*）线虫无饰带，雌雄异形。雌虫呈球状，深藏于禽类的前胃腺内。雄虫纤细，游离于前胃腔中。

美洲四棱线虫（*Tetrameres americana*）：寄生于鸡和火鸡的前胃内。雄虫长 5～5.5 mm。雌虫长 3.5～4.5 mm，宽 3 mm，呈亚球形，并在纵线的部位形成 4 条深沟；其前端和后端自球体部分突出，类似于圆锥形（图 9-14、彩图 23）。

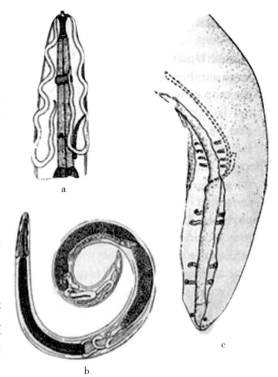

图 9-13　旋锐形线虫

a. 头端的饰带　b. 雌虫形态　c. 雄虫尾端

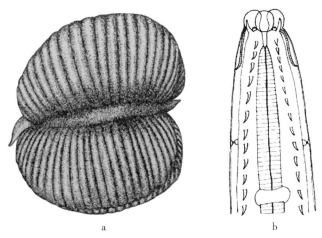

图 9-14  美洲四棱线虫

a. 美洲四棱线虫雌虫侧面观  b. 美洲四棱线虫前端

（引自汪明等，2003）

（10）似蛔科（Ascaropsidae）

①圆形似蛔线虫（*Ascarops strongylina*）：雄虫长 10～15 mm，雌虫长 16～22 mm。咽壁上有 3～4 叠螺旋形的加厚部分，仅在身体左侧有颈翼膜。雄虫的尾部呈螺旋形卷曲（图 9-15、彩图 24）。

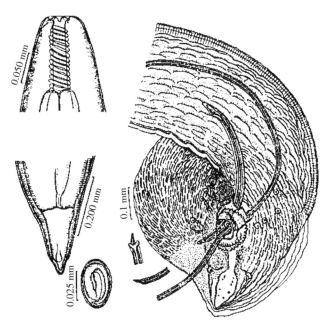

图 9-15  圆形似蛔线虫

（研俊雄等，1996. 临床兽医寄生虫学）

②六翼泡首线虫（*Physocephalus sexalatus*）：雄虫长 6～13 mm，雌虫长 13～22.5 mm。咽壁较厚，两端有简单的螺旋形增厚，中部有环形增厚，咽部角皮稍许膨大，其后每侧有 3 个颈翼膜（图 9-16）。

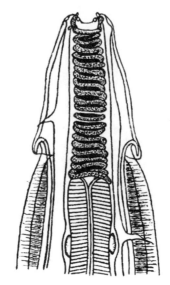

图 9-16　六翼泡首线虫头端

（引自汪明等，2003）

（11）龙线科（Dracunculidae）

台湾鸟蛇线虫（*Avioserpens taiwana*）：寄生在鸭的下颌部皮下和肌肉组织中，也称为鸭腮丝虫病（图 9-17）。虫体细长，线状。雄虫长 6 mm，尾部弯向腹面，后半部细小，呈指状；两根交合刺结构相似，等长或不等长。雌虫长 10～24 cm，粗约 0.1 mm。

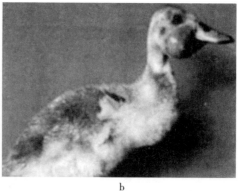

图 9-17　鸭腮丝虫病

a. 患腮丝虫病的病鸭群　b. 病鸭颌下拇指头大小的圆形结节

（12）毛形科（Trichinellidae）

旋毛虫（*Trichinella spiralis*）：是一种很小的线虫，成虫寄生于小肠（肠旋毛虫）。虫体的前半部为食道，食道的前部为一空管，其后由一串单行的细胞构成。虫体的后半部较粗，生殖器官为单管形。雄虫长 1.4～1.6 mm，尾部泄殖孔外侧有 1 对耳状交配叶，中间有 2 个小乳突。无交合刺。雌虫长 3～4 mm，阴门位于食道部中央（图 9-18）。胎生。

幼虫寄生于同一宿主的各部肌肉内（肌旋毛虫），可长达 1.15 mm，卷曲的幼虫周围形成包囊，包囊呈梭形，长 0.4～0.6 mm（彩图 25）。

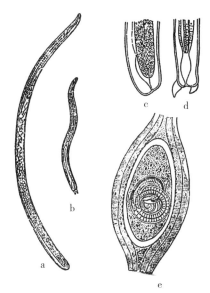

图 9 - 18　旋毛虫

a. 雌虫　b. 雄虫　c. 雌虫尾端　d. 雄虫尾端　e. 旋毛虫幼虫包囊

（引自杨光友，2005 仿唐仲璋）

### 3. 猪、禽常见几种线虫虫卵的形态特征（彩图 26）

（1）猪蛔虫卵：分受精卵和未受精卵两种。受精卵呈短椭圆形，卵壳厚，呈黄褐色，卵壳4层，最外为1层凸凹不平的蛋白质膜，卵内含有1个圆形卵细胞，虫卵大小为 $50\sim70\ \mu m\times$ $40\sim50\ \mu m$。未受精卵呈长椭圆形，淡棕褐色，平均大小为 $90\ \mu m\times40\ \mu m$，蛋白质膜不规则，卵内为油脂颗粒和卵黄颗粒。

（2）鸡蛔虫卵：呈卵圆形或椭圆形，卵壳厚而光滑，灰黑色，内含单个卵细胞。虫卵大小为 $70\sim90\ \mu m\times47\sim51\ \mu m$。

（3）鸡异刺线虫卵：呈椭圆形，灰褐色，卵壳厚，内含单个卵细胞。虫卵大小为 $65\sim$ $80\ \mu m\times35\sim46\ \mu m$。

（4）后圆线虫卵：呈椭圆形，暗灰色，卵壳外有细小的波纹状结构，卵内含有一条卷曲着的幼虫。虫卵大小为 $51\sim54\ \mu m\times33\sim36\ \mu m$。

（5）冠尾线虫卵：长椭圆形，灰白色，两端钝圆，卵壳薄，内含 $32\sim64$ 个深灰色的胚细胞，但胚与卵壳间仍有较大的空隙。虫卵大小为 $100\sim120\ \mu m\times56\sim63\ \mu m$。

（6）猪毛首线虫卵：棕黄色，腰鼓形，卵壳厚，两端有透明塞状物，卵内含一单细胞。虫卵大小为 $52\sim61\ \mu m\times27\sim40\ \mu m$。

（7）食道口线虫卵：虫卵呈椭圆形，无色或灰白色，卵壳薄，内含 $8\sim16$ 个胚细胞。大小为 $70\sim74\ \mu m\times40\sim42\ \mu m$。

（8）六翼泡首线虫卵：呈长椭圆形，卵壳厚，卵内含有一条幼虫。虫卵大小为 $34\sim39\ \mu m\times$ $15\sim17\ \mu m$。

### 4. 猪、禽常见几种线虫中间宿主

（1）蚯蚓：为猪后圆线虫的中间宿主。

（2）鼠妇（潮虫）：为旋锐形线虫的中间宿主。虫体扁平，长椭圆形，灰褐色至浅蓝色。

（3）剑水蚤：为许多寄生蠕虫的中间宿主，如矛形剑带绦虫、鸭鸟龙线虫、颚口线虫和裂头绦虫。剑水蚤大小为 1～2 mm，灰褐或灰白色，透明，雌雄异体，在水中游泳迅速。体分头、胸、腹 3 部或头、胸 2 部，有足 5 对。

## 五、思考题

1. 从不同种类线虫生活史的差异，思考其与线虫病的流行病学特征之间的关系。
2. 试述线虫的形态特点和种类鉴别的依据。

## 六、实验报告要求

1. 绘制猪蛔虫横切面并标明各部位的名称。
2. 将所观察到的猪、禽几种常见线虫及虫卵的主要形态特征填于下表。

| 虫名 | 虫体主要形态特征 | 虫卵主要特征 |
|---|---|---|
| 猪蛔虫 | | |
| 鸡蛔虫 | | |
| 鸡异刺线虫 | | |
| 猪毛首线虫 | | |
| 长刺后圆线虫 | | |
| 复阴后圆线虫 | | |
| 有齿冠尾线虫 | | |
| 猪冠尾线虫 | | |
| 美洲四棱线虫 | | |

# 实验十　牛、羊常见线虫的形态学观察

## 一、实验目的

1. 通过对牛、羊常见线虫的形态观察，认识线虫的一般形态特点。
2. 掌握牛、羊常见线虫的形态特点，能够在显微镜下进行牛、羊常见线虫的种类鉴定。

## 二、实验内容

1. 取血矛线虫或粗纹食道口雌、雄虫各 1 条，分别放在载玻片上，滴加 1～2 滴乳酸-苯酚透明液，盖上盖玻片，在显微镜下观察透明虫体的详细构造。
2. 观察几种牛、羊常见线虫的浸渍标本和装片标本，仔细观察每种线虫的形态特征。
3. 用胶头滴管吸取各种含有虫卵的粪便浸渍标本，观察并掌握几种牛、羊常见线虫卵的形态特征。
4. 观察几种牛、羊常见线虫的中间宿主的浸渍标本和装片标本。

## 三、实验器材

光学显微镜，放大镜，镊子，解剖针，平皿，载玻片，盖玻片，乳酸-苯酚透明液，常见牛羊线虫的病理标本、封片标本及浸渍标本。

## 四、操作与观察

**1. 蛔科**（Ascaridae）

牛新蛔虫（*Neoascaris vitulorum*）：寄生在犊牛的小肠。虫体的两端较钝。有 3 片唇，唇的基部较宽，向上部变窄。食道长 3～4.5 mm，在与肠管相连的地方，形成一个小的膨大部，名为"小胃"。

雄虫：体长 11～18.9 cm。尾端常有一小的刺状附属物，尾部腹面有乳突。（彩图 27）交合刺长 0.95～1.25 mm。

雌虫：体长 16.1～25.6 cm。阴门位于体前端 1/8 处。

牛新蛔虫卵：虫卵近圆形，淡黄色，表面为蜂窝状的厚蛋白质膜，内含一个卵细胞。大小为 69～93 $\mu m \times$ 62～77 $\mu m$。

**2. 毛圆科**（Trichostrongylidae）

（1）血矛属（*Haemonchus*）

①捻转血矛线虫（*H. contortus*）：寄生于羊、牛、骆驼等反刍动物第四胃，有时也寄生于小肠。虫体呈毛发状，因吸血而呈淡红色。表皮上有横纹和纵脊。头端尖细，口囊小，内有一显著背侧矛状小齿颈乳突（图 10 - 1）。

雄虫：长 15～19 mm，交合伞有 2 个由细长的肋支持着的长的侧叶和 1 个偏于左侧的由倒"Y"形背肋支持着的小背叶。交合刺较短而粗，末端有小钩。引器呈梭形。

雌虫：长 27～30 mm，因白色的生殖器官环绕于红色含血的肠管周围，形成了红白线条相间的外观，故称捻转血矛线虫，亦称捻转胃虫。阴门位于虫体后半部，有一显著的瓣状或舌状阴门盖。

虫卵：大小为 75～95 $\mu m$×40～50 $\mu m$。卵壳薄而光滑，新排出的虫卵含 16～32 个胚细胞。

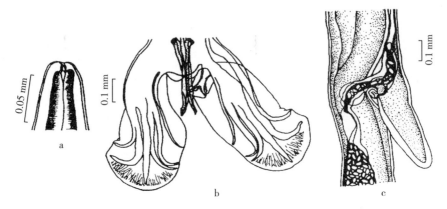

图 10-1　捻转血矛线虫

a. 头端　b. 交合伞　c. 阴门盖

（引自孔繁瑶等，1997）

②似血矛线虫（H. similis）：雄虫长 8～12.5 mm，雌虫长 12～17 mm。似血矛线虫和捻转血矛线虫形态相似，不同之处在于似血矛线虫虫体较小，背肋较长，交合刺较短。寄生于牛等动物第四胃。

（2）奥斯特属（Ostertagia）：寄生于牛、羊及其他反刍动物的真胃黏膜上，幼虫见于胃腺内。本属线虫呈褐色（俗称棕色胃虫），虫体长通常小于 14 mm。口囊浅而宽。雄虫有生殖锥和生殖前锥。生殖锥后体部盖有副伞膜，交合刺短，末端分 2 叉或 3 叉。雌虫阴门在体后部，有些种有阴门盖，其形状不一。

①奥氏奥斯特线虫（O. ostertagia）：雄虫长 6.5～7.5 mm，交合伞相对较小，外背肋巨大。交合刺末端分 2 叉。引器卵圆形，后体部宽。雌虫长 8.3～9.2 mm，有舌状阴门盖。虫卵大小为 62～82 $\mu m$×34～42 $\mu m$。寄生于牛、羊等反刍动物的第四胃和小肠中（图 10-2）。

②环形奥斯特线虫（O. circumcincta）：雄虫长 7.5～12.0 mm，交合刺常细长，在远端 1/4 处分成 2 支。引器呈球拍状。雌虫长 10.2～12.8 mm，有阴门盖。寄生于绵羊、山羊等反刍动物的第四胃和小肠。

（3）毛圆属（Trichostrongylus）：有一个重要特征是在食道区有明显凹陷的排泄孔。虫体较小，毛发状，呈淡红色或褐色。头端偏细，尾端偏粗。主要寄生于羊、牛的小肠和真胃。

①突尾毛圆线虫（T. probolurus）：雄虫长 4.3～5.5 mm，交合刺几乎等长，末端的三角形突起显著。雌虫长 4.5～6.5 mm。虫卵大小为 76～92 $\mu m$×37～46 $\mu m$。寄生于绵羊、山羊、驼、兔及人的小肠中（图 10-3）。

②蛇形毛圆线虫（T. colubriformis）：雄虫长 4～6 mm，2 根交合刺近乎等长，末端有显著的三角形突起。引器梭形。腹肋特别细小，前侧肋最粗大，背肋小，末端分小支（图 10-4）。雌虫长 5～6 mm。寄生于绵羊、山羊、牛、驼及羚羊小肠的前部，偶见于真胃；亦寄生于兔、猪、犬及人的胃中。

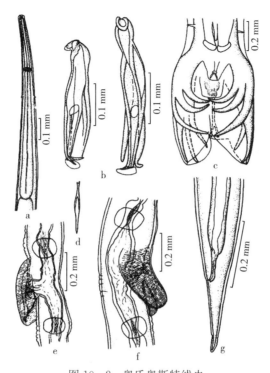

图 10-2 奥氏奥斯特线虫

a. 成虫前部　b. 交合刺　c. 交合伞　d. 引器　e、f. 雌虫阴门部　g. 雌虫尾部

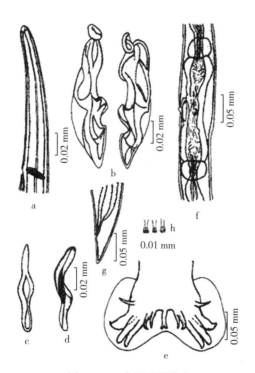

图 10-3 突尾毛圆线虫

a. 虫体前端侧面观　b. 交合刺　c. 引器腹面观　d. 引器侧面观　e. 交合伞　f. 雌虫阴门部　g. 雌虫尾端侧面观

（引自汪明等，2003）

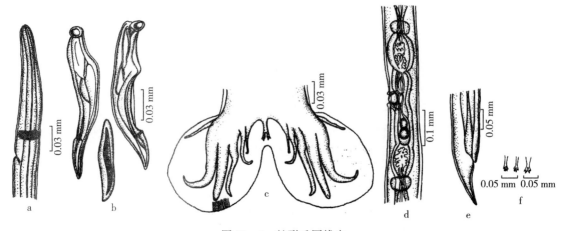

图 10 - 4　蛇形毛圆线虫

a. 成虫前端侧面观　b. 交合刺和引器　c. 交合伞　d. 雌虫阴门部　e. 雌虫尾端侧面观　f. 背肋末端不同分支

(引自汪明等，2003)

③艾氏毛圆线虫（*T. axei*）：雄虫长 3.5～4.5 mm，2 根交合刺不等长、不同形，短而扭曲。引器近梭形（图 10 - 5）。雌虫长 4.6～5.5 mm。寄生于绵羊、山羊、牛及鹿的第四胃，偶见于小肠；亦寄生于马、驴及人的胃中。

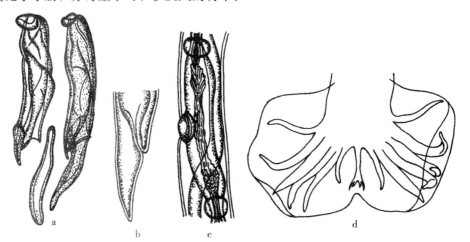

图 10 - 5　艾氏毛圆线虫

a. 交合刺与引器　b. 雌虫尾端　c. 雌虫阴门部　d. 交合伞

**3. 毛线科**（Trichonematidae）

食道口属（*Oesophagostomum*）线虫的口囊呈小而浅的圆筒形，其外周为一显著的口领。口缘有叶冠。有或无颈沟，其前部的表皮可能膨大而形成头泡。颈乳突位于颈沟后方的两侧。有或无侧翼膜。

①哥伦比亚食道口线虫（*O. columbianum*）：主要寄生于羊，也寄生于牛和野牛的结肠。有发达的侧翼膜，致使身体前部弯曲。口囊在口领下界的前方，头泡不甚膨大。颈乳突在颈沟的稍后方，其尖端突出于侧翼膜之外。雄虫 13～13.5 mm，交合伞发达。雌虫 16.7～18.6 mm，尾部长。阴道短，横行引入肾形的排卵器。虫卵呈椭圆形，大小为 73～89 $\mu$m×34～45 $\mu$m（图 10 - 6）。

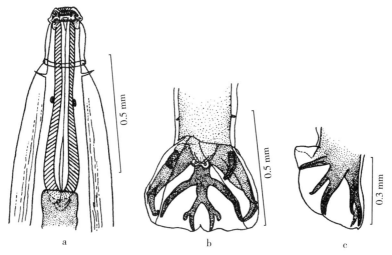

图 10 - 6　哥伦比亚食道口线虫

a. 前部腹面　b. 交合伞腹面　c. 交合伞侧面

（引自熊大仕、孔繁瑶）

②微管食道口线虫（*O. venulosum*）：主要寄生于羊，也寄生于牛和骆驼的结肠。无侧翼膜，前部直。口囊较宽而浅，外叶冠 18 叶。颈乳突位于食道后面（图 10 - 7）。雄虫长 12.0～14 mm，雌虫 16～20 mm，虫卵大小为 85～107 $\mu$m×50～58 $\mu$m。

③粗纹食道口线虫（*O. asperum*）：主要寄生于羊的结肠。无侧翼，虫体前部不弯曲。头囊明显膨大，颈乳突位于食道之后。口囊较深，外叶冠 10～12 叶，内叶冠 20～24 叶。头泡显著膨大（图 10 - 7）。雄虫长 13～15 mm，雌虫长 17.3～20.3 mm。

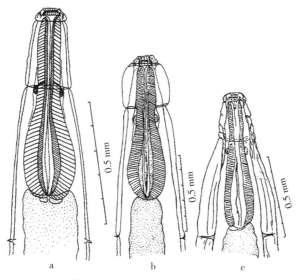

图 10 - 7　食道口线虫前部腹面

a. 微管食道口线虫　b. 粗纹食道口线虫　c. 甘肃食道口线虫

（引自熊大仕、孔繁瑶）

④甘肃食道口线虫（*O. kansuensis*）：主要寄生于绵羊的结肠。有发达的侧翼膜，前部

弯曲，有内外叶冠。头囊发达。头泡膨大。颈乳突位于食道末端或前或后的侧翼膜内，尖端稍突出于膜外（图 10-7）。雄虫长 14.5～16.5 mm，雌虫长 18～22 mm。

⑤辐射食道口线虫（*O. radiatum*）：主要寄生于牛的结肠。侧翼膜发达，前部弯曲。缺外叶冠，内叶冠也只是口囊前缘的一圈细小的突起。头泡膨大，上有一横沟，将头泡区分为前、后两部分。颈乳突位于颈沟的略后方（图 10-8）。雄虫长 13.9～15.2 mm，雌虫长 14.7～18.0 mm，虫卵大小为 75～98 $\mu$m×46～54 $\mu$m。

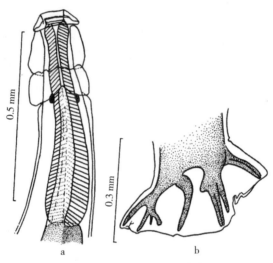

图 10-8　辐射食道口线虫

a. 前部侧面　b. 交合伞侧面

（引自熊大仕、孔繁瑶）

### 4. 圆线科（Strongylidea）

夏伯特属（*Chabertia*）线虫有或无颈沟，颈沟前有不明显的头泡，或无头泡。口孔开向前腹侧。有 2 圈不发达的叶冠。口囊呈亚球形，底部无齿。雄虫交合伞与食道口属的相似，交合刺等长，较细，有引器。雌虫阴门靠近肛门。

①绵羊夏伯特线虫（*C. ovina*）：一种较大的乳白色线虫。前端稍向腹面弯曲，有一近似半球形的大口囊，其前缘有 2 圈由小三角形叶片组成的叶冠。腹面有浅的颈沟，颈沟前有稍

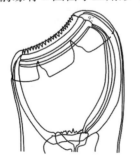

图 10-9　绵羊夏伯特线虫

1. 虫体头端　2. 雄虫尾部

（引自 Gibbons，Jones & Khalil，1996）

膨大的头泡。雄虫长 16.5~21.5 mm，有发达的交合伞，交合刺褐色，引器呈淡黄色。雌虫长
22.5~26.0 mm，尾端尖，阴门距尾端 0.3~0.4 mm，阴道长 0.15 mm。虫卵呈椭圆形，大小
为 85~132 $\mu$m×42~56 $\mu$m（图 10-9、彩图 28）。寄生于羊、牛、骆驼等反刍动物的大肠。

②叶氏夏伯特线虫（C. erschowi）：无颈沟和头泡。外叶冠的小叶呈圆锥形，尖端聚变
尖细；内叶冠狭长，尖端突出于外叶冠基部下方。雄虫长 14.2~17.5 mm，雌虫长 17.0~
25.0 mm（图 10-10）。宿主与寄生部位同绵羊夏伯特线虫。

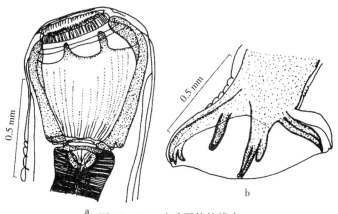

图 10-10  叶氏夏伯特线虫

a. 头部侧面  b. 交合伞侧面

（引自熊大仕，孔繁瑶）

### 5. 钩口科（Ancylostomatidae）

仰口属（Bunostomum）线虫头端向背面弯曲，口囊大，口孔腹缘有 1 对半月形的角质
切板。雄虫交合伞的背叶不对称。雌虫阴门位于虫体中部之前。寄生于牛、羊的小肠。

①羊仰口线虫（B. trigonocephalum）：虫体呈乳白色或淡红色，口囊内有个大背齿，背沟
由此穿出，底部腹侧有 1 对小的亚腹侧齿。雄虫长 12.5~17.0 mm，交合伞发达，外背肋不对
称。右外背肋比左背肋长，并且由背干的高处伸出。交合刺等长，长 0.57~0.71 mm，褐色；
无引器。雌虫长 15.5~21.0 mm，尾部钝圆。阴门位于虫体中部前不远处（图 10-11、彩图

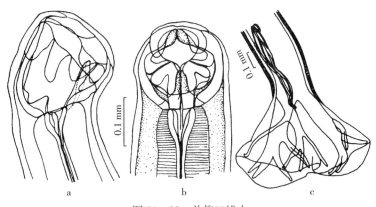

图 10-11  羊仰口线虫

a. 头端侧面  b. 头端背面  c. 交合伞

（引自孔繁瑶等）

29）。虫卵大小为 79～97 $\mu$m×47～50 $\mu$m，两端钝圆，胚细胞大而数少，内含暗黑色颗粒。

②牛仰口线虫（*B. phlebotomum*）：牛仰口线虫的形态和羊仰口线虫相似，但口囊内有 2 对亚腹侧齿。另一个区别是雄虫的交合刺长，3.5～4 mm。雄虫长 10～18 mm，雌虫长 24～28 mm。虫卵大小为 106 $\mu$m×46 $\mu$m，两端钝圆，胚细胞呈暗黑色（图 10 - 12）。

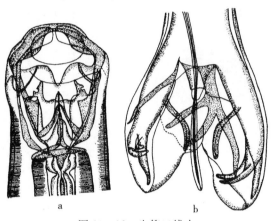

图 10 - 12　牛仰口线虫

a. 成虫头部　b. 雄虫交合伞

### 6. 网尾科（Dictyocaulidae）

网尾属（*Dictyocaulus*）线虫呈乳白色、细线状。体长 80 mm，口囊小。雄虫交合伞退化，交合刺短，呈颗粒状外观。雌虫阴门位于体中部。虫卵内含幼虫。

①丝状网尾线虫（*D. filaria*）：虫体呈细线状，乳白色，肠管好似一条黑线穿行体内。雄虫长 25～80 mm，交合伞发达，后侧肋和中侧肋合二为一，只在末端稍微分开。两个背肋

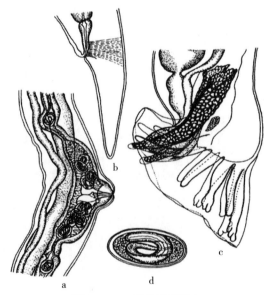

图 10 - 13　丝状网尾线虫

a. 雌虫阴门部　b. 雌虫尾端　c. 雄虫尾端　d. 虫卵

（引自卢俊杰、靳家声，2002）

分支末端各有 3 个小分支。交合刺呈靴形，黄褐色，为多孔性结构。雌虫长 43～112 mm，阴门位于虫体中部附近（图 10 - 13、彩图 30）。虫卵呈椭圆形，大小为 120～130 $\mu m \times 80 \sim 90\ \mu m$，卵内含有已发育的幼虫。

②胎生网尾线虫（*D. viviparus*）：雄虫长 40～50 mm，交合伞的中侧肋与后侧肋完全并列融合；交合刺呈黄褐色，为多孔性构造；引器呈椭圆形，为多泡性结构。雌虫长 60～80 mm，阴门位于虫体中央部分，其表面略突起、呈唇瓣状（图 10 - 14）。虫卵呈椭圆形，内含幼虫，大小为 82～88 $\mu m \times 33 \sim 38\ \mu m$。

图 10 - 14　胎生网尾线虫

a. 成虫前端　b. 雌虫尾端　c. 交合刺与引器　d. 虫卵　e. 雄虫尾端

（引自卢俊杰、靳家声，2002）

## 五、思考题

1. 简述捻转血毛线虫的生活史。

2. 牛、羊胃肠道线虫有哪些？试述其危害性。

## 六、实验报告要求

1. 试比较奥斯特属各种虫体形态上的差异。

2. 将所观察到的几种牛、羊常见线虫虫体及虫卵的主要形态特征填于下表。

| 虫名 | 虫体主要形态特征 | 虫卵主要特征 |
|---|---|---|
| 捻转血毛线虫 | | |
| 奥氏奥斯特线虫 | | |
| 蛇形毛圆线虫 | | |
| 绵羊夏伯特线虫 | | |
| 哥伦比亚食道口线虫 | | |
| 羊仰口线虫 | | |
| 牛仰口线虫 | | |
| 丝状网尾线虫 | | |
| 胎生网尾线虫 | | |

# 实验十一　动物棘头虫的形态学观察

## 一、实验目的

1. 通过对棘头虫标本的观察，了解棘头虫的一般构造特征。
2. 掌握蛭形巨吻棘头虫和大多形棘头虫的成虫和虫卵结构及形态特征。

## 二、实验内容

1. 肉眼观察几种常见棘头虫的外形、表皮特点、雌雄虫的区别。
2. 用胶头滴管吸取含有虫卵的粪便浸渍标本，观察并掌握棘头虫虫卵的基本形态特征。
3. 观察棘头虫中间宿主的浸渍标本。

## 三、实验器材

光学显微镜，放大镜，镊子，解剖针，平皿，载玻片，盖玻片，甘油生理盐水，棘头虫浸渍标本，虫卵粪便浸渍标本，胶头滴管和虫卵装片等。

## 四、操作与观察

教师简要介绍棘头虫的形态特征之后，学生分组对棘头虫浸渍标本及虫卵进行观察并绘图。常见棘头虫的形态特征如下。

**1. 少棘科**（Oligacanthorhynchidae）

蛭形巨吻棘头虫（*Macracanthorhynchus hirudinaceus*）：寄生在猪的空肠。新鲜虫体呈乳白色或淡红色，虫体呈长圆柱形，前端较粗，后端较细，体表有横皱纹（彩图 31）。具吻突，长约 1 mm，上有 5～6 列强大向后弯曲的小钩。雌雄异体，大小较为悬殊，雄虫长 7～15 mm，呈逗点状；雌虫长 30～68 mm（图 11-1、彩图 32）。

图 11-1　蛭形巨吻棘头虫的雌虫和吻突

蛭形巨吻棘头虫卵呈椭圆形，深褐色，两端稍尖，如橄榄形。卵壳由 4 层组成，第二层呈褐色，有细皱纹，两端有小塞状结构，一端较圆，另一端的较尖。卵内含有 1 条具 4 列小棘的棘头蚴（幼虫），虫卵大小为 89～100 $\mu$m×42～56 $\mu$m（彩图 33）。

中间宿主为金龟子及其幼虫（彩图 34）。

**2. 多形科（Polymorphidae）**

体较小，体表有刺，吻突为卵圆形（彩图 35、彩图 36）。

大多形棘头虫（*Polymorphus magnus*）：虫体前端大，后端狭细，呈纺锤形。吻突小，上有吻钩 16～18 列，每列 8～10 个，前 4 个吻钩大，后部的吻钩小，呈针形。雄虫长 9～11 mm，睾丸卵圆形，斜列，交合伞呈钟形，内有小的阴茎。雌虫长 12～15 mm（图 11-2）。

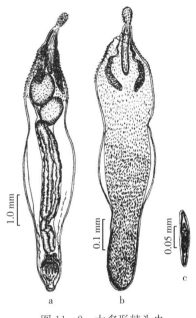

图 11-2 大多形棘头虫

a. 雄虫 b. 雌虫 c. 虫卵

（引自孔繁瑶，1997 仿 Petrochenko）

虫卵呈长纺锤形，大小为 113～129 $\mu$m×17～22 $\mu$m，在棘头蚴的两端有特殊的突出物。

## 五、思考题

根据蛭形巨吻棘头虫的形态特征和寄生部位，说明其危害性。

## 六、实验报告要求

1. 绘出大多形棘头虫雄虫和雌虫的形态构造图，并标注各部位名称。
2. 比较蛭形巨吻棘头虫与猪蛔虫在成虫及虫卵形态特征和生活史的区别。

| 虫名 | 虫体特征 | 虫卵特征 | 生活史 |
|---|---|---|---|
| 蛭形巨吻棘头虫 | | | |
| 猪蛔虫 | | | |

# 实验十二　畜禽体外寄生虫的形态学观察

## 一、实验目的

1. 掌握畜禽常见蛛形纲和昆虫纲寄生虫虫体的形态特征，为畜禽体外寄生虫病的诊断奠定基础。

2. 掌握疥螨、痒螨的形态特征及鉴别要点。

## 二、实验内容

1. 肉眼观察微小牛蜱浸渍标本和在低倍镜下观察制片标本。

2. 观察疥螨、痒螨和突变膝螨制片标本。

3. 用放大镜观察牛虻针插标本，在低倍镜下观察猪虱、牛血虱片装标本。

4. 观察剑水蚤的装片标本。

## 三、实验器材

显微镜，体视显微镜，放大镜，标本针，眼科弯头镊子，载玻片，盖玻片，胶头滴管，常见蛛形纲、昆虫纲动物的针插标本、浸渍标本及装片标本。

## 四、操作与观察

教师简要讲解蛛形纲、昆虫纲中常见的重要寄生虫的形态特征、发育史和危害性后，学生分组对动物外寄生虫标本进行观察。

### 1. 蛛形纲虫体的形态特征

虫体分为头胸和腹 2 部或头、胸、腹融为一体，无翅，无触角。假头上有螯肢和须肢。成虫有 4 对足。发育过程中有变态和蜕皮现象，属不完全变态。雌雄异体，虫体左右两侧对称，足分节（图 12-1、图 12-2）。

（1）微小牛蜱（*Boophilus microplus*）：为一宿主蜱，吸血为生，主要传播双芽巴贝斯虫病、边缘乏质体病等，以幼虫越冬。

雄虫：体小，长 1.9~2.4 mm，宽 1.1~1.4 mm，体中部最宽。假头短，假头基呈六角形，后缘平直；基突短，呈三角形，无孔区。须肢粗短。口下板短，齿式 4/4，每纵列约 8 枚齿。盾板较窄，未完全覆盖躯体两侧，留下窄长的体缘，呈黄褐色或浅赤褐色。尾突明显，呈三角形，末端尖细。肛侧板长，其后缘内角构成刺突，副肛侧板短，后缘末端尖细。足 4 对，自前向后渐次变粗，第四对足最粗壮。足的末端有爪 1 对，爪间有爪垫（图 12-3、图 12-4）。

雌虫：长 2.1~2.7 mm，宽 1.1~1.5 mm，吸饱血后的虫体可达 12.5 mm×7.8 mm，灰绿色，状如蓖麻子。假头宽大于长，假头基呈六角形，后缘略向后弯；基突付缺或粗短；孔区大，呈卵圆形；盾板小，长大于宽，略呈五边形，后角窄钝，呈红褐色。4 对足在吸饱血后呈淡黄色，很小。

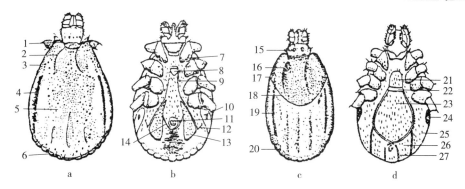

图 12-1　硬蜱的外部结构

a. 雄扇头蜱背面观　b. 雄扇头蜱腹面观　c. 雌扇头蜱背面观　d. 雌扇头蜱腹面观

1. 头基背角　2、16. 颈沟　3、17. 眼　4、19. 侧沟　5、18. 盾板　6、20. 缘垛　7. 基节外侧

8、22. 生殖孔　9. 生殖沟　10、24. 气门板　11. 肛门　12. 副肛侧板　13、26. 肛侧板

14. 肛后沟　15. 多孔区　21. 生殖前板　23. 中央板　25. 侧板　27. 肛前沟

（仿姚永政）

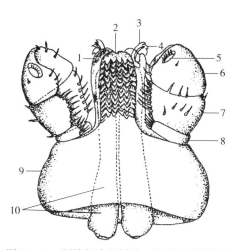

图 12-2　硬蜱假头的结构（矩头蜱的腹面）

1. 螯肢鞘　2. 口下板　3. 内指　4. 外指　5～8. 须肢第四、第三、第二、第一节　9. 假头基部　10. 螯肢干

图 12-3　微小牛蜱的雄蜱腹面

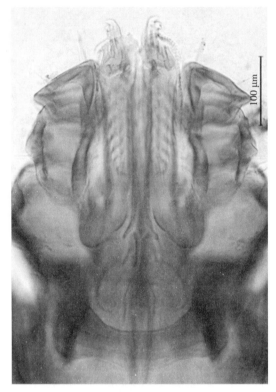

图 12-4　微小牛蜱的口器部分

若虫：虫体外形甚似成虫，足 4 对，后部两侧稍凹入。与成虫的区别是：有气门板，但无生殖孔和孔区。

幼虫：体小，长约 0.5 mm，呈圆形，褐色。足 3 对，较长。无孔区，也无气门孔和生殖孔。

虫卵：呈卵圆形，浅褐色。壳厚，壳面附有蜡质，常相互粘连成团。大小为 0.5 mm。

微小牛蜱寄生于黄牛和水牛的体表，也见于羊、马、猪、犬的体表。

（2）痒螨（Psoroptes）：寄生于绵羊、马、牛、兔的体表。

虫体呈长圆形，体长 0.5～0.9 mm，肉眼可见。口器长而尖，呈圆锥形，为刺吸式口器。4 对足细而长，2 对前足特别发达（图 12-5、图 12-6）。

雄虫第一、第二、第三对足上有分节的茎和呈喇叭形的吸盘，第四对足特别短，没有吸盘和刚毛。躯体末端有 2 个大结节，上各有长毛数条。腹面后部有 1 对交合吸盘，生殖器位于第四对基节之间。肛门位于躯体末端。

雌虫：第一、第二、第四对足上有分节的茎和喇叭形的吸盘，第三对足上各有 2 条长的刚毛。躯体腹面前部有 1 个宽阔的生殖孔，后端有纵列的阴道，阴道背侧为肛门。

若虫：大小与成虫相似，有 4 对足，无生殖孔。

幼虫：只有 3 对足，第三对足上各有 2 条刚毛。

虫卵：呈椭圆形，灰白色，大小为 0.3 mm×0.14 mm。卵内含有不均匀的胚胎或已成形的幼虫。

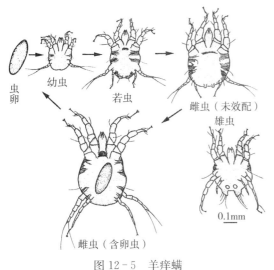

图 12-5　羊痒螨

（引自 commons. wikimedia. org）

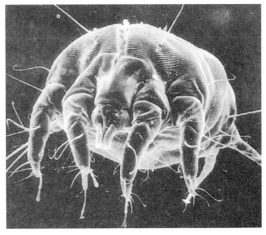

图 12-6　扫描电镜下的羊痒螨

（3）疥螨（*Sarcoptes*）：寄生于猪、牛、羊、兔、猫、马和人的表皮内，并在表皮的角质层内挖凿隧道。

虫体细小，肉眼不能看见。体呈圆形或龟形，前端有马蹄铁形咀嚼式口器，在腹面有 4 对足，粗而短。体背面有横纹、鳞片。雄虫大小为 0.23～0.34 mm×0.17～0.24 mm，第一、第二、第四对足的末端有不分节的茎和钟形的吸盘，第三对足上各有 1 条刚毛。雌虫大小为 0.34～0.51 mm×0.28～0.36 mm，第一和第二对足的末端有不分节的茎和钟形的吸盘，第三和第四对足上各有 1 条刚毛（图 12-7、图 12-8、图 12-9）。

若虫和成虫相似，第一期若虫长 0.16 mm，第二期若虫长 0.22～0.25 mm。

幼虫体长 0.11～0.14 mm，足 3 对，2 对在前，1 对在后，后足上生有刚毛。

虫卵呈椭圆形，两端较钝，平均大小为 0.15 mm×0.1 mm。内含胚胎或已含幼虫。

（4）突变膝螨（*Cnemidocoptes mutans*）：寄生于鸡和火鸡腿上无羽毛处及脚趾，引起"石灰脚"，多见于年龄较大的鸡。

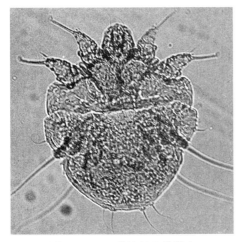

图 12-7　显微镜的疥螨雌虫

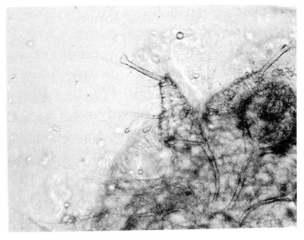

图 12-8　猪疥螨足末端的不分节茎和钟形吸盘

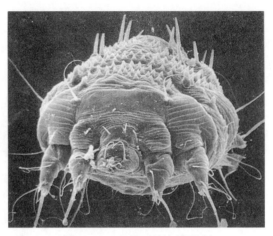

图 12 - 9　电镜下的疥螨形态

虫体细小，体接近圆形，背面无鳞片及棒状刚毛。雄虫大小为 0.20 mm×0.12～0.13 mm。体卵圆形，足较长，呈圆锥形，其末端均有一个吸盘。

雌虫大小为 0.41～0.44 mm×0.33～0.38 mm。体接近圆形，足极短，末端均无吸盘。肛门位于体的末端（图 12 - 10）。

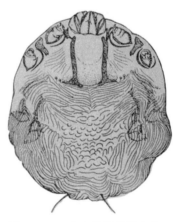

图 12 - 10　突变膝螨的雌虫背面

(引自李国清，1999)

### 2. 昆虫的形态特征

昆虫体分头、胸、腹 3 部，并具触角 1 对及足 3 对，翅或有或无，有的则为 1 对或 2 对（图 12 - 11）。雌雄异体，发育过程中有变态和蜕皮现象，变态可分为完全变态（如虻、蝇类）和不完全变态（如虱类）。

（1）虻科（Tabanidae）：头部大，呈半圆形，有 1 对很大的复眼。雄虻的两眼在头的中央靠近，雌虻的两眼间有一段距离。

虻属（*Tabanus*）：又称白纹虻，体长 14～20 mm；青黑色，胸部深灰色，有 4 条不显的黑色纵条纹。腹部扁平，后端较宽，各节中央有黄白色或青灰色的三角斑纹，两侧有白条纹；翅 1 对（图 12 - 12）。可传播炭疽和伊氏锥虫病等。

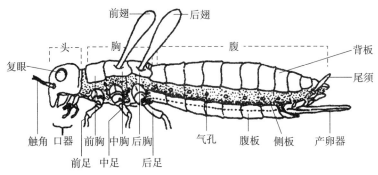

图 12-11　昆虫的外部形态模式图

(引自陈佩惠，1998)

图 12-12　虻的成虫形态

（2）蠓科（Ceratopogonidae）：为小型吸血昆虫，雄虫不吸血，雌虫吸血，并可传播鸡卡氏白细胞虫病等。

库蠓属（*Culicoides*）：体小，呈褐色或黑色，长 1～3 mm。头部近于球形，复眼 1 对，肾形。触角细长，触须细短。刺吸式口器。胸部稍隆起。翅 1 对，短而宽，翅尖钝圆，翅上密布细毛，并多数具有斑点。足 3 对，甚发达，中足较长，后足较粗。腹部 10 节，各节表面均生有毛（图 12-13）。

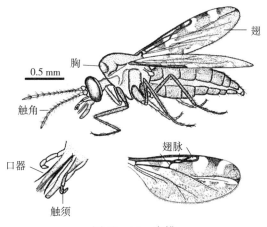

图 12-13　库蠓

(引自网站 https://en.wikibooks.org/wiki)

发育为完全变态，要经过卵、幼虫、蛹和成虫4个阶段。

（3）血虱科（Haematopinidae）：寄生于哺乳动物的体表，以吸食血液为主，故又称吸血虱或兽虱。

体稍呈椭圆形且扁平，无翅，种类不同虱体的长短也不同。虫体外皮角质，覆以细毛。头部窄于胸部，并且分界明显。头部有1刺吸式口器；1对触角，共分5节；有的种还有1对单眼。雄虱小于雌虱，雄虱末端圆形，雌虱末端分叉。发育为不完全变态。

①猪血虱（Haematopinus suis）：吸血，寄生于猪的体表（图12-14）。体呈灰黄色，几丁质化较强，部分为黄褐色。头部长度约为宽度的3倍，腹部较宽而圆。雌虫体长4～6 mm，雄虫体长3.5～4.75 mm。

②水牛血虱（H. tuberculatus）：寄生在水牛的体表，吸血。雌虱体长约4 mm，雄虱体长约3 mm。体色为较深的黄褐色，强几丁质化处常呈黑色。头稍长，其前缘较圆；触角基部凹入较深，表皮的纹理不呈鱼鳞状。

③牛血虱（H. eurysternus）寄生于黄牛的体表，吸血。其雄虱和雌虱的形态见图12-15和图12-16。

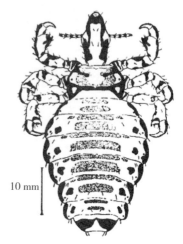

10 mm

图12-14 猪血虱

图12-15 牛血虱雄虫

图12-16 牛血虱雌虫

（4）毛虱科（Trichodectidae）：因食毛、羽、皮屑为生，故称毛虱。种类很多，绝大多数寄生于鸟类，称羽虱；少数寄生于兽类。

毛虱科的虱体长约2 mm。头部大，其宽度大于胸部。咀嚼式口器。毛虱的触角分3节，羽虱的触角分4～5节；有些种还有1对小单眼。有牛毛虱（Damallinia bovis）和鸡羽虱（Menopon gillinae）等。牛毛虱雄虱和雌虱的形态见图12-17和图12-18。

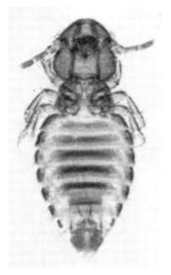

图 12-17　牛毛虱的雄虱　　图 12-18　牛毛虱的雌虱

### 3. 甲壳纲的形态特征

甲壳纲动物体分头、胸、腹 3 部或头胸、腹 2 部。附肢甚多，包括触角 2 对和足 5 对。雌雄异体。

剑水蚤（*Cyclops*）：生活于淡水中，雌性体长一般为 1.5 mm，透明，呈淡褐色或灰白色，可做裂头绦虫、水禽剑带绦虫的中间宿主。雌虫后部两侧有卵囊（图 12-19），卵囊内有许多卵细胞。

## 五、思考题

1. 蛛形纲虫体和昆虫纲虫体的形态主要特征是什么？

2. 从疥螨和微小牛蜱形态、寄生部位及生活史的特征，思考其引起疾病的流行特点和危害性。

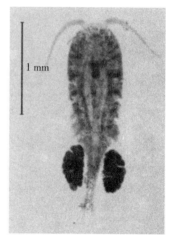

1 mm

图 12-19　剑水蚤

## 六、实验报告要求

1. 绘出微小牛蜱的形态，并标明各器官的名称。

2. 以猪血虱和鸡羽虱为例，说明血虱和毛虱的不同。

3. 将显微镜下观察到的疥螨和痒螨的特征，按表 12-1 格式填入。

表 12-1　疥螨和痒螨的特征

| 名称 | 疥螨 | 痒螨 |
|---|---|---|
| 成虫形状 | | |
| 大小 | | |
| 口器 | | |

（续）

| 名称 | | 疥螨 | 痒螨 |
|---|---|---|---|
| 足 | | | |
| 吸盘 | 形状 | | |
| | 茎 | | |
| | 雄虫 | | |
| | 雌虫 | | |

# 实验十三　动物体常见原虫的形态学观察

## 一、实验目的

1. 通过观察标本片，掌握伊氏锥虫、双芽巴贝斯虫、卡氏住白细胞虫、边缘乏质体、弓形虫、住肉孢子虫、畜禽球虫及隐孢子虫的形态特征。

2. 掌握常见原虫病诊断性阶段的病原形态和病变特征，为诊断原虫病打下基础。

## 二、实验内容

1. 油镜观察伊氏锥虫、双芽巴贝斯虫、卡氏住白细胞虫、边缘乏质体、弓形虫的血液染色标本或组织涂片染色标本。

2. 观察鸡柔嫩艾美尔球虫、牛艾美尔球虫、兔艾美尔球虫的装片标本。

3. 观察卡氏住白细胞虫病、兔肝球虫病、鸡柔嫩艾美尔球虫病、弓形虫病的病理标本。

4. 进一步认识伊氏锥虫的传播者牛虻、斑虻、螫蝇，双芽巴贝斯焦虫的传播者微小牛蜱，卡氏住白细胞虫的传播者库蠓。理解原虫的生活史。

## 三、实验器材

显微镜（带油镜镜头），香柏油，常见原虫的血液染色标本，原虫传播者的针插标本、装片标本和病理标本。

## 四、操作与观察

教师简要讲解畜禽常见原虫的形态特征和观察要点，学生分组进行实验观察。

### 1. 伊氏锥虫（*Trypanosoma evansi*）

伊氏锥虫是一种单形型的虫体，长 18～34 $\mu m$，宽 1～2 $\mu m$，平均 24 $\mu m$×2 $\mu m$。虫体呈卷曲的柳叶状，前端尖锐，后端钝圆，虫体中央有 1 个椭圆形的核（或称主核），后端有一小点状的动基体。靠近动基体前方的另一小点叫生毛体，鞭毛由生毛体生出，并沿虫体表面螺旋式地向前伸延为游离鞭毛（长约 6 $\mu m$）。鞭毛与虫体之间有薄膜相连，虫体运动时鞭毛旋转，此膜也随着波动，所以称为波动膜。虫体的细胞质内有时可见到空泡或染色质颗粒。在吉姆萨染色的血片中，虫体的核和动基体呈深红紫色，鞭毛呈红色，波动膜呈粉红色，原生质呈淡天蓝色（彩图 37）。

伊氏锥虫寄生于马、牛、骆驼、鹿和犬等动物的造血脏器和血液内。通过牛虻、斑虻、螫蝇等吸血昆虫机械性传播（虫体在这些吸血昆虫体内并不发育，生存时间亦短）。

牛虻：（见实验十二、四、2. 昆虫的形态特征（1）虻科）

斑虻：体长约 10 mm，翅有大斑块。雌雄均吸血。口器为刮舐式。胸部具有 3 条纵条纹，整个翅的前缘均为褐色，翅的基部及中部为褐色横纹斑。最显著的特征是腹部背面第二节的亚中部有 1 对大而呈卵圆形的"八"字形排列的黑斑点，1～2 节为黄色，3～6 节黑色具 3 条纵条纹（图 13 - 2）。

螫蝇：虫体大小为 6～8 mm，暗灰至褐色，雌雄均吸血。口器为刮吸式，喙细长，向前方突出，肉眼可见。胸部呈灰色，胸背板上有 4 条不完整的黑色纵纹。腹部呈灰色，在第二和第三节的腹背板上各有 3 个黑色圆点，1 个居中，位于节的基部，2 个居侧，位于节的后缘（图 13-1）。喜在阳光下活动，偶尔叮人。可传播伊氏锥虫和炭疽病，此外还可作为一些线虫的中间宿主。发育史属完全变态。

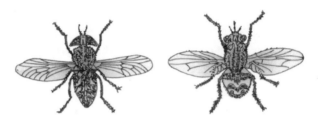

图 13-1　虻（左）和厩螫蝇（右）

## 2. 双芽巴贝斯虫（*Babesia bigemina*）

寄生在牛的红细胞内，引起血红蛋白尿，传播者为微小牛蜱。本虫是大型的虫体，特征性虫体的长度超过红细胞的半径，为尖端联成锐角的成对梨子形虫体，位于红细胞的中央。1 个红细胞内虫体数一般为 1～2 个，很少有 3 个以上。现于红细胞内的虫体有环形、椭圆形、梨形（单个或成对）和变形虫形等不同形状的虫体。环形虫体的直径为 1.4～3.2 $\mu$m；单梨形虫体长 2.8～6 $\mu$m；双梨形虫体长 1.9～4.6 $\mu$m，宽 0.8～2.6 $\mu$m，染色质分为 2 团（暗红色）（图 13-2、彩图 38）。

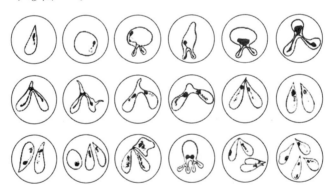

图 13-2　牛双芽巴贝斯虫的各种形态

（仿 MarkovA. A）

## 3. 卡氏住白细胞虫（*Leucocytozoon caulleryi*）

寄生在鸡的白细胞（主要是单核细胞）和红细胞内，由库蠓传播。

在鸡（中间宿主）的血液中，常可见到第二期虫体或第五期虫体（彩图 39）。

第二期虫体为裂殖子，见于红（或白）细胞质内，呈圆形，大小为 1.5～2 $\mu$m，吉姆萨染色液染色后，其原生质呈淡紫色，边缘较深；细胞核呈新月形或"人"字形、马蹄铁形，染色深红。

第五期虫体近于圆形。大小为 15.5 $\mu$m×15 $\mu$m。雌性配子的直径为 12～14 $\mu$m，有个

直径 $3\sim4\,\mu m$ 的核，核仁呈深红色，原生质呈天蓝色，并有较深色的小颗粒；雄性配子的直径为 $10\sim12\,\mu m$，核的直径为 $10\sim12\,\mu m$，即整个细胞几乎全为核所占有，核仁呈红色。宿主的细胞为圆形，直径 $13\sim20\,\mu m$，细胞核形成一深色狭带，围绕虫体 1/3。

传播者（终末宿主）为鸡库蠓（见实验十二、四、2.昆虫的形态特征（2）蠓科）。

### 4. 边缘乏质体（Anaplasma marginale）

寄生在牛的红细胞内，大多数寄生在边缘。现已确定边缘乏质体为立克次氏体类的病原体，但由于其某些生物学特性和引起的疾病特征与巴贝斯虫病有共同之处，故一并观察（彩图40）。

虫体呈圆点状，无原生质，由一团染色质组成，虫体直径为 $0.2\sim0.9\,\mu m$，每个红细胞内的虫体数为 $1\sim3$ 个。用吉姆萨染色液染色后，虫体呈紫红色，红细胞呈浅玫瑰色，边缘染色较深，中间较淡，红细胞大小不均。其传播者（终末宿主）为微小牛蜱。

### 5. 球虫

球虫一般寄生在畜禽的肠黏膜上皮细胞内（斯氏艾美耳球虫寄生在兔肝胆管上皮细胞内），种类甚多，畜禽都有各自特有的寄生球虫，且相互不感染。从宿主粪便排出的球虫新鲜卵囊未孢子化，在外界经过 $1\sim4d$ 后发育为孢子化卵囊，才具有感染性。

球虫卵囊的形态有圆形、卵圆形、椭圆形；颜色有淡灰、淡黄、浅绿、淡红和无色。大小为 $10\sim40\,\mu m$。

（1）球虫未孢子化卵囊：不同种属未孢子化卵囊共同特征是卵囊内呈现一团原生质，包含核质、各种细胞器等结构。其他结构如卵囊形状、大小以及卵囊壁结构与孢子化卵囊相同（图 13-3）。

（2）艾美耳属（Eimeria）孢子化卵囊：每个卵囊中均有 4 个孢子囊，每个孢子囊内包含 2 个子孢子。不同虫种的卵囊形态、大小以及有无卵膜孔、极粒、卵囊残体和孢子囊残体等特征存在差异（图 13-4）。

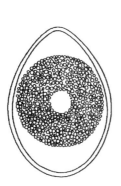

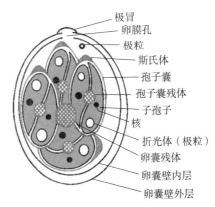

图 13-3　球虫未孢子化卵囊
结构示意图

图 13-4　艾美耳属球虫孢子
化卵囊结构模式图

（3）等孢属（Isospora）孢子化卵囊：每个卵囊中均有 2 个孢子囊，每个孢子囊内包含 4 个子孢子。其他结构特征随虫种而存在差异（图 13-5）。

（4）温扬属（Wenyonella）孢子化卵囊：每个卵囊中均有 4 个孢子囊，每个孢子囊内包含 4 个子孢子。其他结构特征随虫种而存在差异（图 13 - 6）。

（5）泰泽属（*Tyzzeria*）孢子化卵囊：卵囊内存在 8 个子孢子和卵囊残体，无孢子囊结构（图 13 - 7）。

 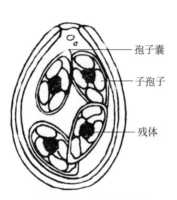 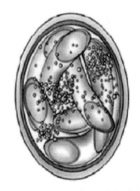

| | 孢子囊 |
| | 子孢子 |
| | 残体 |

图 13 - 5　等孢属孢子化卵囊　　　图 13 - 6　菲莱氏温扬　　　图 13 - 7　微小泰泽球虫卵囊
　　　　结构示模式图　　　　　　　　　球虫卵囊　　　　　（Bruno Pereira Berto，2008）
　　　　　　　　　　　　　　　　　（闫文朝）

**6. 隐孢子虫**

隐孢子虫（*Cryptosporidium*）：卵囊为椭圆形或近球形，卵囊内有 4 个香蕉状的子孢子和 1 个残体。卵囊壁 2 层，光滑、无色，上有 1 条纵裂缝，长度约占卵囊的 1/3（图 13 - 8）。贝氏隐孢子虫（*C. baileyi*）大小为 6.3 μm×5.1 μm。微小隐孢子虫（*C. parvum*）大小为 5.0 μm×4.5 μm。安氏隐孢子虫（*C. andersoni*）大小为 7.4 μm×5.6 μm。

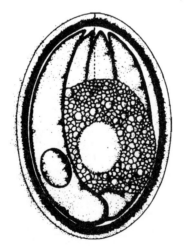

图 13 - 8　隐孢子虫卵囊的模式图

注：注意环绕卵囊残体的 4 个子孢子和双层卵囊壁内的裂缝

（引自汪明等，2003 仿 Current）

**7. 弓形虫**

龚地弓形虫（*Toxoplasma gondii*）：寄生于很多种哺乳动物、鸟类和若干冷血动物的有核细胞内。猫是其终末宿主，虫体寄生在肠上皮细胞内，在中间宿主（其他动物）体内进行无性繁殖。

在检查弓形虫病畜（中间宿主）时，主要是发现速殖子，有时也可见包囊。速殖子游离于腹腔液或位于多种细胞内，呈香蕉状或新月形。一端较尖，另一端较钝，长 4～8 $\mu m$，宽 2～4 $\mu m$。其中央或稍偏于钝端有核。吉姆萨染色后，细胞质呈浅蓝色，有颗粒；细胞核呈深紫蓝色（彩图 41）。

在有核细胞（单核细胞、淋巴细胞）内还可见到正在繁殖的虫体，有的呈柠檬形（其核位于虫体的正中）、圆形和卵圆形及正在出芽的不规则形态。有时在宿主细胞的细胞质内，数个或数十个速殖子丛集在一个囊内而形成假囊。

包囊则见于慢性或无症状病例，多寄生在脑、心等实质细胞内，呈圆形至椭圆形，大小为 10～60 $\mu m$，外有厚的囊壁，囊内充满许多香蕉状的缓殖子（数个到数千个）（图 13 - 9）。

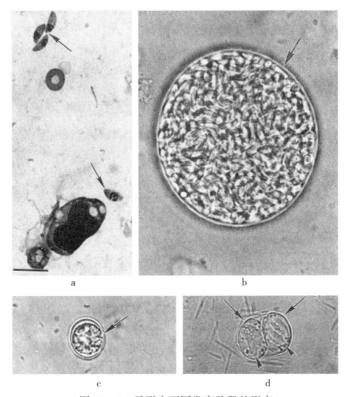

图 13 - 9　弓形虫不同发育阶段的形态

a. 肺脏中的速殖子　b. 脑组织中的包囊　c. 猫粪便中的未孢子化卵囊　d. 猫粪便中的孢子化卵囊

### 8. 住肉孢子虫

住肉孢子虫（Sarcocystidae）：是一种细胞内寄生虫，广泛寄生于哺乳动物、鸟类和爬行类，种类很多。其特征是在横纹肌或心肌内形成包囊——米氏囊（彩图 42）。

米氏囊呈灰白色圆柱形或梭形，大小差别很大，通常长为 1 cm 或更小，小的在显微镜下才能看到，其大小与宿主种类、寄生部位、虫种和虫龄等有关（图 13 - 10）。囊壁由两层组成，外层随种类和包囊的成熟程度而不同，有的为薄而无结构的膜，有的则厚而有绒毛状结构；内层向囊腔延伸成许多中隔，将囊腔分隔成若干室。成熟包囊的内腔可分成两区，外围区充满球形或卵圆形的滋养母细胞，中间区充满香蕉形的缓殖子，在结构上类似球虫的裂殖子。

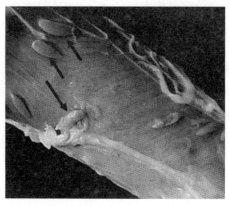

图 13-10　水牛食道感染住肉孢子虫（箭头所示为米氏囊）

## 五、思考题

1. 哪些原虫病为人兽共患的寄生原虫病，对人畜的危害性如何？
2. 简述畜禽常见原虫病诊断性阶段的病原形态特征。

## 六、实验报告要求

1. 绘出伊氏锥虫、双芽巴贝斯虫、住肉孢子虫的镜下形态。
2. 试比较牛艾美尔球虫、兔艾美尔球虫、鸡柔嫩艾美尔球虫孢子化卵囊的异同。

# 实验十四 寄生虫学粪便检查法

## 一、实验目的

1. 掌握寄生虫粪便检查的操作技术。

2. 掌握吸虫卵、绦虫卵、线虫卵、棘头虫卵和球虫卵囊在显微镜下的特征，学会区别虫卵和粪便中的杂质。

3. 熟悉虫卵计数法和测微尺的使用方法。

## 二、实验内容

1. 粪便的采集、保存、寄送及其应注意的问题。

2. 常用的寄生虫学粪便检查方法。

3. 粪便中虫卵的计数方法和测微尺的使用方法。

4. 识别蠕虫卵的方法和要点。

## 三、实验器材

载玻片，盖玻片，镊子，平皿，烧杯，粪杯，漏斗，胶头滴管，离心管，试管，青霉素瓶，金属筛，纱布，烧瓶，火柴棍，特制钢丝圈，虫卵计数板，普通离心机和光学显微镜。

## 四、操作与观察

寄生虫学粪便检查法是寄生虫病活体诊断的重要方法，因为大多数寄生性蠕虫寄生在宿主消化道内，它们的卵、节片、幼虫是随宿主粪便排至体外的，同时该法对寄生于宿主肝、胰的蠕虫（它们的卵也排至宿主肠腔）和寄生于呼吸系统的蠕虫（卵和幼虫随痰被咽入宿主的消化道）也有诊断价值，而且在粪便中还能发现鸟类输卵管和泌尿系统寄生虫的虫卵。寄生虫粪便检查法可分为3类，即寄生虫虫体检查法，目的在于从粪便中发现整个虫体或节片；寄生虫虫卵检查法，目的在于从粪便中发现虫卵；寄生虫幼虫检查法，目的在于从粪便中发现幼虫。

### 1. 粪便的采集、保存和寄送

被检粪便应该是新鲜且未被污染的，故最好从直肠内直接采集，对于猪、羊可将食指或中指伸入直肠，勾取粪便。若采取自然排出的粪便，需采取粪堆或粪球上部或中间未被污染的粪便。采取的粪便按头编号，并将其装入清洁的容器内（小广口瓶、纸盒和塑料袋等）。采集用具应每采一份，清洗一次，以免互相污染。采取的粪便应尽快检查，不能立即检查者，应放在阴暗处或冰箱中保存。当地不能检查而需要寄送时，或者需长期保存时，可将粪便浸入加温至 50～60 ℃的 10％甲醛溶液中，使粪便中的虫卵失去生活能力，起固定作用，又不改变形态，还可防止微生物的繁殖。

### 2. 寄生虫学粪便检查方法

（1）直接涂片法：取载玻片一张，滴加 1～2 滴 50％甘油水溶液或清水，再取少量被检粪便，用牙签或火柴棒捣碎并搅拌混匀后，去其粪渣，在载玻片上涂成一薄层，然后盖上盖玻片，置显微镜下检查（图 14 - 1）。

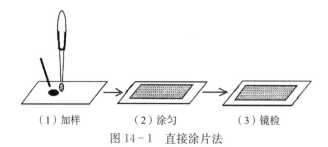

（1）加样　　　　（2）涂匀　　　　（3）镜检

图 14 - 1　直接涂片法

此法操作简单，可以发现粪便中各种蠕虫卵、幼虫和球虫卵囊，但检出率很低，因此只能作为辅助的方法，每次应至少检查 8 张涂片。

（2）漂浮法：又叫费勒鹏氏法，其原理是将粪便中比重较小的虫卵漂浮于比重较大的溶液表面。漂浮法对大多数线虫卵、某几种绦虫卵及球虫卵囊等都有很好的检出效果。但对于吸虫卵、棘头虫卵等，由于它们的比重大于饱和盐水的比重，效果较差。

常用的漂浮液为饱和食盐溶液，其制作方法是将食盐加入沸水中，直至食盐不再溶解而生成沉淀为止，用 4 层纱布或脱脂棉过滤后冷却备用。

为了提高漂浮法的检出效果，还可改用以下漂浮液：硫代硫酸钠饱和液（1 L 水中溶入 1 750 g 硫代硫酸钠）、硝酸钠饱和液（1 L 水中溶入 1 000 g 硝酸钠）等。国外用硝酸铵溶液（1 L 水中溶入 1 500 g 硝酸铵）和硝酸铅溶液（1 L 水中溶解 650 g 硝酸铅）做漂浮液，大大提高了检出效果，甚至可用于吸虫病的诊断。但是，用高比重溶液时易使虫卵变形，检查时必须迅速，制片时也可补加 1 滴清水。

常用的漂浮法有以下 2 种操作方法。

①饱和盐水漂浮法：取 5～10 g 粪便置于粪杯中，加入少量漂浮液搅拌混合后，再加入 10～20 倍的饱和盐水混匀。然后用金属筛和纱布过滤入另一杯中，弃去粪渣。将滤液静置 40 min 左右，用直径 0.5～1 cm 的金属圈平着接触滤液面，提起后将粘在金属圈上的液膜抖落于载玻片上，如此多次蘸取不同部位的液面后，加盖玻片镜检（图 14 - 2）。

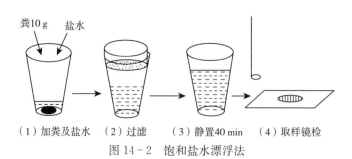

粪10 g　盐水

（1）加粪及盐水　（2）过滤　　（3）静置40 min　（4）取样镜检

图 14 - 2　饱和盐水漂浮法

②试管浮集法：取 2 g 粪便于粪杯中，加入 10～20 倍漂浮液搅拌混合，然后将粪液用金属筛或纱布滤入另一杯中。将滤液倒入直立的平口中试管或青霉素瓶中，直到液面接近管口为止，然后用滴管补加粪液，滴至液面凸出管口为止。静置 30 min，用洁净的盖玻片轻轻接触液面，拿起后放于载玻片上镜检；或用载玻片接触液面，提起后迅速翻转，加盖玻片后

镜检。

（3）反复水洗沉淀法：又名彻底洗净法。其原理是虫卵比水重，可自然沉淀于水底，便于集中检查。该法多用于吸虫病和棘头虫病的诊断。

取 5～10 g 粪便于烧杯（或塑料杯）中，加 10～20 倍重量的水充分搅匀，再用金属筛或纱布过滤于另一杯中，滤液静置 20 min 后倾去上层液，再加水与沉淀物重新搅匀，静置。如此反复水洗沉淀物多次（3～5 次），直到上层液透明为止。最后倾去上层液，用吸管或胶头滴管吸取沉淀物滴于载玻片上，加盖玻片后镜检（图 14-3）。

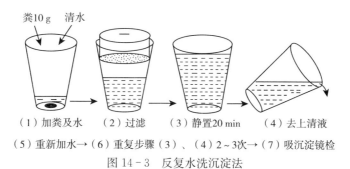

（1）加粪及水　（2）过滤　（3）静置20 min　（4）去上清液
（5）重新加水→（6）重复步骤（3）、（4）2～3次→（7）吸沉淀镜检
图 14-3　反复水洗沉淀法

### 3. 粪便中虫卵的计数方法

虫卵（卵囊）计数法是指测定每克畜禽粪便中的虫卵（或卵囊）数，以此推断畜禽体内某种寄生虫的数量，有时也可用来做驱虫药使用前后虫卵数量的对比，以检查驱虫效果。虫卵计数的结果，常以每克粪便中的虫卵数（egg per gram 简称 e. p. g）或每克粪便的卵囊数（oocyst per gram 简称 o. p. g）来表示。

常用的虫卵（或卵囊）计数方法有 4 种。

（1）简易计数法：本法适用于线虫卵和球虫卵囊的计数。

取新鲜粪便 1 g，放在小杯中，加入饱和盐溶液 3～5 mL，搅拌使其成糊状，然后用金属筛过滤，滤液收集于干净的西林瓶中，用滴管加饱和盐水使液面成凸状，加上 22 mm×22 mm 的盖玻片于瓶口，静置 30 min，取下盖玻片覆于载玻片上，置低倍镜（10×10）下观察，计算整个盖玻片范围内的虫卵数或卵囊数。每份粪便用同样的方法检查 3 张盖玻片，其总和为 1 g 粪便的虫卵数。

（2）血球计数板法：取粪便 1 g，置小杯中，加入 10 mL 饱和盐溶液作 10 倍稀释，充分搅拌后，用胶头滴管吸取 1 滴粪液在血球计数板内，在低倍镜（10×10）下检查虫卵或卵囊，计算 1 mm² 的虫卵或卵囊数 a。

血球计数板法的每克粪便虫卵数计算方法：

$$a \times 10 \div (0.1 \times 0.1 \times 0.01) = a \times 10^5$$

（3）麦克马斯特氏法（MacMaster's method）：本法适用于线虫卵和球虫卵囊的计数。将虫卵浮集于麦克马斯特计算室内，于低倍显微镜下（10×10）检查虫卵或卵囊。

麦克马斯特计算室（图 14-4）是在一张载玻片上用环氧树脂粘上一张 1 cm² 的刻度片，2 张玻片间垫以 1.5 mm 的玻璃条，使计算室的容量为 0.15 cm³。

取粪便 2 g，放在小杯中，先加入饱和盐溶液 10 mL，充分搅拌后再加入饱和盐溶液

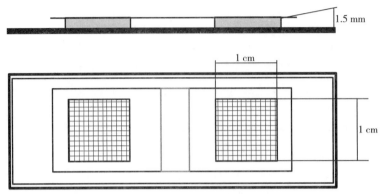

图 14 - 4　麦克马斯特计算室

50 mL（共加入 60 mL），混匀后，用滴管吸取粪液，注入计算室内，置于显微镜台上，静置 1～2 min，然后在镜下计数 1 cm² 刻度中的虫卵总数。求 2 个刻度室中虫卵数的平均数，乘以 200 即为每克粪便虫卵数。

（4）斯陶尔氏法（Stoll's method）：此法适用于线虫卵、吸虫卵、棘头虫卵和球虫卵囊的计数。在 100 mL 三角烧瓶的 56 mL 和 60 mL 处各做一刻度。将 0.4％的氢氧化钠溶液注入瓶中，达 56 mL 刻度为止。然后加入粪便，使液面达到 60 mL 刻度处，再放入十数粒玻璃珠，用橡皮塞塞紧，充分振摇，随后立刻用刻度吸管吸取 0.15 mL 的粪液，滴于载玻片上加盖玻片镜检，分别计算各种虫卵的数量。先后共检 3 张片，所得平均数乘以 100，即为每克粪便虫卵数。

**4. 显微镜测微尺的使用方法**

各种虫卵、幼虫、球虫卵囊常有恒定的大小，测量虫卵、幼虫或卵囊的大小，可以作为其鉴定的依据。虫卵、幼虫或卵囊的测量需要测微器，且需在显微镜下进行操作。显微镜测微器是由目镜测微尺和物镜测微尺组成（图 14 - 5）。

目镜测微尺：为一小的圆形玻片，其中央部分刻有 50 个或 100 个相等的刻度，每个刻度表示的长度随目镜和物镜放大倍数的不同而异。

物镜测微尺：是一张载玻片，其中央封有一标准刻度尺，一般是将 1 mm 均分为 100 个小格。亦即每小格的绝对长度为 10 $\mu$m。

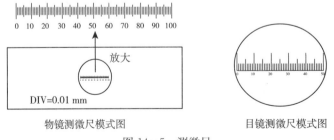

物镜测微尺模式图　　　目镜测微尺模式图

图 14 - 5　测微尺

确定目镜测微尺每小格的长度时，先将目镜测微尺装入目镜隔环上，划线面向下。再把物镜测微尺置于载物台上，调节焦距，进行观察，使两测微尺同一边的划线相重合，然后向另一边观察直到最远的两划线重合为止。此时检查目镜测微尺上的小格数等于物镜测微尺上的多少小格，求出目镜测微尺每小格的单位。例如，在用 10 倍目镜、40 倍物镜、镜筒不抽出的情况下，目镜测微尺的 44 格相当于物镜测微尺的 15 格，即可计算出目镜测微尺的每格长度为：

$15×0.01/44＝0.003\ 409\ mm$（$3.409\ \mu m$）

在测量具体虫卵时，将物镜测微尺移去，只用目镜测微尺。如量得某虫卵的长度为 24 格，则其具体长度应为 $3.409\ \mu m×24＝81.816\ \mu m$。但要注意，以上算得目镜测微尺的换算长度只适合于固定的显微镜、目镜及物镜等条件，更换其中任一因素其换算长度必须重新测算。

**5. 识别蠕虫卵的方法和要点**

鉴别虫卵主要依据是虫卵的大小、形状、颜色、卵壳、内容物的典型特征。这种鉴别虫卵的能力，只有反复观察家畜粪便中的虫卵才能掌握。因此在粪便虫卵检查中，要反复检查各种家畜的粪便，创造发现多种、大量虫卵的条件。

在检查自然采集的粪便时，不但能发现吸虫卵，也能发现线虫卵、绦虫卵和棘头虫卵。因此，首先应了解各种虫卵的基本特征，其次应注意区别那些易与虫卵混淆的物质。

（1）各种蠕虫卵的基本特征见图 14 - 6、图 14 - 7、图 14 - 8、图 14 - 9。

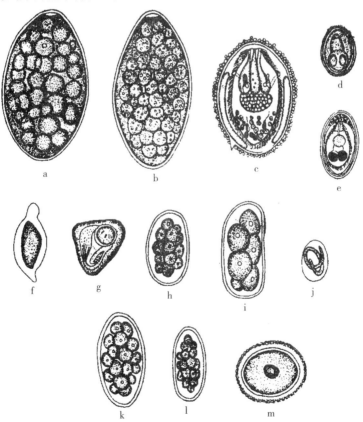

图 14 - 6　牛体内的寄生虫卵

a. 大片吸虫卵　b. 前后盘吸虫卵　c. 日本血吸虫卵　d. 双腔吸虫卵　e. 胰阔盘吸虫卵　f. 鸟毕血吸虫卵
g. 莫尼茨绦虫卵　h. 结节虫卵　i. 钩虫卵　j. 吸吮线虫卵　k. 指状长刺线虫卵　l. 古柏线虫卵　m. 牛新蛔虫卵

（引自孔繁瑶，1997）

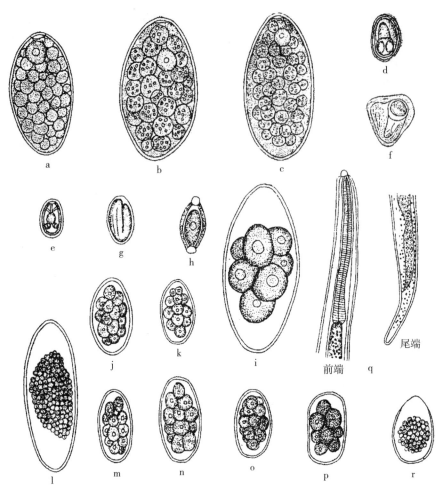

图 14 - 7  羊体内的寄生虫卵

a. 肝片吸虫卵   b. 大片吸虫卵   c. 前后盘吸虫卵   d. 双腔吸虫卵   e. 胰阔盘吸虫卵   f. 莫尼茨绦虫卵

g. 乳突类圆线虫卵   h. 毛首线虫卵   i. 钝刺细颈线虫卵   g. 奥斯特线虫卵   k. 捻转胃虫卵

l. 马歇尔线虫卵   m. 毛圆线虫卵   n. 阔口圆虫卵   o. 结节虫卵   p. 钩虫卵

q. 丝状网尾线虫幼虫;   r. 小型艾美尔球虫卵囊

(引自孔繁瑶，1997)

吸虫卵：多为卵圆形，卵壳由数层组成。多数吸虫卵一端有小的卵盖，被一个不明显的沟围绕着，有的吸虫卵还有结节、小刺、丝等突出物。卵内含有被卵黄颗粒围绕的卵细胞或发育成型的毛蚴。

绦虫卵：形状不一，卵壳的厚度和构造也不同。圆叶目绦虫卵内含一个具有 3 对胚钩的六钩蚴，六钩蚴被覆 2 层膜，内层膜紧贴六钩蚴，外层膜与内层膜有一定距离，有的虫卵六钩蚴被包在梨形器内，有的几个虫卵被包在卵袋中。假叶目绦虫卵与吸虫卵相近，有卵盖。

线虫卵：多为椭圆形或圆形，卵壳多为 4 层，完整地包围虫卵，但有的一端或两端有缺口，被另一个增长的卵膜封盖着。卵壳光滑或有结节、凹陷等。卵内含有未分裂的胚细胞，或分裂为多数细胞，或为一条幼虫。

棘头虫卵：多为椭圆形。卵壳3层，内层薄，中间层厚，多数有压痕，外层变化较大，并有蜂窝状构造。内含长圆形棘头蚴，其一端有3对胚钩。

（2）易与虫卵混淆的物质：见图14-10。

气泡：圆形、无色，大小不一，折光性强，内部无胚胎结构。

花粉颗粒：无卵壳结构，表面常呈网状，内部无胚胎结构。

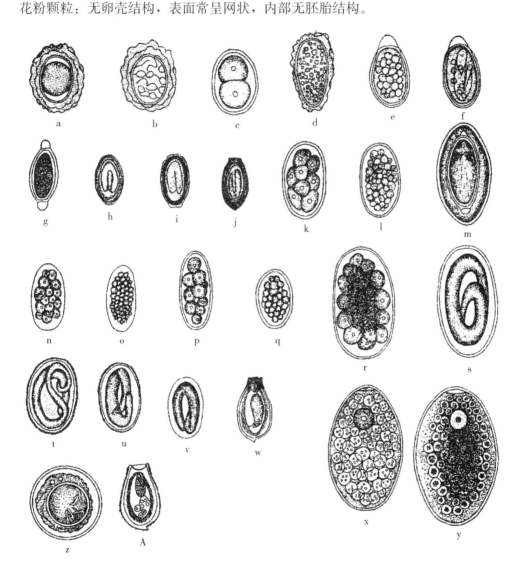

图14-8　猪体内的寄生虫卵

a. 猪蛔虫卵　b. 猪蛔虫卵表面观　c. 猪蛔虫卵蛋白膜脱落分裂至两个细胞阶段　d. 猪蛔虫卵的未受精卵　e. 刚刺颚口虫卵（新鲜虫卵）　f. 刚刺颚口虫卵（已发育的虫卵）　g. 猪鞭虫卵　h. 圆形蛔状线虫卵（未成熟虫卵）i. 圆形蛔状线虫卵（成熟虫卵）　j. 六翼泡首线虫卵　k. 结节虫卵（新鲜虫卵）　l. 结节虫卵（已发育虫卵）m. 猪棘头虫卵　n. 球首线虫卵（新鲜虫卵）　o. 球首线虫卵（已发育虫卵）　p. 红色猪圆线虫卵　q. 鲍杰线虫卵　r. 猪肾虫卵（新鲜虫卵）　s. 猪肾虫卵（含幼虫的卵）　t. 野猪后圆线虫卵　u. 复阴后圆线虫卵　v. 兰氏类圆线虫卵　w. 华支睾吸虫卵　x. 姜片吸虫卵　y. 肝片吸虫卵　z. 长膜壳绦虫卵

A. 截形微口吸虫卵

（引自孔繁瑶，1997）

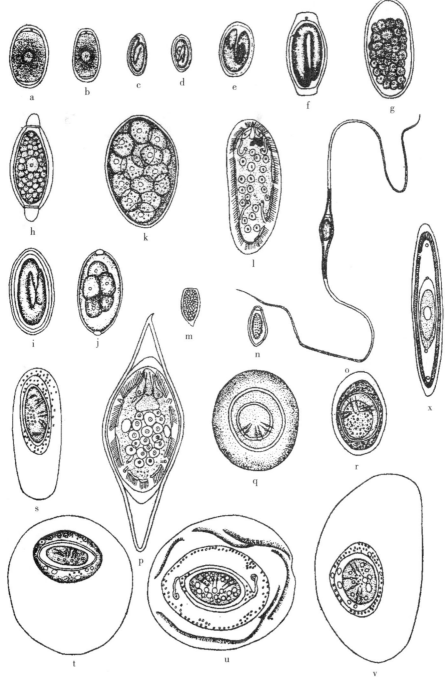

图 14-9　家禽体内的寄生虫卵

a. 鸡蛔虫卵　b. 鸡异刺线虫卵　c. 类圆线虫卵　d. 孟氏眼线虫卵　e. 螺旋咽饰带线虫卵　f. 四棱线虫卵

g. 鹅裂口线虫卵　h. 毛细线虫卵　i. 鸭束首线虫卵　g. 比翼线虫卵　k. 卷棘口吸虫卵　l. 嗜眼吸虫卵

m. 前殖吸虫卵　n. 次睾吸虫卵　o. 背孔吸虫卵　p. 毛毕吸虫卵　q. 楔形绦虫卵　r. 有轮赖利绦虫卵

s. 鸭单睾绦虫卵　t. 膜壳绦虫卵　u. 矛形剑带绦虫卵　v. 片形皱褶绦虫卵　w. 鸭多形棘头虫卵

(引自孔繁瑶，1997)

　　植物细胞：有的为螺旋形，有的为小型双层环状物，有的为铺石状上皮，均有明显的细胞壁。

豆类淀粉粒：形状不一，外被粗糙的植物纤维，颇似绦虫卵，可滴加鲁氏碘液（碘液配方为：碘 1.0 g，碘化钾 2.0 g，水 100 mL）染色加以区别，未消化前呈蓝色，略经消化后呈红色。

真菌孢子：折光性强，内部无明显的胚胎结构。

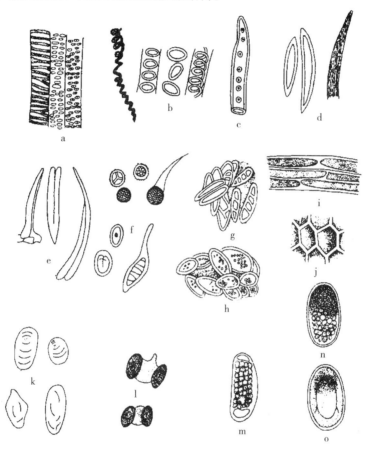

图 14-10　畜禽粪便中常见的物体

a. 植物的导管：横纹，网纹，孔纹　b. 螺纹，环纹　c. 管胞　d. 植物纤维　e. 小麦的颖毛

f. 真菌的孢子　g. 谷壳的一些部分　h. 稻米胚乳　i、g. 植物的薄皮细胞　k. 淀粉粒

l. 花粉粒　m. 一种植物线虫卵　n. 螨的卵（未发育）　o. 螨的卵（已发育）

（引自孔繁瑶，1997）

## 五、思考题

1. 粪便检查法适合于动物体内哪些寄生虫病诊断？
2. 简述各种寄生虫粪便检查法的适用范围和优缺点。

## 六、实验报告要求

1. 简述几种常用寄生虫粪便检查法的操作要点。
2. 绘出不同的寄生虫粪便检查法观察到的虫卵形态图。

# 第三部分

## 综合性实验

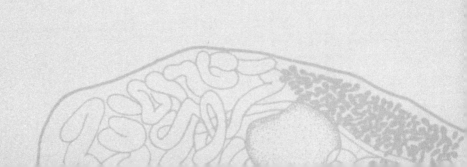

# 实验十五　消毒与免疫接种

## 一、实验目的

1. 了解常用消毒方法、消毒剂以及兽医生物制品。
2. 掌握畜禽舍的消毒以及猪、禽常用免疫接种方法。

## 二、实验内容

1. 讲解常用消毒方法、消毒剂选择原则和消毒剂分类。
2. 示范常用消毒剂使用方法和畜禽舍的消毒流程。
3. 进行畜禽肌内注射和家禽点眼、滴鼻、气雾、皮下注射等免疫接种方法操作与演示。
4. 介绍常见兽医生物制品。

## 三、实验器材

兽用金属注射器，玻璃注射器，一次性注射器，连续注射器，针头（7 号、9 号、12号），火焰灭菌器，喷雾器，酒精棉球，碘酊，常见消毒剂，常见生物制品，生理盐水及实验用鸡、鸭、猪等。

## 四、操作与观察

### 1. 常用的消毒方法

常用消毒方法有物理消毒法、化学消毒法和生物消毒法。

（1）物理消毒法：指使用物理因素杀灭或清除病原微生物及其他有害微生物的方法。常用物理消毒法有自然净化、机械除菌、紫外线消毒、热力灭菌、超声波消毒、辐射灭菌、微波消毒等方法。

①自然净化：利用自然环境，如大气、阳光、水流、氧化作用以及微生物的分解作用等，将污染物转化为无害物。

②机械除菌：通过清扫、冲洗、通风等方法，清除环境中大量的病原微生物。

③紫外线消毒：适当波长的紫外线能够破坏微生物核酸的分子结构，使其失去活性，从而达到消毒目的。不同波段的紫外线杀菌能力不同，只有短波紫外线（波长 200～300nm）对细菌有杀灭能力，其中波长 250～270nm 杀菌力最强。紫外线消毒时应注意保持消毒场所内清洁和干燥，以及适宜的温度与湿度，适时更换灯管。此方法只能作物体表面消毒，且紫外灯管距需消毒的物体表面距离在 2 m 之内。此外，紫外线对人的眼结膜和裸露皮肤有一定的伤害作用，应注意自我防护。

④热力灭菌：利用高温杀死微生物。当高温作用于微生物时，细胞膜的结构发生变化，蛋白质凝固，酶活性失去，从而细胞死亡。热力灭菌法分干热灭菌法与湿热灭菌法 2 种，其中干热灭菌法有火焰灭菌和高温烘烤灭菌，湿热灭菌法有煮沸灭菌法、巴氏消毒法、高压蒸汽灭菌法、流通蒸汽灭菌法等。

湿热灭菌法以高温高压水蒸气为介质，由于水蒸气潜热大，穿透力强，容易使蛋白质变性或凝固，最终导致微生物的死亡，所以该法的灭菌效率比干热灭菌法高，是兽医生物制品和兽药生产过程中最常用的灭菌方法。

煮沸灭菌时应注意：待消毒物品在煮沸消毒前应预先清洗、清洁；可拆分器具应拆分后消毒；浸泡液面应高于待消毒物品；消毒时间应从水沸腾后算起；煮沸过程中不可加入新的物品；在高海拔地区，可在水中加入增效剂。

⑤超声波消毒是指利用超声空化效应进行消毒杀菌的水处理技术。在一定功率超声波的辐射作用下，水溶液发生超声空化效应，使得水分子裂解为 $OH^-$、$H^+$ 等自由基，从而氧化水中的有机物，并进入细菌内，达到杀菌消毒的功效。

⑥辐射消毒是利用 X 射线、γ 射线等射线的辐射作用杀灭病原微生物的一种消毒方法。X 射线和 γ 射线能使物质氧化或产生自由基再作用于生物分子，或者直接作用于生物分子，通过打断氢键、使双键氧化、破坏环状结构或使某些分子聚合等方式，破坏和改变生物大分子的结构，从而抑制或杀死微生物。

⑦微波消毒是通过照射微波产生热量从而达到灭菌目的的消毒方式，微波在通过吸收介质时被介质吸收而产生热。水就是微波的强吸收介质之一，一般含水的物质对微波有明显的吸收作用，升温迅速，消毒效果好。

（2）化学消毒法：指用化学消毒剂作用于病原体，使其蛋白质变性，改变其表面结构的通透性，最终使其失去正常功能而死亡。用于化学消毒的药品称为消毒剂，常用消毒药有含氯消毒剂、氧化消毒剂、碘类消毒剂、醛类消毒剂、杂环类气体消毒剂、酚类消毒剂、醇类消毒剂、季胺类消毒剂等。常用方法：清洗或浸洗法，浸泡法，喷洒法，熏蒸消毒法。

影响化学消毒法效果的因素有消毒剂种类、浓度和用量，消毒方法，消毒的温度，消毒时长，微生物种类、数量等，以及外界因素（有机物、酸碱度和金属离子等）。

（3）生物消毒法：指利用一些生物及其产生的物质来杀灭或清除病原微生物的方法。例如：传统的污水净化中通过缺氧条件下厌氧微生物的生长来阻碍需氧微生物的存活；粪便、垃圾的发酵堆肥中利用嗜热细菌繁殖时产生的热杀灭病原微生物。

### 2. 消毒剂选择原则与分类

（1）消毒剂选择原则：有效、安全和低成本。

（2）消毒剂的分类

①根据作用机理来分，可分为凝固蛋白类消毒剂、溶解蛋白类消毒剂、氧化蛋白类消毒剂、含氯消毒剂、过氧化物消毒剂、阳离子表面活性消毒剂、烷基化类消毒剂及其他消毒剂。

②据主要成分来分，可分为酚类消毒剂、醛类消毒剂、酸类消毒剂、碱类消毒剂、醇类消毒剂、含氯消毒剂、含碘消毒剂、氧化类消毒剂、表面活性剂及其他消毒剂。

### 3. 常见的消毒剂

（1）酚类消毒剂：此类消毒剂的优点是性质稳定，成本低，副作用小；缺点是有特殊味道，杀菌作用有限，杀菌谱窄，对细菌芽孢、病毒（特别是无囊膜病毒）的杀灭作用小。如：来苏儿（3%～5%用于用具消毒，5%～10%用于排泄物消毒，1%～2%用于皮肤消毒，

0.1%～0.2%用于冲洗创伤或黏膜)、苯酚、复合酚（0.63%～1%的水溶液喷洒消毒，为新型、广谱高效的复合型消毒剂，可杀灭各种致病性细菌、真菌和病毒，对许多细菌芽孢和寄生虫卵也有杀灭作用)。

（2）醛类消毒剂：此类消毒剂可凝固蛋白、还原氨基酸、使蛋白分子烷基化。作用特点是杀菌谱广，性质稳定，耐贮存，受有机物影响小，对细菌繁殖体、芽孢、真菌和病毒等一切微生物均有高效的杀灭作用；缺点是有一定的毒性和刺激性，有特殊臭味。如甲醛及戊二醛等，甲醛用2%浸泡消毒，3%～5%喷洒消毒，14 mL甲醛与7 g高锰酸钾混合后用作熏蒸消毒。

（3）酸类消毒剂：以氢离子抑制和杀灭微生物。此类消毒剂除过氧乙酸外，其他类型酸类消毒剂因腐蚀性强而受限制。

（4）碱类消毒剂：取决于氢氧根离子的浓度，氢氧根离子可以水解蛋白质和核酸，破坏细菌的酶系统和菌体结构，同时可以分解菌体中的糖类，具有很强的杀灭作用，尤其对革兰氏阴性杆菌和病毒的杀灭作用更强。如：氢氧化钠（烧碱）（1%～4%常用于病毒性或细菌性传染病的环境消毒或污染禽场的清理消毒)、氢氧化钾（苛性钾、草木灰）（300 kg与100 kg水混合煮沸1 h，去渣后补充水至100 kg)、生石灰（主要成分为氧化钙)。

（5）醇类消毒剂：使菌体蛋白质变性，干扰代谢，抑制繁殖。

（6）含氯消毒剂：是指溶于水中能产生次氯酸的消毒剂。如：漂白粉能杀灭细菌繁殖体，对细菌芽孢、真菌和病毒均有杀灭作用，在酸性环境中作用大，在碱性环境中作用弱。饮水用量0.3～1.5 g/1 000 mL，6～10 g/m³；喷洒消毒时，用具以1%～3%、地面以5%～20%、芽孢以20%的浓度。

（7）含碘消毒剂：碘化和氧化微生物的蛋白质，抑制其代谢酶的活性，从而具有很强的杀灭细菌、芽孢、真菌和病毒的作用。如：络合碘带鸡喷雾按1：（600～1 000），饮水按1：（200～400），浸泡按1：100的比例。

（8）氧化剂类消毒剂：破坏菌体蛋白或细菌的酶系统，对厌氧菌的作用较强。如：过氧化氢、高锰酸钾。

（9）表面活性剂：对革兰氏阳性菌作用大于革兰氏阴性菌，对病毒和真菌亦有抑制作用，在碱性溶液中可提高杀菌效率。如：苯扎溴铵、百毒杀等。苯扎溴铵对细菌作用好，对病毒作用较弱，浸泡用0.1%，喷雾用0.15%～2%。

（10）其他：如环氧乙烷为高效广谱气态杀菌剂，对细菌、真菌、立克次氏体和病毒等各种病原微生物都有杀灭作用。杀灭细菌繁殖体：300～400 g/m²，8 h；杀灭真菌：700～950 g/m²，8～16 h；杀灭芽孢：800～1 700 g/m²，16～24 h。

**4. 畜禽舍的消毒流程**

畜禽舍消毒分两个步骤进行，第一是机械清扫，第二是用化学消毒剂消毒。

机械清扫是搞好畜禽舍环境卫生最基本的一种方法。据实验，经机械清扫后，鸡舍内的细菌数量减少21.5%，如果清扫后再用清水冲洗，则鸡舍内细菌数可减少54%～60%。清扫、冲洗后再用药物喷雾消毒，鸡舍内的细菌数可减少90%。

用化学消毒剂消毒时，消毒剂的用量一般为1 L/m²。消毒的时候，先冲刷地面，然后洗刷墙壁，按离门距离由远至近顺序进行。消毒完墙壁后再消毒天花板，最后打开门窗通风。注意用清水刷洗饲槽，将消毒剂异味去除，否则会影响畜禽采食。此外，在进行畜禽舍消毒时也应对附近场地以及病畜污染的区域和物品同时进行消毒。

（1）畜禽舍的预防消毒：一般情况下，每年可进行 2 次畜禽舍预防消毒，春秋各 1 次。在进行畜禽舍预防消毒的同时，凡是家畜停留过的处所都需进行消毒。在采取"全进全出"管理方法的机械化养畜场，应在全部出栏后进行消毒。产房的消毒：在产仔前应进行 1 次，产仔高峰时进行多次，产仔结束后再进行 1 次。畜禽舍预防消毒时常用液体消毒剂有 10%～20% 的石灰乳和 10% 的漂白粉溶液，消毒方法如上。

畜禽舍预防消毒也可采用气体熏蒸消毒，药品是甲醛和高锰酸钾。方法是按照畜禽舍空间大小计算所需用的甲醛与高锰酸钾用量，其比例是：每立方米的空间用甲醛 25 mL、水 12.5 mL、高锰酸钾 25 g（或以生石灰代替），按计算用量将水与甲醛混合，但畜禽舍的室温不得低于正常的室温（15～18 ℃）。将畜禽舍内的用具、工作服等适当地暴露，打开箱子和柜橱门，使气体能够充分接触待消毒物品。再在畜禽舍内放置几个金属容器，然后把甲醛与水的混合液倒入容器内，将牲畜迁出，畜禽舍门窗密闭。而后将高锰酸钾倒入，用木棒搅拌，经几秒钟即有浅蓝色刺激性气体蒸发出来，此时应迅速离开畜禽舍，将门关闭。经过 12～24 h 后方可将门窗打开通风。倘若急需使用畜禽舍，则可用氨气中和甲醛气。按畜禽舍每 100 m³ 取 500 g 氯化铵、1 kg 生石灰及 750 mL 的水（加热到 75 ℃），将此混合液装于小桶内放入畜禽舍。或者用氨水来代替，即按每 100 m³ 畜禽舍用 25% 氨水 1 250 mL，中和 20～30 min 后，打开畜禽舍门窗通风 20～30 min，此后即可将畜禽迁入。

（2）畜禽舍的临时消毒和终末消毒：发生各种传染病而进行临时消毒及终末消毒时，用来消毒的消毒剂随疾病的种类不同而异。在病畜禽舍、隔离舍的出入口处放置消毒盆或浸有消毒液的麻袋热垫，如为病毒性疾病（猪瘟、口蹄疫等），消毒液可用 2%～4% 氢氧化钠，而对其他的一些疾病则可浸以 10% 克辽林溶液。

### 5. 免疫接种方法及注意事项

免疫接种的方法很多，主要有注射、饮水、点眼、滴鼻、气雾、翼膜刺种、擦肛等。

（1）注射免疫：包括皮下注射、肌内注射等。注射免疫效果显著，但有费力和产生应激等缺点。

注射免疫时应注意：健康鸡群先注射，弱小鸡后注射。肌内注射以翅膀靠肩部、胸部肌肉为好。颈部皮下注射应远离头部。

（2）饮水免疫：优点是能减少应激，节省人力；缺点是疫苗损失较多，雏禽的强弱或密度会造成饮水不匀，免疫程度不齐。

饮水免疫时应注意：接种前 24 h 饮水中不能加入消毒剂。禁用金属容器，器皿应清洁，无洗涤剂和消毒剂残留。用清洁、不含氯等消毒剂和铁离子的凉开水、深井水。加 1%～2% 脱脂奶或加入 5 g/L 脱脂奶粉以延缓疫苗效价的衰减时间。免疫前停水 2～4 h，以确保 2/3 的鸡同时饮水。确保疫苗在 1～2 h 内用完。通常疫苗使用量比瓶签标注量应至少增加 1 倍。

（3）点眼、滴鼻免疫：该方法的优点是局部免疫和体液免疫共存。点眼时，握住鸡的头部，面朝上，将 1 滴疫苗滴入面朝上一侧的眼皮内，不能让其流掉。滴鼻时为了使疫苗更好地吸入，可用手将对侧的鼻孔堵住，让鸡吸进去。一只一只免疫，防止漏免。雏鸡早期接种弱毒疫苗（如新城疫弱毒疫苗）常用此法。

（4）气雾免疫：该方法不仅可以刺激黏膜产生分泌型的 IgA，形成局部的免疫力，也可引起全身的免疫应答，形成体内广泛而有效的免疫保护作用。

气雾免疫的优点：省时省力。使鸡群产生良好一致的免疫效果，产生免疫力的时间快。诱导鸡的眼结膜和呼吸道局部产生免疫力。对呼吸道有亲嗜性的疫苗特别有效。缺点：可能会诱发呼吸道问题。浪费疫苗。因有疫苗撒落在外面，需适当增加免疫剂量。

气雾免疫应注意雾化粒子大小：1 月龄内鸡 $30\sim50~\mu m$，1 月龄以上 $5\sim10~\mu m$。

（5）免疫接种的一般注意事项

①操作人员的自我保护。

②保证接种器械的清洁、无菌。

③注意接种动物的健康状态，免疫接种应于动物群健康状态良好时进行，正在发病的畜群，除了需紧急接种疫苗外，不应进行免疫接种。

④接种弱毒疫苗前后 5 天，畜禽群应停止用对疫苗株敏感的药物。

⑤所有的疫苗在稀释及使用过程中，均应避免阳光的直接照射，避免靠近热源。

⑥做好免疫接种的详细记录，包括接种时间、品种、年龄、数量、疫苗名称、厂家、批号、生产日期及有效期、稀释倍数、接种方法、操作人员等。

⑦加强接种前后的饲养管理，投喂多种维生素和电解质以减少应激，关注畜禽群接种疫苗后的反应。

⑧接种后经一段时间，应免疫监测来检查免疫效果。

### 6. 常用的兽医生物制品与使用要求

（1）常用兽医生物制品

①预防用兽医生物制品：病毒性疫苗、细菌性疫苗、寄生虫疫苗（如球虫疫苗）等。

②治疗用兽医生物制品：高免血清、抗毒素、高免卵黄抗体、干扰素等。

③诊断用兽医生物制品：诊断用抗原、诊断用抗体、诊断试剂盒等。

（2）兽医生物制品的保存、运送和用前检查

①兽用生物制品的保存：各种兽医生物制品应保存在低温、避光及干燥的场所，灭活苗、致弱菌苗、类毒素、免疫血清等应保存在 $2\sim15~℃$，防止冻结；弱毒疫苗，如猪瘟兔化弱毒疫苗、鸡新城疫弱毒疫苗等，应置放在 $0~℃$ 以下冻结保存。

②兽用生物制品的运送：要求妥善包装，防止损坏容器散播活的弱毒病原体。运送途中应保持低温、避光环境，并尽快送到保存地点或预防接种的场所。运输弱毒疫苗过程中，疫苗应始终存放在装有冰块的泡沫箱内，封装后运送，以免影响其活性。

③兽用生物制品的用前检查：各种兽医生物制品在使用前，均需详细检查，若出现无标签或标签模糊不清，未经过合格检查的，过期失效的，生物制品性状与说明书不符者（如颜色、混浊度），制剂内有异物、发霉或散发异味，密封不良或容器破损的，未按规定方法保存（如以氢氧化铝作佐剂的灭活菌苗经冻结后会影响免疫效果），如有上述情况之一者，不得使用。经过检查，确实不能使用的生物制品，应立即废弃，不能与可用的生物制品混放在一起。需废弃的弱毒生物制品应煮沸消毒后交由具有生物废品处理资质的部门或人员进一步处理。

（3）免疫接种的组织工作及接种时的注意事项

接种时的组织工作是特别重要的，因为它可以决定全部措施的结果和成效。

接种时的组织工作如下：①在某一地区或农牧场进行免疫接种时，应取得地区或农牧场领导的支持，并商请给以人力保证。②向饲养员、工人宣传兽医专业知识，宣传内容包括有关接种工作的基本原理及其在防制畜禽传染病上的重要性、接种后畜禽的饲养管理条件等。③准备适当的场地和保定工具。④编订全部注射畜禽的登记表册，并准备给畜禽编号的器具，以免错乱而造成重复注射。

接种时，需注意以下几点：①工作人员需穿着工作服及胶鞋，必要时戴口罩。事先修短指甲，并经常保持手指清洁。用消毒液消毒手后方可接触接种器械。工作前后均应洗手消毒，工作中不应吸烟和吃其他东西。②注射器、针头、镊子等，用毕后至少浸泡于消毒溶液内 1 h，洗净擦干后用白布分别包好保存。临用时煮沸消毒 15 min，冷却后再在无菌条件下装配注射器，包以消毒纱布纳入消毒盒内待用。注射时每头家畜更换一个针头，在针头不足的情况下，应每吸液一次更换一个针头。③生物制品的瓶塞上应固定一个消毒过的针头，上盖酒精棉花，吸液时必须充分振荡疫苗和菌苗，使其均匀混合。免疫血清则不应震荡（特别是静脉注射时），沉淀不应吸取，并随吸随注射。④针筒排气溢出的药液，应吸积于酒精棉花上，并将其收集于专用瓶内，用过的酒精棉球或碘酒棉球和吸入注射器内未用完的药液也注入专用瓶内，集中销毁。

## 五、思考题

如果出现较为严重疫情时，该如何制订畜禽场的常规消毒计划？如何制订相应的紧急免疫方案？

## 六、实验报告要求

1. 畜禽场常用的消毒剂有哪些类型？举例其使用方法。
2. 猪、禽常用的免疫接种方法有哪些？有何注意事项？

# 实验十六　猪链球菌病的实验室诊断

## 一、实验目的

1. 掌握猪链球菌病的实验室诊断方法。
2. 掌握猪致病性链球菌的主要鉴别要点。

## 二、实验内容

1. 病料的采取。
2. 链球菌的染色及镜检。
3. 链球菌的分离培养（普通琼脂、血琼脂培养基）。
4. 链球菌的生化鉴定及血清型鉴定。
5. 动物的接种。

## 三、实验器材

链球菌血平板培养物，链球菌肉汤培养物，链球菌组织标本片，链球菌培养物标本片，链球菌病猪肝脏组织，载玻片，酒精，革兰氏染色液，美兰染色液，生理盐水，显微镜，蜡笔，酒精棉球，消毒水，生化反应管等。

## 四、操作与观察

具体实验操作流程如图 16－1 所示。

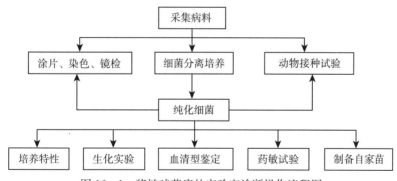

图 16－1　猪链球菌病的实验室诊断操作流程图

### 1. 病料的采取

病料一般分以下几种类型。
（1）急性败血型：取肝脏、脾脏、淋巴结、血液、肺脏、胸腔积液等。
（2）脑膜脑炎型：采取组织同上。
（3）关节炎型：取关节囊液。
（4）局部脓肿型：取脓液或发病部位的淋巴结。

通常对于猪、羊链球菌病可采取肿胀的淋巴结、颈部淋巴结；对于败血症链球菌病，采取病畜的鼻漏、唾液、气管分泌物、血液、肝脏、脾脏、肾脏、肺脏、肌肉和脓肿的关节等。

### 2. 涂片、染色与镜检

病料（或培养物）触片（或涂片）自然干燥、火焰固定，革兰氏染色（或美兰染色）后镜检。在病料中链球菌主要成对，偶尔成单个或短链排列，在腹水中呈长链排列，有荚膜。在培养物中革兰氏染色为阳性，呈长链排列（液体培养明显），无荚膜。

### 3. 分离培养

将病料接种于血液琼脂平板，37 ℃温箱培养 18～24 h，观察其菌落特征。如病料中含菌较少，可先将病料接种于血清肉汤培养基中，37 ℃温箱培养 6～18 h，肉汤呈轻微混浊，管底形成黏性沉淀，再取培养液划线接种于血液琼脂平板。

结果观察：

（1）普通培养基上生长不良，在含血液或血清的培养基上生长良好。

（2）血液平板培养时菌落呈针头大，圆形隆起，淡灰白色小菌落，表面光滑、湿润、半透明、边缘整齐，具有明显 β 溶血。

（3）血清肉汤培养时初期呈均匀混浊，后渐变澄清，管底有絮状沉淀，无菌膜。

甲型链球菌菌落周围形成草绿色溶血环，称为 α 溶血；乙型链球菌菌落周围形成完全透明的无色溶血环，称为 β 溶血。丙型链球菌菌落周围无溶血，称为 γ 溶血。

挑取可疑菌落涂片镜检，检查其形态及染色特性。

挑取可疑菌落接种到血液琼脂培养基上纯培养，然后对纯培养物进行生化实验鉴定。

### 4. 生化实验

因链球菌可发酵葡萄糖、乳糖、麦芽糖、蔗糖、果糖、山梨醇、水杨苷，不发酵菊糖、阿拉伯糖、甘露醇、木糖，不液化明胶，甲基红（MR）和伏-波试验（VP）阴性，故可做糖发酵实验。取纯培养物分别接种于乳糖发酵管、菊糖发酵管、甘露醇发酵管、山梨醇发酵管、水杨苷发酵管内，37 ℃培养 24 h，观察结果，结果可参考表 16-1。

表 16-1　主要链球菌病原的生化特性

| 菌种 | 甘露醇 | 山梨醇 | 乳糖 | 菊糖 | 水杨苷 |
|---|---|---|---|---|---|
| 化脓链球菌 | ＋/－ | － | ＋ | － | ＋ |
| 无乳链球菌 | － | － | ＋ | － | （＋） |
| 马链球菌兽疫亚种 | － | ＋ | ＋ | － | ＋ |
| 马链球菌马亚种 | － | － | ＋ | － | ＋ |
| 肺炎链球菌 | － | － | ＋ | ＋ | （＋/－） |
| 猪链球菌 | － | － | ＋ | （＋） | － |

注：＋代表阳性；－代表阴性；（＋）代表反应缓慢；＋/－代表有些菌株为阳性，有些菌株为阴性。

### 5. 血清型的鉴定

各链球菌标准血清与待鉴定菌的抗原做沉淀反应。

### 6. 动物接种实验

将病料制成 5～10 倍生理盐水悬浮液，接种家兔和小鼠，剂量为：兔腹腔注射 1～2 mL，小鼠皮下注射 0.2～0.3 mL。接种后的家兔于 12～26 h 死亡，小鼠于 18～24 h 死亡。死后采心血、腹水、肝、脾抹片镜检，均见有大量单个、成对或 3～5 个菌体相连的球菌。也可用细菌培养物制成的菌液或肉汤培养物接种家兔或小鼠。

## 五、思考题

1. 猪链球菌病的实验室诊断方法。
2. 猪链球菌的培养特性和生化特性。
3. 致病性链球菌的主要鉴别要点。

## 六、实验报告要求

写出猪链球菌病的实验室诊断过程和结果，并综合分析得出实验结论。

# 实验十七　副猪嗜血杆菌病的实验室诊断

## 一、实验目的

1. 熟悉副猪嗜血杆菌的形态特征与培养特性。
2. 掌握副猪嗜血杆菌病的实验室诊断方法。

## 二、实验内容

1. 疑似病例的临床症状观察和病料采集。
2. 细菌分离培养与鉴定、分子生物学诊断。
3. 进行副猪嗜血杆菌病综合诊断。

## 三、实验器材

### 1. 设备

高速冷冻离心机，$CO_2$ 培养箱，显微镜，接种环，酒精灯，玻片，生物安全柜，移液器，离心管（EP 管），枪头等。

### 2. 材料

大豆酪蛋白琼脂培养基（TSA 培养基），胰酪胨大豆肉汤培养基（TSB 培养基），烟酰胺腺嘌呤二核苷酸（NAD），革兰氏染料，生化反应管（葡糖糖、乳糖、蔗糖、甘露糖、木糖、棉子糖、L-阿拉伯糖、脲酶、吲哚），DNA 抽提试剂盒，Taq 酶，dNTP，引物，疑似副猪嗜血杆菌感染病猪病料等。

## 四、操作与观察

### 1. 病料的采取

解剖未给药治疗的疑似副猪嗜血杆菌感染病猪，采集心脏、肺脏、脾脏、关节液和脑，4 ℃冷藏运输到实验室。

### 2. 细菌分离培养与鉴定

（1）细菌分离培养及镜检：无菌操作，用含 0.01％NAD 的 TSA 培养基分离培养，37 ℃培养 48 h，挑取可疑菌落进行纯培养，然后涂片、革兰氏染色、镜检。副猪嗜血杆菌为革兰氏阴性短小杆菌，呈多形性，如彩图 43。

（2）细菌生化鉴定：在生物安全柜中将生化鉴定管打开，无菌操作，加入 NAD 至终浓度为 0.01％，用灭菌的接种环挑取纯化培养的单菌落分别接种于葡萄糖、蔗糖、乳糖、甘露糖、木糖等微量生化反应管中，37 ℃培养 24 h，观察结果。鉴定结果参考表 17-1。

表 17-1 副猪嗜血杆菌生化鉴定结果

| 项目 | 葡萄糖 | 蔗糖 | 乳糖 | 甘露糖 | 木糖 | 棉子糖 | 吲哚 | L-阿拉伯糖 | 脲酶 |
| --- | --- | --- | --- | --- | --- | --- | --- | --- | --- |
| 结果 | ＋ | ＋ | － | － | － | － | － | － | － |

注：＋为阳性，－为阴性。

（3）细菌 NAD 依赖性测定

副猪嗜血杆菌营养要求较高，需要 NAD 才能生长，因此，可利用该特性对可疑细菌进行鉴定。

具体操作：将纯化培养的细菌接种于 TSB 培养基（含血清和 0.01%NAD），37 ℃下摇振（220 r/min）培养 16～20 h。无菌操作下，取 100 μL 分别接种至含血清和 0.01%NAD 的 TSB 液体培养基、含血清但不含 NAD 的 TSB 液体培养基，37 ℃恒温培养，每隔 3 h 用紫外分光光度计测定其生长曲线，用 $OD_{600nm}$ 值表示。

### 3. 分子生物学诊断

PCR 技术可以用于副猪嗜血杆菌快速检测。可以根据副猪嗜血杆菌保守基因 16S rRNA（核糖体 RNA）进行鉴定，然后，可以用单因子血清进行血清学分型或用 PCR 分型。目前部分血清型（1、4、5/12、13 和 14 型）可以用 PCR 分型，但 5 型、12 型暂时不能区分，表17-2 为副猪嗜血杆菌部分血清型的分型引物。

表 17-2 副猪嗜血杆菌部分血清学分型引物序列

| 血清型 | 引物 | 序列（5'-3'） | 退火温度（℃） | 片段大小 |
| --- | --- | --- | --- | --- |
| 16S rRNA | HPS-F | GTGATGAGGAAGGGTGGTGT | 56 | 822 bp |
| | HPS-R | GGCTTCGTCACCCTCTGT | | |
| 1 | funB-F | CTGTGTATAATCTATCCCCGATCATCAGC | 56 | 180 bp |
| | funB-R | GTCCAACAGAATTTGGACCAATTCCTG | | |
| 4 | wciP-F | GGTTAAGAGGTAGAGCTAAGAATAGAGG | 56 | 320 bp |
| | wciP-R | CTTTCCACAACAGCTCTAGAAACC | | |
| 5/12 | wcwK-F | CCACTGGATAGAGAGTGGCAGG | 56 | 450 bp |
| | wcwK-R | CCATACATCTGAATTCCTAAGC | | |
| 13 | ghP-F | GCTGGAGGAGTTGAAAGAGTTGTTAC | 56 | 840 bp |
| | ghP-R | CAATCAAATGAAACAACAGGAAGC | | |
| 14 | funAB-F | GCTGGTTATGACTATTTCTTTCGCG | 56 | 730 bp |
| | funAB-R | GCTCCCAAGATTAAACCACAAGCAAG | | |

利用 PCR 技术检测副猪嗜血杆菌具体方法为：用 DNA 抽提试剂盒抽提细菌的 DNA 作为 PCR 反应模板，配制反应体系如表 17-3。将上述反应体系分别混匀，在 PCR 仪上执行如下反应程序：94 ℃预变性 5 min，94 ℃变性 30 s，56 ℃退火 30 s，72 ℃延伸 40 s，30 个循环。PCR 产物用 1%琼脂凝胶电泳进行检测。

表 17-3　PCR 检测反应体系（μL）

| 成分 | 用量 |
|---|---|
| 10×缓冲液 | 2 |
| dNTPs | 1 |
| 上游引物 | 0.5 |
| 下游引物 | 0.5 |
| rTaq DNA 聚合酶 | 0.5 |
| 模板 | 1 |
| ddH$_2$O | 14.5 |

**4. 动物实验**

并不是所有副猪嗜血杆菌都是致病菌，动物实验测定细菌毒力在副猪嗜血杆菌病诊断中是关键的环节。实验动物可以选择 BALB/c 品系小鼠或豚鼠。

具体步骤为：将细菌培养液接种于小鼠或豚鼠，皮下注射 0.2 mL/只。接种动物发病或死亡后采集心血、腹水、肝脏、脾脏等进行抹片镜检，可见大量革兰氏阴性短小杆菌，呈多形性。

## 五、思考题

1. 猪胸膜肺炎放线杆菌和副猪嗜血杆菌形态上极其相似，应如何鉴别？
2. 试述生化实验在副猪嗜血杆菌的鉴别与诊断中的作用与意义？

## 六、实验报告要求

写出副猪嗜血杆菌病实验室诊断过程和结果，并综合分析得出实验结论。

# 实验十八　猪瘟免疫效果监测与临床应用分析

## 一、实验目的

1. 了解猪瘟免疫监测的基本方法。
2. 掌握间接血凝试验与酶联免疫吸附试验（ELISA）检测猪瘟抗体方法及猪瘟免疫效果评估。

## 二、实验内容

1. 目前生产中猪瘟的常用免疫程序与免疫效果（自查资料）。
2. 猪瘟抗体监测的常见方法。
3. 猪瘟正向间接血凝试验检测猪瘟抗体效价。
4. 酶联免疫吸附试验检测猪瘟抗体效价。

## 三、实验器材

### 1. 设备

酶联免疫检测仪（酶标仪），V 型 96 孔医用 110°和 120°血凝板，与血凝板大小相同的玻板，移液器，吸头，微量反应板，微量振荡器。

### 2. 试剂

猪瘟 ELISA 试剂盒，猪瘟间接血凝试验试剂，猪瘟血凝抗原（猪瘟正向血凝诊断液），猪瘟阴性血清，猪瘟阳性血清，稀释液，待检血清。

## 四、操作与观察

### 1. 猪瘟正向间接血凝试验检测猪瘟抗体效价

（1）原理：用已知血凝抗原检测未知血清抗体的间接血凝试验，称为正向间接血凝试验，亦称间接血凝。抗原与其对应的抗体相遇，在一定条件下形成抗原-抗体复合物。但这种复合物的分子团很小，肉眼看不见。将抗原吸附（致敏）到红细胞表面，再与相应的抗体结合，红细胞便出现凝集现象，不仅肉眼能看见，而且反应的敏感性也大大提高。

本实验中将猪瘟病毒致敏到绵羊红细胞表面，制成猪瘟血凝抗原，用于检测猪瘟疫苗免疫动物的血清抗体水平。

（2）适用范围：检测猪瘟疫苗免疫动物（猪、兔等）血清抗体效价、猪瘟母源抗体效价。

（3）实验操作步骤：操作方法参照表 18-1。

①加稀释液：在血凝板上 1~6 排的第一~第九孔，7 排第一~第四孔和第六孔，8 排的第一~第十二孔各加稀释液 50 μL。

②稀释待检血清：取1号待检血清50 μL加入1排的第一孔，将移液器的枪头插入血凝板孔底，吹打1～2次混匀，从该孔取出50 μL移入第二孔混匀，取出50 μL移入第三孔……直至第九孔，混匀后取出50 μL丢弃。此时，1排1～9孔待检血清的稀释度（稀释倍数）依次为1∶2（第一孔）、1∶4（第二孔）、1∶8（第三孔）、1∶16（第四孔）、1∶32（第五孔）、1∶64（第六孔）、1∶128（第七孔）、1∶256（第八孔）及1∶512（第九孔）。取2号待检血清加入2排，取3号待检血清加入3排……均按照上述方法稀释。每取一份待检血清必须更换一个枪头。

③稀释阴性对照血清：在血凝板上7排的第一孔加阴性血清50 μL，依次倍稀释至第四孔，弃去50 μL。此时，阴性血清的稀释倍数依次为1∶2（第一孔）、1∶4（第二孔）、1∶8（第三孔）及1∶16（第四孔）。

④稀释阳性对照血清：在血凝板上的8排第一孔加入阳性血清50 μL，依次倍稀释至第十二孔，弃去50 μL，此时阳性血清的稀释倍数依次为1∶2（第一孔）、1∶4（第二孔）、1∶8（第三孔）、1∶16（第四孔）、1∶32（第五孔）、1∶64（第六孔）、1∶128（第七孔）、1∶256（第八孔）、1∶512（第九孔）、1∶1024（第十孔）、1∶2048（第十一孔）及1∶4096（第十二孔）。

⑤加血凝抗原：各待检血清孔、阴性对照血清孔、阳性对照血清孔、稀释液对照孔（7排的第六孔），分别加入猪瘟血凝抗原25 μL。

⑥振荡血凝板：将血凝板置于微量振荡器上，振荡1 min，振荡混匀。如无振荡器，用手振动摇匀亦可。而后将血凝板放在白纸上，仔细观察各孔红细胞是否混匀，以不出现红细胞沉淀为合格，盖上玻板静置1.5～2 h判定结果，也可延至翌日判定。

⑦判定标准：移去玻板，将血凝板放在白纸上，先观察阴性血清和稀释液对照孔，即7排第四孔、7排第六孔，应无凝集或仅出现"＋"凝集。阳性血清第八孔（1∶256稀释孔）出现"＋＋"或"＋＋＋～＋＋＋＋"凝集为合格。

在对照孔合格的前提下，观察待检血清各孔，以呈现"＋＋"凝集的最高稀释倍数为该份血清的抗体效价。例如，若1号待检血清第一～第二孔呈现"＋＋＋～＋＋＋＋"凝集，第三～第四孔呈现"＋＋"凝集，第五孔呈现"＋"凝集，第六孔无凝集，红细胞全部沉入孔底呈边缘整齐的小圆点。那么就可判定该份血清的猪瘟抗体效价已达到1∶16。

接种猪瘟弱毒疫苗的猪群的血清中抗猪瘟抗体效价达到1∶16（或1∶16以上）为免疫合格。断奶猪血清中猪瘟抗体效价低于1∶8时，宜接种猪瘟弱毒疫苗，以防母源抗体干扰而引起猪瘟免疫失败。

表18-1　猪瘟正向间接血凝试验操作方法（μL）

| 孔号 | | 1 | 2 | 3 | 4 | 5 | 6 | 7 | 8 | 9 | 10 | 11 | 12 |
|---|---|---|---|---|---|---|---|---|---|---|---|---|---|
| 血清稀释度 | | 2 | 4 | 8 | 16 | 32 | 64 | 128 | 256 | 512 | 1024 | 2048 | 4096 |
| 1～6排 | 稀释液 | 50 | 50 | 50 | 50 | 50 | 50 | 50 | 50 | 50 | 弃去50 | | |
| | 待检血清 | 50 | | | | | | | | | | | |
| | 血凝抗原 | 25 | 25 | 25 | 25 | 25 | 25 | 25 | 25 | 25 | | | |

| | 孔号 | 1 | 2 | 3 | 4 | 5 | 6 | 7 | 8 | 9 | 10 | 11 | 12 |
|---|---|---|---|---|---|---|---|---|---|---|---|---|---|
| 7排 | 稀释液 | 50 | 50 | 50 | 50 | 弃去50 | 50 | | | | | | |
| | 阴性血清 | 50 | | | | | | | | | | | |
| | 血凝抗原 | 25 | 25 | 25 | 25 | | 25 | | | | | | |
| 8排 | 稀释液 | 50 | 50 | 50 | 50 | 50 | 50 | 50 | 50 | 50 | 50 | 50 | 弃去50 |
| | 阳性血清 | 50 | | | | | | | | | | | |
| | 血凝抗原 | 25 | 25 | 25 | 25 | 25 | 25 | 25 | 25 | 25 | 25 | 25 | |

（4）注意事项

①严重溶血或严重污染的血清，不宜检测，以免产生非特异性反应。

②勿用 90°和 130°血凝板，以免误判检测结果。

③用过的血凝板，应及时冲净红细胞，再用蒸馏水冲洗 2 次，甩干水分，置 37 ℃恒温箱内干燥备用。

④每次检测样品，只做 1 次对照。血凝抗原滴度不低于 1∶256 为合格。

⑤本法可单独检测猪瘟抗体水平，也可同步检测 O 型口蹄疫抗体水平。

"—"        表示完全不凝集

"＋"        表示 10％～25％红细胞凝集

"＋＋"      表示 50％红细胞凝集

"＋＋＋"    表示 75％红细胞凝集

"＋＋＋＋"  表示 90％～100％红细胞凝集

## 2. 酶联免疫吸附试验检测猪瘟抗体效价

（1）原理：酶分子与抗体或抗抗体分子共价结合，此种结合不会改变抗体的免疫学特性，也不影响酶的生物学活性。此种酶标记抗体可与吸附在固相载体上的抗原或抗体发生特异性结合。滴加底物溶液后，底物可在酶作用下使其所含的供氢体由无色的还原型变成有色的氧化型，出现颜色反应。因此，可通过底物的颜色反应来判定有无相应的免疫反应，颜色反应的深浅与标本中相应抗体或抗原的量呈正比。此种显色反应可通过 ELISA 检测仪进行定量测定，这样就将酶化学反应的敏感性和抗原抗体反应的特异性结合起来，使 ELISA 方法成为一种既特异又敏感的检测方法。间接 ELISA 方法检测猪瘟抗体如图 18-1 所示。

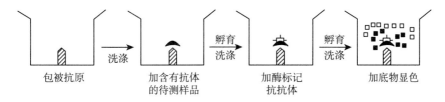

图 18-1　间接 ELISA 方法检测抗体示意图

（2）方法步骤

①加抗原包被：4 ℃孵育过夜，洗涤、抛干 3 次。

②加待检血清：37 ℃ 2 h，洗涤、抛干 3 次。

③加酶标抗体：37 ℃ 2 h，洗涤、抛干 3 次。

④加底物液：37 ℃ 30 min，加终止液。

⑤用 ELISA 检测仪测定 OD 值，并计算出值。

（3）结果判定：按试剂盒说明书的标准判断。

**3. 临床应用分析**

通过对各个检测血样猪瘟抗体水平高低的分析，判断猪群整体免疫效果理想与否，从而判断免疫方案是否需要调整。

各年龄段的猪均能感染猪瘟，因此各年龄段的猪均需有效的免疫保护。因此，对猪瘟免疫效果的分析，应该分别对各年龄段猪的猪瘟抗体滴度高低、保护率高低进行比较分析。生产上习惯对种猪群进行整体分析，对商品群以 10 日龄作为一个检测点进行连续梯度分析。因此血样采集要注意年龄段的分布，而且各个检测点都需要尽量多的样品数，以满足生物统计分析的需要。

（1）猪瘟免疫效果指标

①合格率：以各个年龄段检测点作为主要的分析对象，群体总合格率作为参考。不同的检测方法、不同的检测试剂，对猪瘟抗体水平的合格标准要求不同，一般试剂使用说明书上都很明确。不同年龄段的合格标准也不同，如母猪的合格标准比较高，因为母猪需要比较高的母源抗体保护仔猪，而一般育肥猪的合格要求比较低。

不同年龄段合格率的通常要求如下：

种猪群：98％以上；

商品猪群：80％以上；

仔猪群：随着母源抗体的下降，合格率自然下降，一般下降到合格率50％以下，适合进行首次免疫，首免后抗体水平和合格率逐步提高。仔猪的被动抗体（母源抗体，简称母抗）和主动抗体衔接之间，会出现一段免疫空白期。

②平均抗体水平：也是以各年龄段检测点的抗体滴度进行数据的平均处理分析。各年龄段的平均抗体水平可体现该年龄段的总体免疫效价的高低。

合格率与平均抗体水平双指标分析猪群的猪瘟免疫效果，可起互补作用，更全面。

（2）仔猪母源抗体消长分析：母猪强化免疫的主要目的是加强母源抗体对仔猪的保护。随着母抗的逐渐消失，对仔猪的保护力也逐渐消减，母抗水平与消减时间成正比。仔猪的后续保护依靠主动免疫，但母抗对猪瘟活疫苗的免疫效果有明显的中和作用，过早免疫，效果不佳，过迟免疫则留下过长的免疫空白期。因此生产上要求定期对仔猪进行母抗消长分析，当仔猪母抗的（保护）合格率下降到50％以下时进行首次免疫接种（简称首免）。

以当前母猪群的平均免疫强度，仔猪的首次免疫接种适宜日龄在 40 日左右。

（3）实例分析

例一：A 猪场猪瘟免疫检测结果分析

对母猪群及各年龄段猪采血样进行猪瘟抗体检测，根据抗体检测值判断各血样合格与否，统计各年龄段猪瘟免疫的合格率，结果见表18 - 2，绘成折线图，见图18 - 3。

该场仔猪的猪瘟免疫程序是 40 日首免，60 日二免（二次免疫接种）。

#### 表 18-2　A 猪场猪瘟抗体检测合格率

| 年龄段（日龄） | 母猪 | 10 | 20 | 30 | 40 | 50 | 60 | 70 | 80 | 90 |
|---|---|---|---|---|---|---|---|---|---|---|
| 合格率（%） | 99 | 95 | 83 | 70 | 48 | 30 | 60 | 88 | 90 | 92 |
| 年龄段（日龄） | 100 | 110 | 120 | 130 | 140 | 150 | 160 | 170 | 180 | |
| 合格率（%） | 85 | 87 | 85 | 85 | 82 | 80 | 75 | 70 | 60 | |

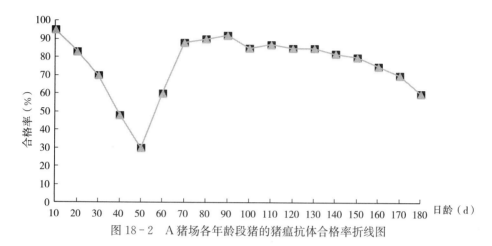

图 18-2　A 猪场各年龄段猪的猪瘟抗体合格率折线图

　　表 18-2 数据显示，A 猪场母猪群猪瘟抗体合格率达 99%，符合要求；仔猪母源抗体合格率 10 日龄达 95%，20~40 日龄逐渐下降，40 日龄合格率为 48%，此时选择首次免疫比较合理；50 日龄合格率最低，是因为母抗继续消减，主动免疫抗体尚未产生，符合预期；60 日龄抗体合格率上升，是首免主动免疫抗体提升的结果；60 日龄进行二免，随后抗体合格率继续提升到更高的水平，而且维持较长时间，体现二次免疫产生更强的免疫效果；160~180 日龄合格率明显下降，说明抗体滴度下降，尤其是一些抗体水平仅仅合格的个体，其下降的速度要快些。

　　例二：B 猪场猪瘟免疫检测结果分析

　　同样对母猪群及各年龄段猪采血样进行猪瘟抗体检测，根据抗体检测值判断各血样合格与否，统计各年龄段猪瘟免疫的合格率，结果见表 18-3，绘成折线图，见图 18-3。

　　该场仔猪的猪瘟免疫程序是 20 日首免，60 日二免。

#### 表 18-3　B 猪场猪瘟抗体检测合格率

| 年龄段（日龄） | 母猪 | 10 | 20 | 30 | 40 | 50 | 60 | 70 | 80 | 90 |
|---|---|---|---|---|---|---|---|---|---|---|
| 合格率（%） | 99 | 96 | 85 | 42 | 28 | 10 | 10 | 40 | 85 | 85 |
| 年龄段（日龄） | 100 | 110 | 120 | 130 | 140 | 150 | 160 | 170 | 180 | |
| 合格率（%） | 88 | 70 | 75 | 70 | 62 | 50 | 52 | 40 | 30 | |

　　表 18-3 数据显示，B 猪场母猪和仔猪母源抗体的合格率都很高；但 30 日龄开始抗体合格率大幅度下降，而且低合格率维持时间较长；60 日龄有所提升，70 日龄达到高值，但高值维持时间也较短，下降的速度和幅度都较大，究其原因，主要是仔猪 20 日龄首免时，

母源抗体处于高峰值，将猪瘟活疫苗基本中和掉，首免失败；80日龄后抗体合格率的提升，是60日龄免疫的结果，但由于只有60日龄的一次有效免疫，因此其峰值高度和维持时间都较低。

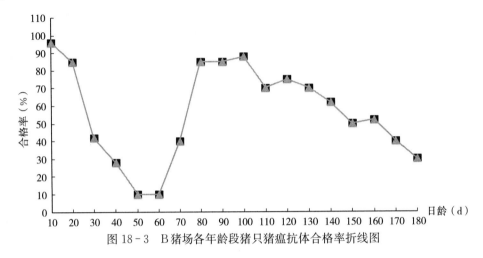

图18-3　B猪场各年龄段猪只猪瘟抗体合格率折线图

两个例子结果显示：

①母源抗体对猪瘟活疫苗的免疫效果有明显的影响。仔猪猪瘟疫苗的首免时机应选择母抗合格率下降到50%以下，这需要经常对猪群母抗的消长进行跟踪检测。但不管如何，首免后在主动抗体出现前，都会出现一段免疫空白期，只是时间长短而已，防疫上应注意。

②受发育未完全和母抗的影响，猪瘟一次免疫效果不理想，应进行二次免疫，才能达到全程保护的目的，而是否能真正地二次免疫关系重大。

## 五、思考题

1. 猪瘟免疫监测的常用方法有哪些？
2. 如何根据猪瘟免疫监测的结果指导猪群的猪瘟免疫接种工作？
3. 对某猪场全群抗体监测，如何抽样？举例对监测结果进行分析。
4. 猪群抗体监测有何意义？可否作为猪瘟的诊断方法？为什么？

## 六、实验报告要求

分析并判断待检血清样品的猪瘟免疫效果，根据检测数据作出评价及处理意见。

# 实验十九　猪繁殖与呼吸综合征的实验室诊断

## 一、实验目的

掌握猪繁殖与呼吸综合征（Porcine reproductive and respiratory yndrome，PRRS）实验室诊断技术。

## 二、实验内容

在临床诊断基础上，通过病毒分离培养与鉴定、血清学诊断、分子生物学诊断等对猪繁殖与呼吸综合征进行综合诊断。

## 三、实验器材

### 1. 仪器设备

高速冷冻离心机，$CO_2$ 培养箱，倒置显微镜，超净工作台，移液器，EP 管，枪头等。

### 2. 试剂

猪繁殖与呼吸综合征病毒 ELISA 抗体检测试剂盒，标准阳性血清，抗生素（青霉素和链霉素），胎牛血清，DMEM 培养基，胰蛋白酶-乙二胺四乙酸溶液（简称胰酶-EDTA），逆转录酶，DNA/RNA 抽提试剂盒，Taq 酶，dNTP，引物等。

## 四、实验操作

### 1. 病毒分离培养与鉴定

（1）病料采集：正确选择样品并进行处理是猪繁殖与呼吸综合征病毒（Porcine reproductive and respiratory syndrome virus，PRRSV）分离的关键环节。进行病毒分离和病毒核酸检测的样品必须在采集后立即 4 ℃保存，该病毒稳定存活的 pH 范围也较窄，应避免由细菌污染所引起的 pH 改变，即样品要保持无菌状态并运送新鲜的组织样品到实验室。一般来说，日龄较小的病猪体内 PRRSV 含量高而且持续时间长；急性发病期血清样品中病毒含量高，且容易处理；扁桃体和淋巴结中病毒的存活时间比血清、肺脏和其他组织中长。

（2）病毒分离培养：取组织滤液或血清样品接种于肺泡巨噬细胞（PAMs）或者 MA-104 的细胞亚系（CL2621，MARC-145）进行病毒分离。如果样品中病毒含量高，1d 内即可观察到细胞病变，但是病毒数量少的需要几天或者连续传代才能得到结果，然后用标准阳性血清进行中和实验鉴定或荧光抗体检测。

### 2. 血清学诊断

采用 ELISA 方法，对猪血清中 N 蛋白抗体进行检测。N 蛋白抗体虽然于保护性免疫方面作用不大，但是由于其表达水平较高、抗原性较好，因此可以作为诊断分析的理想靶位。

通过检测不同猪群 N 蛋白抗体波动情况，结合临床生产情况，有助于分析 PRRSV 感染情况。发病猪群双份血清（急性发病期、恢复期）抗体检测结果也可用于本病诊断。目前，不同检测试剂公司的检测试剂盒方法略有差异，详细方法参见试剂盒使用说明。

### 3. RT-PCR 诊断方法

RT-PCR 和荧光定量 RT-PCR 可用于 PRRSV 快速检测。对不同基因序列的 PRRSV 毒株测序分析，可以分析流行毒株遗传变异情况，与疫苗毒株的亲缘关系，以及是否发生基因重组。PRRSV 的 RT-PCR 鉴定引物如表 19 - 1 所示。

用常规方法抽提总 RNA，然后进行 RT-PCR 和电泳检测，逆转录体系和 PCR 体系见表 19 - 2、表 19 - 3。结果判定：电泳检测出现 300bp 左右的特异条带，则可初步判定为 PRRSV 阳性，可用测序分析进行鉴定。

**表 19 - 1　PRRSV 诊断引物**

| 引物 | 序列（5'—3'） | 退火温度 | 片段大小 |
|---|---|---|---|
| ORF7F | CCAGCCAGTCAATCARCTGTG | 58℃ | 292 bp |
| ORF7R | GCGAATCAGGCGCACWGTATG | | |

**表 19 - 2　逆转录体系（$\mu$L）**

| 试剂 | 使用量 |
|---|---|
| 总 RNA | 10.0 |
| 逆转录酶 | 1.0 |
| 逆转录引物 | 1.0 |
| 5×PrimeScript 缓冲液 | 4.0 |
| 无 RNA 酶的双蒸水 | 4.0 |
| 总体积 | 20 |

**表 19 - 3　PCR 反应体系（$\mu$L）**

| 试剂 | 使用量 |
|---|---|
| 10×PCR 预混液 | 2.0 |
| cDNA 模板或对照 | 5.0 |
| 上游引物（10 $\mu$mol/L） | 0.5 |
| 下游引物（10 $\mu$mol/L） | 0.5 |
| ddH$_2$O | 12 |
| 总体积 | 20 |

### 4. 动物实验

检测 PRRSV 最敏感的方法是动物的生物学测定。选取 PRRSV 抗原、抗体检测均为阴性的 35 日龄仔猪。实验组接种病毒液 2 mL（肌内注射 1 mL，滴鼻 1 mL），对照组接种培养液，隔离饲养。逐日观察临床反应，测定直肠体温，每周测量体重，按不同时间点采集血清样本或采集病料。通过检测血清的转化和病毒的复制确证样品中 PRRSV 的存在。一般而言，在 4～28d 时采集血清、肺脏、淋巴结和扁桃体进行病毒分离是最容易分离成功的。

## 五、思考题

1. 进行 PRRSV 细胞分离培养实验中应注意哪些事项？
2. 猪场疑似发生猪繁殖与呼吸综合征时，如何进行综合诊断？
3. 分析猪繁殖与呼吸综合征抗体监测的实用价值。

## 六、实验报告要求

记录猪繁殖与呼吸综合征实验室诊断过程和结果，并综合分析得出实验结论。

# 实验二十　猪流感的实验室诊断

## 一、实验目的

掌握猪流感（Swine influenza）实验室综合诊断技术。

## 二、实验内容

在临床诊断基础上，通过病毒分离培养与鉴定、血清学诊断、分子生物学诊断等方法对猪流感进行综合诊断。

## 三、实验器材

### 1. 仪器设备

高速冷冻离心机，$CO_2$ 培养箱，倒置显微镜，超净工作台，移液器，EP 管，枪头等。

### 2. 试剂

猪流感 ELISA 抗体检测试剂盒，标准阳性血清，阴性血清，猪流感诊断抗原，抗生素（青霉素和链霉素），胎牛血清，DMEM 培养基、胰酶-EDTA，逆转录酶，核酸抽提试剂盒，Taq 酶，dNTP，引物。

## 四、实验操作

### 1. 病毒分离培养与鉴定

（1）病料采集：从活猪体内分离病毒一般采集鼻腔拭子或咽拭子。猪流感呈急性感染，病毒清除极快。大多数实验研究中，接种后 1d 鼻腔开始排毒，7d 后停止排毒。因此，采集急性发病早期样品是病毒分离成功的关键。用聚酯纤维拭子采样，然后悬浮在适当的运输液（如甘油生理盐水）中，4 ℃冷藏运输。用于病毒分离的样品如果 48 h 内进行分离可以 4 ℃保存，如果需要保存较长时间则保存于−80 ℃。

（2）病毒分离培养：常用鸡胚分离培养或用细胞培养（MDCK 细胞、Vero 细胞）。9～10 日龄鸡胚尿囊腔接种培养病毒，37 ℃孵化 72 h。猪流感病毒（Swine influenza virus，SIV）通常不会致死鸡胚，可以用血凝实验和血凝抑制实验验证病毒是否存在。

### 2. 血清学诊断

血清学方法诊断 SIV 感染需要用急性发病期和康复期（感染后 3～4w）双份血清样本进行抗体检测，可以用血凝抑制实验或 ELISA 检测。

### 3. 分子生物学诊断

根据 A 型流感病毒保守基因 M 基因设计引物，用 RT-PCR 或荧光定量 RT-PCR 快速检测 SIV。

A 型流感病毒 M 基因诊断引物：逆转录引物为 Uni12：AGCAAAAGCAGG，上游引物为 5'-TGGAATGGCTAAAGACAAGACC-3'，下游引物为 5'-ATACTAGGCCAAATGCCACC-3'。目的片段大小为 315 bp。

常规方法抽提样品总 RNA，然后按照表 20-1 和表 20-2 的反应体系进行 RT-PCR 检测。PCR 反应条件：94 ℃ 5 min，94 ℃ 30 s，58 ℃ 30 s，72 ℃ 30 s，35 个循环；72 ℃ 再延伸 5 min。RT-PCR 产物用电泳检测。

**表 20-1 逆转录体系**（μL）

| 试剂 | 使用量 |
| --- | --- |
| 总 RNA | 10.0 |
| 逆转录酶 | 1.0 |
| 逆转录引物（Uni12） | 1.0 |
| 5×PrimeScript 缓冲液 | 4.0 |
| 无 RNA 酶的双蒸水 | 4.0 |
| 总体积 | 20 |

**表 20-2 PCR 反应体系**（μL）

| 试剂 | 使用量 |
| --- | --- |
| 10×PCR 预混液 | 2.0 |
| cDNA 模板或对照 | 5.0 |
| 上游引物（10 μmol/L） | 0.5 |
| 下游引物（10 μmol/L） | 0.5 |
| ddH$_2$O | 12 |
| 总体积 | 20 |

结果判定：电泳检测出现 300bp 左右的特异条带，即初步判定为猪流感病毒阳性，可用测序分析进行鉴定。

## 五、思考题

1. 根据猪流感病毒的特性，猪流感病毒分离鉴定过程应注意哪些事项？
2. 猪流感病毒如何进行血清型鉴定？

## 六、实验报告要求

1. 记录猪流感实验室诊断过程和结果，综合分析得出实验结论。
2. 比较细胞分离培养和鸡胚分离接种猪流感病毒的敏感性。

# 实验二十一　非洲猪瘟的实验室诊断

## 一、实验目的

1. 掌握非洲猪瘟（African swine fever，ASF）的血清学诊断和分子生物学诊断的原理。
2. 掌握非洲猪瘟荧光定量 PCR 技术和非洲猪瘟抗体胶体金免疫层析技术的操作步骤。

## 二、实验内容

1. 非洲猪瘟样品采集和核酸抽提。
2. 非洲猪瘟的荧光定量 PCR 诊断方法。
3. 非洲猪瘟的血清学诊断方法。

## 三、实验器材

### 1. 仪器设备

荧光定量 PCR 仪，高速离心机，超净工作台，移液器，EP 管，枪头等。

### 2. 试剂

非洲猪瘟抗体快速检测试纸卡，DNA/RNA 抽提试剂盒，非洲猪瘟病毒核酸荧光定量 PCR 试剂。

## 四、操作与观察

### 1. 非洲猪瘟的荧光定量 PCR 诊断方法

（1）样品采集和样品前期处理：一般采集活猪的鼻腔、口腔拭子，样品必须在采集后立即 4 ℃保存。使用时在样品中加入 1～2 mL 生理盐水，充分振荡，离心，取样品上清液，用于病毒核酸提取。

一般来说，感染非洲猪瘟病毒后 12～48 h，在猪唾液中可检测到非洲猪瘟病毒。此阶段猪不出现临床症状，早期的荧光定量 PCR 检测是定点清除、控制疫情的关键。48 h 以后血液中的病毒滴度逐渐上升，强毒力毒株感染 3～5d 后病猪死亡，7～12d 猪群死亡率达到高峰。病毒感染 12d 后猪开始产生抗体，然后逐步升高。12～35d 病毒血症和抗体同时存在。此后的不同时期，猪体内的病毒和抗体的滴度比例互有高低和升降。

（2）病毒核酸提取：不同公司的检测试剂盒推荐的病毒核酸提取的操作方法略有差异，具体方法可参照试剂盒推荐的步骤。简易的核酸抽提操作流程见图 21-1。

①离心管内加入待检液体样本 200 μL，加入 1 200 μL 裂解液，轻摇、混匀，4 ℃离心，10 000 r/min，300 s。

②吸附柱内加入无水乙醇 300 μL 和裂解液上清 300 μL，离心，10 000 r/min，30 s，弃上清液。

③吸附柱内加入 $600\ \mu L$ 清洗液，离心，$10\ 000\ r/min$，$30\ s$，弃上清液；重复此步骤 1 次。

④更换套管，吸附柱内加入 $50\ \mu L$ 洗脱液，轻摇、混匀，离心，$10\ 000\ r/min$，$30\ s$，收集滤液，冷冻保存，备用。

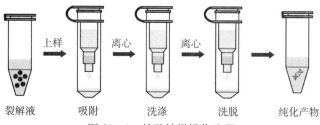

裂解液　　吸附　　洗涤　　洗脱　　纯化产物

图 21-1　核酸抽提操作流程

（3）荧光定量 PCR 诊断方法：参考世界动物卫生组织（OIE）设计的非洲猪瘟病毒（AS-FV）P72 基因诊断引物，使用荧光定量 PCR 进行 ASFV 快速检测，反应体系见表 21-1。

上游引物：5'-CTGCTCATGGTATCAATCTTATCGA-3'，下游引物：5'-GATACCACAAGATC（AG）GCCGT-3'，探针序列 5'-（FAM）CCACGGGAGGAATACCAACCCAGTG-3'。

表 21-1　荧光定量 PCR 反应体系（$\mu L$）

| 试剂 | 使用量 |
| --- | --- |
| 反应预混液 | 16 |
| 阴性对照或样品 DNA 模板或阳性对照 | 4 |
| 总体积 | 20 |

根据待检样品总数 $N$，取出 $N+2$ 个（阴性对照和阳性对照各 1 个）荧光 PCR 反应管，每管加入 $16\ \mu L$ 反应预混液，然后依次分别在不同管中加入 $4\ \mu L$ 阴性对照、$4\ \mu L$ 已制备的待检样品模板以及 $4\ \mu L$ 阳性对照。注意：每管加样后及时盖紧管盖，作好标记，瞬时离心以保证液体均处于管底部且无气泡。

在荧光 PCR 仪上，选择 FAM 通道，按以下反应程序进行 PCR 反应：预变性 $95\ ℃$ $2\ min$；循环 $95\ ℃$ 10s、$60\ ℃$ 30s，$40\sim45$ 次；每次循环的第二步（$60\ ℃$ 30s）收集荧光信号。

结果判定

①有效性判定：阳性对照在 FAM 通道有典型扩增曲线，且循环阈值（Cq 值）≤30；阴性对照在 FAM 通道无典型扩增曲线，或无 Cq 值；同时满足以上两个条件则判定实验有效，否则实验结果无效应重新检测。

②结果判定：在检测结果有效情况下，按以下方法对样品检测结果进行判定。

被检样品在 FAM 通道有典型的扩增曲线，且 Cq 值≤38，判定为核酸阳性"＋"。

被检样品在 FAM 通道无典型的扩增曲线，或无 Cq 值，判定为核酸阴性"－"。

被检样品在 FAM 通道有典型的扩增曲线，且 Cq 值＞38，判定为可疑，建议重新采样进行检测；若重新采样检测后 Cq 值＞38，且在 FAM 通道有典型的扩增曲线，则判定为核酸阳性"＋"。

注意事项

①每次检测均需设置独立的阴性对照和阳性对照，以对反应过程进行质量控制，避免出现假阳性或假阴性结果。

②为减少污染，需对检测区域进行划分，建议划分为：样品制备区、核酸提取区、反应体系配制区、PCR 扩增区 4 个区域。各分区之间进行物理隔离，不同区域独立使用工具，更换操作区域时需更换手套。

③-20 ℃保存试剂使用前应完全融化，5 000 r/min，离心 10 s，使液体全部沉于管底部。反复冻融试剂将降低检测灵敏度，建议一个试剂盒在 3～5 次内用完，勿使用超过有效期的试剂。

④在加入核酸模板环节，建议的核酸模板添加顺序为：阴性对照、待检核酸、阳性对照，加样完成后，小心（防止液体溅出）及时盖紧各 PCR 反应管。

⑤检测过程中使用的吸头、手套等废弃物以及检测样品，需经过 10%次氯酸钠溶液浸泡或高压灭菌后方可丢弃。

⑥反应完成后的反应管禁止开盖，应密封后交由专业的废弃物处理机构生物安全化处理或焚烧处理。

⑦针对特殊设备或需要优化 PCR 反应程序时，请咨询试剂公司技术人员。

**2. 非洲猪瘟的血清学诊断**

血清学诊断的方法很多，本实验采用胶体金免疫层析技术，定性检测猪全血/血清/血浆中非洲猪瘟病毒 P30 蛋白抗体，操作流程参照图 21-2。P30 蛋白表达量高，相对应的抗体在体内出现时间早，可以作为诊断分析的理想靶位。由于暂时没有非洲猪瘟疫苗，发病猪群血清（亚急性发病期、恢复期）抗体检测结果可用于本病诊断。

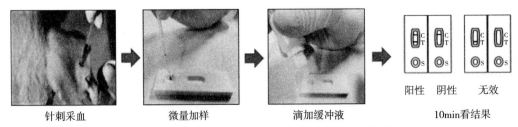

| 针刺采血 | 微量加样 | 滴加缓冲液 | 10min看结果 |

阳性　阴性　无效

图 21-2　非洲猪瘟抗体胶体金免疫层析操作流程

（1）操作步骤

①撕开试纸卡包装袋，取出内含的一次性毛细管，毛细管插入待检测样品中，即可自动吸取 10 μL 待检液体（无须按压上方吸球）。

②将毛细管移至试纸卡槽内，按压上方吸球将 10 μL 待检液体加入卡槽内（S 端）。

③垂直向卡槽内（S 端）滴入 4 滴缓冲液。

④计时，根据结果判读方法对检测结果进行判定（建议 15 min 内判读结果，避免时间过久对检测结果造成干扰）。

（2）结果判读

①阳性：C 线和 T 线均出现红色或粉红色条带，代表血清中含有抗非洲猪瘟病毒 P30

蛋白抗体。

②阴性：C 线出现红色或粉红色条带，但 T 线不见粉红色条带，代表血清中不含有抗非洲猪瘟病毒 P30 蛋白抗体。

③无效：C 线不出现红色或粉红色条带，则无论 T 线是否有条带，均表示检测无效，建议重测样品。

## 五、思考题

1. 非洲猪瘟样品前期处理过程中应注意哪些事项？
2. 猪场疑似发生非洲猪瘟时，如何进行综合诊断？
3. 非洲猪瘟抗体监测有何实用价值？

## 六、实验报告要求

记录非洲猪瘟实验室诊断过程和结果，综合分析实验结果并得出结论。

# 实验二十二　家禽的尸体剖检及病料采取

## 一、实验目的

1. 掌握家禽尸体剖检方法。
2. 熟悉常用病料采取及病原分离培养技术方法。

## 二、实验内容

1. 病死家禽的病理剖检。
2. 发病家禽的病料采取与病原菌（毒）的分离培养。

## 三、实验器材

### 1. 实验动物与病理剖检器械

病死家禽，尸体剖检台，解剖盘，家用剪刀，组织剪，眼科剪，骨剪，肠剪，手术镊，眼科镊，手术刀柄，手术刀片，纱布，酒精棉，棉签，铅笔，注射器，洗手盆，毛巾，常用消毒药品，消毒喷壶，口罩，乳胶手套，打火机，废物缸，剖检记录表等。

### 2. 家禽病料采取及病原（细菌、病毒或其他微生物）分离器材

在以上剖检器械的基础上增加一套经消毒灭菌的组织剪，眼科剪，手术镊，眼科镊，灭菌玻璃容器或离心管，研钵，酒精灯，接种棒，培养基，标签纸，油性笔等。

## 四、操作与观察

家禽机体在健康状态下各种组织器官具有固有的形态结构，发病后某些组织器官会发生病理变化或出现与某病相应的特征性变化，通过对病死家禽的剖检，对各组织器官的病理变化检查可以为临床诊断疾病提供依据。家禽在健康的状况下体内不携带病原或毒物，当感染及发生传染病或中毒后，通过特定的组织器官作病原分离鉴定或对中毒病禽作有毒物质检测，可以为实验诊断禽病提供可靠的依据。

### 1. 病死家禽的病理剖检

剖检之前，应首先了解发病禽群的流行病学，临床症状表现，家禽的品种，饲养情况，疫苗的接种情况，发病经过、处理方法与效果等。剖检时详细记录各器官的病理变化，描述各组织器官的外形、大小、色泽、质地等，注意对于无肉眼可见病理变化的器官仍需如实记录。如同时剖检多只病死禽，则应编号，以免混淆。对尚未死亡的禽只，需放血处死后再行检查。放血常用的方法是颈静脉放血和口腔内桥静脉放血（彩图65），放血时一般不切断气管和食道，以免造成血液倒灌而影响气管和食道观察。

（1）外部检查

①羽毛检查：将病死家禽放于解剖盘内，检查体表羽毛的整齐度与光泽，是否有啄毛或

掉毛情况，羽毛清洁情况等。

②天然孔检查：注意口、鼻、耳、眼有无异常的分泌物，分泌物的量及性状，周围羽毛干湿情况及异物粘连情况（如眼周围羽毛湿润表明有流泪的可能）。注意泄殖腔周围羽毛的颜色，有无异常粪便粘污，泄殖腔黏膜的变化及内容物的性状等。

③皮肤检查：注意头冠、垂冠、腹壁、嗉囊表面、脚胫及其他各处皮肤有无损伤、红肿、溃烂、痘疹或结痂等，以及是否出现尸绿等变化。

④检查家禽的趾爪：注意有无赘生物、外伤、化脓、皮肤表面饱满情况（有否失水）及胫骨有无变软等。

⑤检查各关节及龙骨：注意各关节有无肿胀、变形、积液及长骨、龙骨有无变形、弯曲等表现。

⑥检查病禽的营养状态：估算体重与品种、饲养日龄是否相符，触摸感觉病禽胸肌厚薄及龙骨的显突情况而初步判定家禽的营养情况。

（2）体表消毒：防止病原扩散及避免在剖检过程羽毛灰尘飞扬，剖检前用消毒水将病死家禽羽毛完全浸润湿透。常选用无刺激性、无色或淡色的消毒剂，如苯扎溴铵、双链季铵盐溶液等。

（3）切开皮肤及皮下、肌肉检查（彩图66）

方法一：将病死鸡仰放于解剖盘内，从泄殖孔沿腹下、胸下和颈下正中线至下颌间隙切开皮肤，环形切开跗关节皮肤，从跗关节切线沿腿内侧与体正中切线垂直切开，剥离胸腹部、颈部和腿部皮肤。将两侧大腿向下压，使髋关节脱臼。

方法二：将病死鸡仰放于解剖盘内，将股内侧连接腹侧的皮肤剪开，将两大腿向外下方翻压，直至髋关节脱臼。使禽体以背卧位平放于解剖盘上，横向剪开腹部皮肤，使切口与上述股侧皮肤切口相连，握住游离皮肤，向前一直剥离到锁骨部，暴露皮下及胸腹部、腿部肌肉。

方法三：皮下及肌肉检查。在切开皮肤的过程，观察皮下组织和胸肌的状态，识别并描述所见主要病变。

（4）剖检体腔及内脏器官检查（彩图67～68）

①剖开体腔：从泄殖孔至胸骨后端沿腹正中线切开腹壁，然后沿肋骨弓切开肌肉，暴露腹腔。从胸骨脊两侧由后向前剪开肌肉，并沿胸骨与肋骨间将两侧胸壁剪开，再用骨剪剪断乌喙骨和锁骨，并切断周围的软组织，手握住胸骨脊后缘，将胸骨向前、上方翻转，暴露胸腔。或横向剪开腹肌、腹膜，并沿胸骨的两侧，向前将各肋骨、锁骨剪断，抓住胸骨的后端，用力向前、向上翻拉（此时应注意观察体腔内各气囊壁有无混浊、增厚等），暴露整个体腔的器官。

②检查体腔：在剖开体腔的同时观察气囊、胸腹腔内是否有渗出物以及各器官表面状态。识别并描述所见的主要病变。

③内脏器官的摘出与检查：将腺胃、肌胃、心脏、肝脏、脾脏、胆囊、胰腺、肺脏（包括气管和支气管）、肠道（十二指肠、空回肠、直肠、盲肠）、肾脏、卵巢、睾丸、输卵管、法氏囊等各内脏器官先后从体腔摘出细致检查，先观察外表形态、大小、色泽、质地等变化，再分别切开检查内部变化，注意有无炎性肿胀、充血、瘀血、出血、溃疡、坏死或结节、内容物状态等，做好记录，详细描述剖检过程中所见的主要病变。

（5）颈部检查（彩图 69）：将下颌骨、食道、嗉囊剪开，注意观察口腔和食道黏膜有无出血、溃疡、假膜或脓包等；同时，剥离颈部皮肤检查胸腺（尤其是雏禽）有无出血、肿胀或萎缩等变化；将剪刀尖端插入喉裂，剪开气管和支气管，检查喉头和气管黏膜有无渗出、充血、出血或溃疡等变化。

（6）头部检查

①眼部检查：主要观察眼的角膜有无异常变化，眼结膜有无出血或溃疡等。

②鼻窦部检查：沿额面经鼻孔剪开 1～3cm 切口，将切口用手分开即可见鼻窦，观察黏膜是否有充血、出血及渗出物填充等。

③脑部检查：用剪刀将头部皮肤剪开，以尖剪将整个额骨、顶骨剪除，暴露大脑和小脑，先观察脑膜血管的状态，脑膜下有无水肿和积液，然后再以钝器轻轻剥离，将前端嗅脑、脑下垂体及视神经交叉等部逐一剪断，将整个大脑和小脑摘出，观察脑实质的变化。

（7）神经检查：主要检查坐骨神经干，将股内侧的肌肉钝性分开即可见乳白色有横纹的坐骨神经干，观察神经干外膜有无水肿或出血及神经干的粗细是否均匀等。

（8）剖检时的注意事项

①剖检的场地应尽量远离行人、水源、禽舍，并选择易于消毒的地方，避免由于剖检造成病原扩散与环境污染。

②剖检前后运载病、死禽只时应采用密封容器，避免沿途遗漏病禽羽毛、分泌物及排泄物等。

③剖检完毕，应将尸体深埋或焚化，或作其他无害化处理。对剖检场地及器械作好清洗消毒，作好剖检人员的消毒清洗。

### 2. 病料采取与病原菌（毒）分离

家禽传染病的确诊，通常必须通过实验室诊断，采取病料与病原分离是实验室诊断的前提。

（1）采料时间与对象：病毒性病料、中毒性材料（如肉毒梭菌毒素中毒）的采取一般应在急性感染期，选择典型的濒死病禽或死后 2 h（非高温环境与暴晒）的家禽。病前短时间内用过疫苗或经抗病毒药物处理的禽只不宜采料。

（2）采取病料的方法

①器械消毒：解剖刀、组织剪、镊子等采料用具可进行干热灭菌或煮沸 30 min 灭菌，或用酒精充分涂擦后火焰烧烤。器皿应干热灭菌或高压灭菌。

②采料部位：病料采取的部位应根据不同疾病相应地采取其脏器或内容物，一般应采取病原含量高而污染机会少的实质性器官，在无法估计是何种传染病时，应全面采取。

③病毒性病料的采取与病毒分离：用灭菌剪刀及镊子剪取含毒量高的组织（通常为肝脏、脑、脾脏、胰脏等实质脏器组织）2～3 g，投入灭菌瓶或离心管中，加盖。立即将病料用灭菌乳钵研磨，并应用超声波或反复冻融法裂解细胞，促进细胞内病毒的释放。加入 5～10 倍的灭菌生理盐水或 PBS 配成悬液，3 000～8 000 r/min，离心 15～20 min，去除沉淀，在每毫升上清液中各加入青霉素、链霉素（或其他有效抗生素）2 000～4 000IU，置 4～8 ℃冰箱中感化 2～4 h。经无菌检验合格后，接种相应的生物学培养基（禽胚或细胞培养物等）分离培养病毒，观察感染禽胚死亡及病变情况，收集胚液进一步鉴定。如果病料采取后

不能立即处理时，应直接放入低温冰箱或相应保存剂（如 Hank's 液或 50% 的甘油 PBS）中，并置于冰箱保存。

④病料组织中病原菌分离：对于细菌性疾病，需要分离病原菌时，应在病禽剖解前依据不同细菌类型及实验目的准备好相应的培养基。对营养要求低的病原菌，如大肠杆菌，可用普通琼脂平板培养基；对营养要求较高的病原菌，如多杀性巴氏杆菌，可用血液琼脂培养基等；有特殊要求的病原菌，要使用特殊的培养基和方法进行培养，如鸭疫里氏杆菌、鸡副嗜血杆菌等，要用巧克力琼脂在含 5%～10%CO$_2$ 的空气条件下培养；对可能存在杂菌污染的病料进行细菌分离时，可依据拟分离的目的菌尽量选用选择性培养基；病原含菌量少时应采用液体培养基，或用相应的增菌培养基培养增菌后，再进行分离培养；未能确定病原菌的种类时，应同时使用多种培养基分离培养，以提高病原菌的分离成功率。病原菌分离培养操作：用接种棒直接从病禽体内相应脏器勾取病料，在固体培养基上划线培养或液体培养基上接种；如不能即时分离培养，则应无菌操作采取病料一小块投入灭菌保存剂中，置 4～8 ℃保存，并应尽早进行分离培养。病原菌的分离应在急性发病期和未使用过敏感药物的前提下进行。

⑤血清学材料：一般都应采取双相血清，即在发病初期及后期（病愈期）各采取 1 份，进行检验，以检查有关抗体的变化情况。具体方法为：采少量血清时，可用注射器沿向心端的方向从翅静脉或颈静脉抽取血液；如需大量血清，则可从心脏采血。采取的血液可直接保留在一次性注射器内或注入灭菌干燥的小瓶或离心管内，室温静置待自然凝固、析出血清，再将血清移至灭菌容器中冻结保存备用。血清若有溶血则会影响实验结果的准确性。

⑥组织学材料的采取：采取供病理组织切片的材料时，应从病禽典型病变部位与眼观正常部位组织交界处切取 1cm$^2$ 左右的组织块放入 10% 甲醛溶液（36%～40% 的甲醛溶液 1 mL＋蒸馏水 9 mL）中固定备用。

⑦肠道内容物材料的采取：用棉线将拟采材料的肠道段两端扎紧，然后剪下置于灭菌容器中，必要时可放入 −20 ℃保存，并迅速送检。

不论上述哪一种材料，都不应该在动物死后过长时间（一般不超过死后 4～6 h）采取，否则会对准确诊断造成一定的影响。所有病料采取后均要贴上标签。若要送检时，还应用医用胶布或石蜡封口，置于冰瓶中及时送出。

## 五、思考题

家禽尸体剖检、病料采取及病原分离的方法与注意事项包括哪些？

## 六、实验报告要求

1. 简要描述病禽剖检与病料采取的基本程序。
2. 说明病禽剖检与病料采取操作过程的注意事项和剖检体会。

# 实验二十三　家禽血凝性病毒病的免疫监测

## 一、实验目的

1. 了解红细胞凝集实验（HA）和红细胞凝集抑制实验（HI）的基本原理，掌握血凝性病毒病免疫监测的基本方法。

2. 掌握依据血凝性病毒病免疫监测的结果指导禽群血凝性病毒病免疫接种技术。

## 二、实验内容

本实验以鸡新城疫免疫监测为例，进行以下 3 项实验。

1. 红细胞凝集实验：检测抗原的 HA 效价及 4 个血凝单位（4HAV）抗原的配制。

2. 红细胞凝集抑制实验：检测免疫禽只的 HI 抗体。

3. 根据血凝性病毒病免疫监测的结果指导鸡群相应病毒病的免疫接种。

## 三、实验器材

### 1. 抗原原液

购自具备生产资质的厂家，根据监测抗体的种类而使用相应抗原。鸡新城疫（ND）免疫监测使用 ND 抗原，H5 亚型禽流感（AI H5）免疫监测使用 H5 亚型 AI 抗原，H9 亚型禽流感（AI H9）免疫监测使用 H9 亚型抗原，鸡减蛋综合征（EDS－76）免疫监测使用 EDS 抗原等。

### 2. 被检血清

随机采取被检禽群的血液（抽样比例为 $1\% \sim 2\%$，或每个禽群抽取 $20 \sim 40$ 只），取血液自然凝固后析出的血清作为被检血清。

### 3. 灭菌 PBS 生理盐水

生理盐水 pH 7.0，按常规方法配制。

### 4. 红细胞悬浮液

采取健康公禽（被检测血清为鸡血清时，应采用公鸡；被检血清为鸭、鹅血清时，应采用公鸭、鹅）血液（每次可采 $5 \sim 10$ mL）。抗凝，加灭菌 PBS 生理盐水离心洗涤 $3 \sim 5$ 次（每次离心的速度和时间为 3 000 r/min，15 min），将血浆、白细胞等充分洗去，将沉淀的红细胞用灭菌 PBS 生理盐水稀释成 1% 悬浮液。该红细胞悬浮液在 4 ℃存放，可用 $3 \sim 5$d。注意悬浮液颜色变暗应弃去。

### 5. 其他材料

$25\,\mu$L 移液枪（单通道或多通道移液枪），96 孔 V 型反应板，普通离心机。

### 四、操作与观察

以下内容主要以鸡群新城疫（ND）的免疫监测为例，可依此类推探讨其他血凝性病毒病免疫监测的相关技术。

ND免疫后，动物体内可产生抗ND中和抗体及红细胞凝集抑制抗体（HI抗体）。后者在体外可抑制NDV凝集红细胞的能力。将被检鸡血清作倍比稀释时，血清中HI抗体越高，则能使ND病毒凝集红细胞能力完全抑制的血清稀释度就越高。由于HI抗体与中和抗体的消长基本一致，故通过HI抗体水平的检测可以达到ND免疫监测的目的。

**1. 抗原效价检测——红细胞凝集（HA）实验**（表23-1）

（1）分装生理盐水：用移液器在96孔V型反应板的1排的第一～第十二孔，每孔加入PBS生理盐水25 μL，换枪头。

（2）添加抗原：吸取ND抗原原液25 μL加入第一孔，换枪头。

（3）稀释抗原：用25 μL移液器将第一孔中的抗原与PBS生理盐水吹打2～3次，混合均匀并吸取25 μL至第二孔；用移液器将第二孔中的抗原与PBS生理盐水吹打2～3次，混合均匀并吸取25 μL至第三孔，如此对倍稀释至第十一孔，从第十一孔吸取25 μL溶液弃去，换枪头。

（4）加入PBS生理盐水：向1～12孔每孔再加入PBS生理盐水，每孔25 μL。

（5）加入红细胞悬浮液：向第一～第十二孔加入1％红细胞悬浮液，每孔25 μL。

（6）震荡均匀，在室温（20～25 ℃）静置感作20～30 min，然后判定结果。

**表23-1 红细胞凝集实验术式与结果**（μL）

| 孔号 | 1 | 2 | 3 | 4 | 5 | 6 | 7 | 8 | 9 | 10 | 11 | 12 |
|---|---|---|---|---|---|---|---|---|---|---|---|---|
| 抗原稀释倍数 | 2 | 4 | 8 | 16 | 32 | 64 | 128 | 256 | 512 | 1024 | 2048 | PBS对照 |
| PBS生理盐水 | 25 | 25 | 25 | 25 | 25 | 25 | 25 | 25 | 25 | 25 | 25 | 25 |
| ND抗原液生理盐水 | 25 | 25 | 25 | 25 | 25 | 25 | 25 | 25 | 25 | 25 | 25 | 弃25 |
| PBS生理盐水 | 25 | 25 | 25 | 25 | 25 | 25 | 25 | 25 | 25 | 25 | | 25 |
| 1％红细胞 | 25 | 25 | 25 | 25 | 25 | 25 | 25 | 25 | 25 | 25 | | 25 |
| 感作温度及时间 | 20～25 ℃　20～30 min | | | | | | | | | | | |
| 结果举例 试管底图象 | ◓ | ◓ | ◓ | ◓ | ◓ | ◓ | ◓ | — | ⊙ | ⊙ | ⊙ | ⊙ |
| 结果举例 记录 | # | # | # | # | # | # | # | + | - | - | - | - |

（7）结果判定：将反应板倾斜，观察红细胞有无呈泪滴状流淌。完全凝集（不流淌）的抗原或病毒最高稀释倍数代表一个血凝单位（HAU）。

（8）具体观察、判定、记录反应结果的相关概念与方法。

①凝集：观察反应孔，当一层红细胞凝集颗粒均匀覆盖于整个孔底，判定为凝集（将反应板倾斜，无红细胞流淌现象），记录为"＋"。

②不凝集：观察反应孔，当红细胞完全自然沉降到孔底中央，形成一个边缘光滑无凝集颗粒的红圆点，判定为不凝集（将反应板倾斜，有红细胞流淌现象），记录为"－"。

③ND 抗原的血凝效价：凡能使鸡红细胞完全凝集的抗原最高稀释度称为该 ND 抗原的血凝效价。

④判定和记录结果时，可绘制一个表格，填写实验情况与结果判断。表 23 - 2 是一个 ND 抗原的血凝效价测定结果判定与记录的例子。

表 23 - 2　ND 抗原的血凝效价测定结果判定与记录

| 孔号 | 1 | 2 | 3 | 4 | 5 | 6 | 7 | 8 | 9 | 10 | 11 | 12 | 效价 |
|---|---|---|---|---|---|---|---|---|---|---|---|---|---|
| 抗原稀释倍数 | 2 | 4 | 8 | 16 | 32 | 64 | 128 | 256 | 512 | 1024 | 2048 | PBS 对照 | |
| 反应图像 | ● | ● | ● | ● | ● | ● | ○ | ○ | ○ | ○ | ○ | ○ | 1∶64 常记录为 6log2 |
| 结果记录 | ＋ | ＋ | ＋ | ＋ | ＋ | ＋ | － | － | － | － | － | － | |

### 2. 4HAU 病毒抗原的配制

依据血凝实验结果配制 4HAU 的病毒抗原。以完全血凝的病毒最高稀释倍数作为终点，终点稀释倍数除以 4 即为含 4HAU 的抗原的稀释倍数。例如，若血凝的终点滴度为 1∶256，则 4HAU 抗原的稀释倍数应是 1∶64（256 除以 4）。每 1 mL 抗原原液加入 PBS 生理盐水的毫升数为：该抗原原液效价的倒数除以 4 减 1。如上例，抗原原液效价为 1∶64，则每毫升抗原原液加入 PBS 生理盐水的毫升数为 64/4－1＝15。

### 3. 免疫血清的 HI 抗体效价检测——红细胞凝集抑制（HI）实验

（1）分装 PBS 生理盐水：在 96 孔反应板上，取其 12 孔，第一～第十一孔每孔加入 PBS 生理盐水 25 μL，第十二孔加入 50 μL PBS 生理盐水。

（2）向第一孔加入被检血清。

（3）稀释被检血清：用 25 μL 移液器将第一孔中的被检血清与 PBS 生理盐水吹打 2～3 次混合均匀并吸取 25 μL 至第二孔；用移液器将第二孔中的抗原与 PBS 生理盐水吹打 2～3 次混合均匀并吸取 25 μL 至第三孔，如此操作直至第十孔，从第十孔吸取 25 μL 溶液弃去，换枪头；

（4）加入 4HAU 抗原：向第一～第十一孔加入 4HAU ND 抗原溶液，每孔 25 μL。

（5）加入红细胞悬液：向第一～第十二孔加入 1% 鸡红细胞悬浮液，每孔 25 μL，震荡均匀，室温（20～25 ℃）中孵育 15～20 min，观察结果一并记录在表 23 - 3。

（6）判定结果：在抗原对照孔（第十一孔）红细胞完全凝集和 PBS 对照孔（第十二孔）红细胞完全沉降的情况下，以完全抑制红细胞凝集的最大稀释度为该血清的血凝抑制滴度。

（7）具体观察、判定、记录反应结果的相关概念与方法。

①凝集：观察反应孔，当一层红细胞凝集颗粒均匀覆盖于整个孔底，判定为凝集（将反应板倾斜，无红细胞流淌现象），记录为"＋"。

表 23-3　红细胞凝集抑制实验术式与结果举例（μL）

| 孔号 | 1 | 2 | 3 | 4 | 5 | 6 | 7 | 8 | 9 | 10 | 11 | 12 |
|---|---|---|---|---|---|---|---|---|---|---|---|---|
| 血清稀释倍数 | 2 | 4 | 8 | 16 | 32 | 64 | 128 | 256 | 512 | 1024 | 抗原对照 | 对照 |
| PBS生理盐水 | 25 | 25 | 25 | 25 | 25 | 25 | 25 | 25 | 25 | 25 | 25 | 50 |
| 检测血清 | 25 | 25 | 25 | 25 | 25 | 25 | 25 | 25 | 25 | 25 | 弃25 | |
| 4单位抗原 | 25 | 25 | 25 | 25 | 25 | 25 | 25 | 25 | 25 | 25 | 25 | |
| 1%红细胞 | 25 | 25 | 25 | 25 | 25 | 25 | 25 | 25 | 25 | 25 | 25 | 25 |
| 感作温度及时间 | 15～20min后，每5min观察一次，直到60min | | | | | | | | | | | |
| 结果举例 试管底图象 | ⊙ | ⊙ | ⊙ | ⊙ | ⊙ | ⊙ | ⊙ | ⊙ | ⊙ | ● | ● | ⊙ |
| 结果举例 记录 | - | - | - | - | - | - | - | ++ | ++ | +++ | # | - |

②完全抑制：观察反应孔，当红细胞完全不凝集而自然沉降于试管底部中央，形成一个边缘光滑的红圆点，边缘没有分布红细胞凝集颗粒，判定为完全抑制，记录为"-"。

③被检血清 HI 效价：凡能使 25 μL 4 个凝集单位的 ND 抗原凝集红细胞的能力完全抑制的血清最高稀释度称为被检血清的 HI 效价。

④判定、记录反应结果时，可绘制一个表格，填写实验情况与结果判断。下表 23-4 是 2 个被检血清 HA 效价测定结果判定与记录的例子。

表 23-4　2个被检血清 HA 效价测定结果判定与记录

| 孔号 | 1 | 2 | 3 | 4 | 5 | 6 | 7 | 8 | 9 | 10 | 11 | 12 | 效价 |
|---|---|---|---|---|---|---|---|---|---|---|---|---|---|
| 血清稀释倍数 | 2 | 4 | 8 | 16 | 32 | 64 | 128 | 256 | 512 | 1024 | 抗原对照 | PBS对照 | |
| 血清一 反应图像 | ⊙ | ⊙ | ⊙ | ⊙ | ⊙ | ⊙ | ⊙ | ● | ● | ● | ⊙ | | 1：256 常记录为 8log2 |
| 血清一 结果记录 | - | - | - | - | - | - | - | + | + | + | - | | |
| 血清二 反应图像 | ⊙ | ⊙ | ⊙ | ⊙ | ⊙ | ● | ● | ● | ● | ● | ⊙ | | 1：64 常记录为 6log2 |
| 血清二 结果记录 | - | - | - | - | - | + | + | + | + | + | - | | |

## 4. 根据 ND 等血凝性病毒病免疫监测结果指导鸡群相应病毒病免疫接种的步骤

（1）计算禽群 ND 抗体合格率：禽群 ND 抗体合格率的计算公式如下。

$$ND 抗体合格率 = \frac{被检血清样品数 - 抗体效价低于临界滴度的样品数}{被检血清样品数} \times 100\%$$

（注：ND 抗体效价临界滴度为鸡群可抵抗 NDV 感染的 ND 抗体的最低滴度。这是一个由生产实际总结得出的数值，可根据实际情况的变化而变化。目前，此值通常定为 5log2。）

（2）确定禽群免疫合格的标准：禽群免疫合格率的标准也是一个由生产实际总结得出的数值，而且鸡的日龄不同其标准不同。目前各种日龄鸡群能够抵抗 ND 感染的鸡群免疫合格的抗体合格率参考标准为 1 月龄以下的小鸡，抗体合格率要求在 85％以上，且其余 15％的被检鸡的抗体水平不低于 2log2；中成鸡群的抗体合格率应在 95％以上，且其余 5％的被检鸡的抗体水平应不低于 2log2。

（3）将被检鸡群抗体合格率对照免疫合格禽群的抗体合格率，确定被检鸡群目前的免疫状况，指导其进一步的免疫接种。

以下为根据 ND 等血凝性病毒病免疫监测结果指导鸡群相应病毒病免疫接种的一个例子。

某后备种鸡群，18 周龄，共 3 000 只种鸡，随机采血 20 份，经 ND HI 实验检测，各样品抗体水平情况如下表 23-5。请根据该免疫监测结果，指导该鸡群的 ND 免疫接种。

**表 23-5　ND HI 实验检测各样品抗体水平**

| 抗体效价 | 3log2 | 4 log2 | 5 log2 | 6 log2 | 7 log2 | 8 log2 | 9 log2 以上 |
|---|---|---|---|---|---|---|---|
| 监测只数 | 1 | 3 | 3 | 1 | 6 | 6 | 0 |

①计算鸡群 ND 抗体合格率（临界滴度取 5log2）：鸡群 ND 抗体合格率＝（被检血清样品数—抗体效价低于临界滴度的样品数）/被检血清样品数×100％＝（20-4）/20×100％＝80％

②确定标准免疫合格禽群的抗体合格率：本鸡群为中成鸡群，中成鸡群的抗体合格率标准为 95％以上，且其余 5％被检鸡的抗体水平应不低于 2log2。

③将被检鸡群抗体合格率对照标准免疫合格禽群抗体合格率，确定被检鸡群目前的免疫状况：该被检鸡群的 ND 抗体合格率为 80％，而中成鸡群的抗体合格率标准是 95％，故可见该鸡群目前 ND 免疫状况未及格，可尽快给予 ND 疫苗的加强免疫接种。

## 五、思考题

家禽血凝性病毒病的免疫监测技术有哪些关键点？

## 六、实验报告要求

1. 扼要记录本实验的基本操作步骤。

2. 撰写报告，实验结果应包括各被检血清样品各孔的反应结果图像和相应的 HI 效价，应用本实验结果指导被检鸡群的 ND 临床免疫接种。

3. 简述应用本技术对不同的血凝性病毒病作免疫监测时，在材料、方法上有何异同？

# 实验二十四  鸡新城疫的实验诊断

## 一、实习目的

1. 通过本实验的锻炼，学生掌握鸡新城疫（ND）常规实验诊断的基本方法。
2. 掌握实验内容和方法的理论知识，为开展其他家禽病毒性传染病的实验诊断奠定基础。

## 二、实验内容

1. 疑似 ND 病鸡的临床观察与病理剖检。
2. 病料采取与处理。
3. 病毒分离培养和病毒鉴定。

## 三、实验器材

### 1. 血清

ND 阳性血清、禽流感 H5 亚型阳性血清、禽流感 H9 亚型阳性血清等。购自兽医生物制品厂或科研院所，冻结保存备用。

### 2. 实验动物

疑似 ND 病鸡（病鸡表现厌食、呼吸困难、嗉囊肿大、头冠紫黑等 ND 疑似症状，鸡群有一定数量死亡）。10 日龄健康鸡胚（来源于 ND 非免疫母鸡群）40 只，成年非免疫公鸡 2 只，用于采血制备红细胞悬液。

### 3. 其他材料

（1）病禽尸体剖检、病料采取与处理用材：尸体剖检台，解剖盘，剪刀，镊子，组织剪，眼科剪，骨剪，肠剪，手术镊，眼科镊，手术刀柄，手术刀片，纱布，酒精棉，棉签，铅笔，注射器，洗手盆，毛巾，常用消毒药品，消毒喷壶，口罩，乳胶手套，打火机，废物缸，剖检记录表，灭菌玻璃容器或离心管，研钵，酒精灯，标签纸，油性笔，离心机等。

（2）病毒分离、增殖培养用材：高压灭菌器，干燥箱，生化培养箱，普通冰箱，照蛋器，注射器，打孔器，眼科剪，镊子，灭菌平皿，灭菌离心管，酒精灯，酒精棉球，碘酊棉球，石蜡，灭菌干棉球等。

（3）病毒鉴定用材（HA、HI 实验用材）：灭菌 PBS，1‰红细胞悬浮液（配制见下），25 μL 移液器，96 孔 V 型反应板，PCR 仪，高速台式冷冻离心机，生物安全柜，冰箱，水浴锅，微量移液器，电泳仪，电泳槽，凝胶成像系统等。

（4）PBS 的配制：分别量取氯化钠 4 g、氯化钾 0.1 g、十二水合磷酸氢二钠 1.45 g、磷酸二氢钾 0.1 g，溶于 400 mL 蒸馏水中，用滤纸过滤，检测与调节 pH 7.0～7.2，121 ℃高压灭菌 15 min，备用。

（5）1％红细胞悬液配制（包括公鸡的采血）：用 5 mL 注射器吸取 1 mL 抗凝剂（4％柠檬酸钠溶液），加入翼下静脉采取的公鸡血液 4 mL，摇晃均匀后注入离心管加入 1 倍 PBS 后 3 000 r/min 离心 15 min，吸弃上层液体和红细胞表面的白细胞，再加入适量 PBS 将红细胞冲起并摇晃均匀，如此重复用 PBS 洗涤 2 次，量取沉淀的红细胞加入 99 倍 PBS 稀释成 1％悬浮液，8 ℃保存备用。

## 四、操作与观察

NDV 感染鸡通常表现呼吸困难、嗉囊积液、头冠紫黑等特征症状，出现腺胃、肌胃出血，盲肠扁桃体肿大、出血，泄殖腔出血等特征病理变化。NDV 可大量存在于肝、脾、脑等器官组织和呼吸道、消化道分泌物中，并可在鸡胚上增殖，使鸡胚感染致死。感染胚液（病毒）可以凝集鸡等动物的红细胞，该凝集能力可以被特异抗体抑制。根据该病以上特征，采用鸡胚从疑似 ND 病鸡病料中分离增殖病毒，经 HA、HI 实验和人工发病实验等，可以鉴定本病毒，而对鸡新城疫作出确诊。

### 1. 病鸡剖检与病料采取处理

（1）病死鸡的剖检：按实验二十二"家禽的尸体剖检及病料采取"中病死家禽的病理剖检方法进行操作。

（2）病料采取与处理

未死亡病鸡口腔气管拭子的采取：用灭菌棉签从病鸡口腔气管内拭取黏液后折取拭子头部放入灭菌离心管，加入 2～3 mL PBS，充分震荡后取悬液过滤（杂物较多时先离心再过滤），加入双抗 2 000 IU/mL 感作 2～4 h，即为拭子悬液。死亡或处死病禽按实验二十二"家禽的尸体剖检及病料采取"中病毒性病料的采取方法操作，无菌采集病死鸡肝、脾、脑等组织至研钵充分研磨，加 5～10 倍 PBS 生理盐水（含双抗 2 000 IU/mL），取组织悬液至灭菌离心管，－20 ℃以下冻结，并冻融 2～3 次，6 000 r/min 左右低温离心 20 min，取上清液（样品简称组织悬液）。吸取拭子悬液及组织悬液 0.2 mL 于营养肉汤培养基，作无菌检验（注意作好标记与记录），次日早上观察无菌检验结果并记录，剔除菌检不合格样品，合格样品待做接种鸡胚。

### 2. 病毒分离培养

（1）禽胚消毒与定位：将 10 日龄健康发育鸡胚，用 0.1％苯扎溴铵溶液（约 37 ℃）清洗消毒，放 37 ℃孵化机或生化培养箱中继续孵化。接种前在暗室中用照蛋器检查鸡胚健康情况，剔除不健康胚蛋，对健康鸡胚用蜡笔标记排气孔和接种样品进针位置（确定气室和绒毛尿囊腔接种点，鸡胚发育与接种定位见彩图 44）。

（2）病毒的接种：用碘酊涂拭鸡胚接种孔及排气孔周围蛋壳表面，干燥后用酒精棉脱碘，用打孔器在标记位置打出接种孔和排气孔，用注射器抽取病料组织无菌上清液进行接种，0.2 mL/只，用融化石蜡密封接种口，37 ℃孵化机或生化培养箱中继续孵化，每天照胚 2 次（直至接种后 72 h），每次及时取出死胚置 4～8 ℃保存待检。

### 3. 病毒的鉴定

（1）感染鸡胚的剖检与胚液收集：将死亡后放 4～8 ℃冰箱中过夜的鸡胚或经冷冻致死的鸡胚取出用酒精棉消毒蛋壳表面，在气室位置剪开蛋壳，剔除细菌污染鸡胚，用镊子撕开壳膜和尿囊膜、刺破羊水膜，用注射器或移液器吸取尿囊液和羊水至灭菌离心管，记录胚液的具体来源（该鸡胚接种液种类，死/活，污染与否），无菌检验合格，置于－30 ℃以下冻结保存备作鉴定。备作 HA 与 HI 检测，并将鸡胚胚体取出至平皿中，观察体表及主要脏器的病变，作详细记录。

（2）胚液的 HA 检测及其对阳性血清的 HI 实验：选择疑似病毒感染胚胚液作 HA 检测，检测其是否具有血凝性及 HA 效价，配制 4HAU 抗原，用 ND 阳性血清进行 HI 检测，检测其是否可以抑制被检病毒液的血凝性。实验方法参照实验二十三"家禽血凝性病毒病的免疫监测"中 HA 实验和 HI 实验方法进行。实验同时以 H5、H9 等血清做对照。

（3）接种致病指数（ICPI）测定

HA 滴度高于 4log2（大于 1/16）以上新鲜感染尿囊液（不超过 24～48 h，细菌检验为阴性），用无菌等渗盐水作 10 倍稀释。

脑内接种 24～40 h 出壳的 SPF 雏鸡，共接种 10 只，每只接种 0.05 mL。

每 24 h 观察一次，共观察 8d。

每天观察，给鸡打分，正常鸡记作 0，病鸡记作 1，死鸡记作 2（每只死鸡在其死后的每日观察中仍记 2）。

ICPI 是每只鸡 8d 内所有每次观察数值的平均数，计算方法见下式：

$$\text{ICPI} = \frac{\sum s \times 1 + \sum d \times 2}{T}$$

式中：$\sum s$——8d 累计发病数；

$\sum d$——8d 累计死亡数；

$T$——8d 累计观察鸡的数量。

ICPI 越大，NDV 致病性越强，最强毒力病毒的 ICPI 接近 2.0，而弱毒株毒力的 ICPI 为 0。

（4）逆转录聚合酶链式反应（RT-PCR）检测

①取 200 μL 离心后的新鲜感染尿囊液（不超过 24～48 h，细菌检验为阴性）提取 RNA。Trizol 提取核酸 RNA 的操作步骤如下：

在无 RNA 酶的 1.5 mL 离心管中加入 200 μL 和 1 mL Trizol，振荡 20 s，室温静置 10 min。

加入 200 μL 三氯甲烷，颠倒混匀，室温静置 10 min，以 12 000 r/min 离心 15 min。

管内液体分为 3 层，取 500 μL 上清液于离心管中，加入 500 μL 预冷（－20 ℃）的异丙醇，颠倒混匀，静置 10 min，以 12 000 r/min 离心 15 min 沉淀 RNA，弃去所有液体。

加入 700 μL 预冷（－20 ℃）的 75%乙醇洗涤，颠倒混匀 2～3 次，以 12 000 r/min 离心 10 min。

调水浴至 60 ℃，室温下干燥 10 min。

加入 40 μL DEPC 水，60 ℃水浴中作用 10 min，充分溶解 RNA，−70 ℃保存或立即使用。

②配制 RT-PCR 反应体系如表 24 - 1。

表 24 - 1　RT-PCR 反应体系配制表（μL）

| 试剂 | 体积 |
| --- | --- |
| 无 RNA 酶灭菌超纯水 | 13.6 |
| 10×缓冲液 | 2.5 |
| dNTPs | 2 |
| RNA 酶抑制剂 | 0.5 |
| 逆转录酶 | 0.7 |
| Taq 酶 | 0.7 |
| 上游引物 P1 | 1 |
| 下游引物 P2 | 1 |
| 模板 RNA | 3 |
| 总体积 | 25 |

③RT-PCR：按照表 24 - 1 中的加样顺序全部加完后，充分混匀，瞬时离心，使液体都沉降到 PCR 管底。在每个 PCR 管中加入一滴液体石蜡（约 20 μL）。同时设立阳性对照和阴性对照。

循环条件：逆转录 42 ℃，45 min；预变性 95 ℃，3 min；94 ℃，30 s，55 ℃，30 s，72 ℃，45 s，30 个循环；72 ℃，7 min。最后的 RT-PCR 产物置 4 ℃保存。

④电泳：制备 1.5%琼脂糖凝胶板；取 5 μL PCR 产物与 0.5 μL 加样缓冲液混合，加入琼脂糖凝胶板的加样孔中；加入 DNA 分子质量标准物；盖好电泳仪，插好电极，5 V/cm 电压电泳，30~40 min；紫外灯下观察结果，凝胶成像仪扫描图片存档，打印；用分子质量标准误比较判断 PCR 片段大小。

⑤结果判定：出现 0.5 kb 左右的目的片段（与阳性对照大小相符），而阴性对照无目的片段出现方可判断为新城疫病毒阳性。

对于扩增到的目的片段，需进一步进行序列测定，从分子水平确定其致病性强弱。

根据序列测定结果，对毒株 F 基因编码的氨基酸序列进行分析，如果毒株 F2 蛋白的 C 端有"多个碱性氨基酸残基"，F1 蛋白的 N 端即 117 位为丙苯氨酸，可确定为新城疫强毒感染。"多个碱性氨基酸"指在 113 位到 116 位残基之间至少需要 3 个精氨酸或赖氨酸。

（5）人工发病实验：当上述（2）、（3）项实验结果均提示上述感染胚液含有 ND 病毒时，为检测其致病性，在条件允许情况下可将该胚液接种 1 月龄的健康小鸡，以检验该病毒对易感动物的致病性（接种途径：肌内注射；接种剂量：0.2 mL/只）。注意对接种的鸡作严格隔离饲养，观察其症状，检测体温（每天 3 次），及时剖检死鸡，并作好记录。实验同时应设置健康对照组，对病死鸡，还应作病毒重复分离与鉴定，并做细菌感染排除工作。

**4. 结果判定**

（1）临床症状：当禽出现以下部分或全部情形时，可作为初步诊断的依据之一。

①发病急，死亡率高；

②体温升高，极度精神沉郁，呼吸困难，食欲下降；

③粪便稀薄，呈黄绿色或黄白色；

④出现颈部扭曲、翅膀麻痹等神经症状；

⑤免疫禽群出现产蛋下降。

（2）病理变化：当禽出现下列肉眼可见的病变时，可作为初步诊断定性的依据之一。

①全身黏膜和浆膜出血，以呼吸道和消化道最为严重；

②腺胃黏膜水肿，腺胃乳头和乳头间有出血点；

③盲肠扁桃体肿大、出血、坏死；

④十二指肠和直肠黏膜出血，有的可见纤维素性坏死病变；

⑤脑膜充血和出血，鼻道、喉、气管黏膜充血、偶有出血，肺可见淤血和水肿。

（3）HA 与 HI 实验：对接种鸡胚胚液进行 HA 实验，如果没有血凝活性或血凝效价很低，则需采用 SPF 鸡胚用初代分离的尿囊液继续传代两代，若仍为阴性，则认为新城疫病毒分离阴性。对血凝实验呈阳性的样品则应对新城疫标准阳性血清作血凝抑制实验，尿囊液 HA 效价大于等于 4 log2，且标准新城疫阳性血清对其 HI 效价大于等于 4 log2，判为新城疫病毒。对确定存在新城疫病毒繁殖的尿囊液应进一步测定其毒力。

（4）RT-PCR 检测：出现 0.5 kb 左右的目的片段（与阳性对照大小相符），而阴性对照无目的片段出现，可判定为新城疫病毒阳性。对于扩增到的目的片段，需进一步进行序列测定，从分子水平确定其致病性强弱。

（5）综合判定

①临床诊断具有以上临床症状和病理变化特征，病毒分离与鉴定结果为新城疫病毒阳性且 ICPI≥0.7，诊断为新城疫。

②临床诊断具有以上临床症状和病理变化特征，RT-PCR 检测结果呈阳性且经序列分析证明 F 蛋白裂解位点具有强毒特征，诊断为新城疫。

③患禽没有明显的临床症状和病理变化，但病原检测符合"综合判定"的"①"或"②"，可判定为新城疫病毒强毒感染。

## 五、思考题

1. 鸡新城疫的临床表现及病理剖检特征。

2. 鸡新城疫的实验室诊断程序及注意事项。

3. 为什么鸡新城疫病毒的分离一般不用细胞培养？

## 六、实验报告要求

1. 如实详细记录剖检结果。

2. 病毒分离与鉴定实验操作与结果。

3. 实验结果分析与体会。

# 实验二十五　犬猫传染病的综合诊断

## 一、实验目的

1. 理解犬猫传染病临床诊断的基本思路。
2. 掌握犬细小病毒病的诊断和实验室检查操作流程。
3. 了解并掌握犬、猫常见传染病临床特征和诊断要点。

## 二、实验内容

1. 学习犬、猫常见传染病临床诊断的基本思路。
2. 以犬细小病毒病的诊断为例，通过问诊等常规检查和实验室检查等临床上常用的手段来分析和诊断传染病。
3. 犬、猫常见传染病的种类和诊断方法。

## 三、实验器材

### 1. 仪器设备

迈瑞血细胞分析仪，C反应蛋白分析仪，卡尤迪Mini8 plus实时荧光定量PCR仪。

### 2. 材料

一次性手套，温度计，肛表套，听诊器，2 mL针筒，EDTA采血管，爱德士SNAP犬细小病毒快速检测试剂，犬C反应蛋白测试板，细小病毒PCR稀释液，疑似细小病毒感染的病犬。

## 四、操作与观察

### 1. 犬猫常见传染病及其临床综合诊断思路

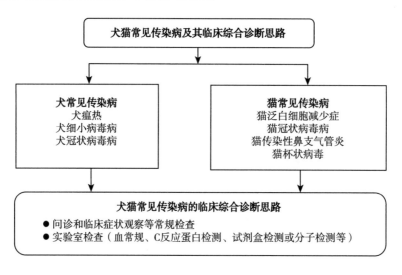

**2. 犬传染病的综合诊断——以犬细小病毒病为例**

（1）常规检查

①问诊：询问并记录动物的基本情况，包括年龄、性别、既往病史、免疫情况、饲喂情况、精神状态、排泄情况以及主人所描述的异常表现。犬细小病毒病多发于未经过免疫的幼年动物，一般会有食欲不振、呕吐、拉稀、便血（有腥臭味）、精神沉郁等表现（彩图45）。

②视诊：观察动物的整体状态，包括体格发育、营养程度、精神状态、被毛以及姿势、运动等，再检查动物的基本生理指标，如 TRP（体温、脉搏、呼吸），查看动物可视黏膜的颜色（潮红、粉红、粉白、黄染）。一般受细小病毒感染会有发热的症状。

③听诊：听诊肠音、心音、肺音是否正常。

（2）实验室检查

①血常规检查：血常规是用血液分析仪来检测血细胞的数量变化及形态分布，从而判断血液的状况。血细胞通常分为红细胞、白细胞、血小板3种。红细胞的数值变化往往提示着贫血、脱水等状况，而白细胞的升高或降低反映了动物机体存在炎症或感染，血小板则是反应凝血功能的一个指标。

给动物采血后，将血液注入 EDTA 采血管中，混匀后，用血液分析仪作血细胞分析。注意观察红、白细胞和血小板的变化，判断动物是否有脱水、贫血等症状。

②犬C反应蛋白检测：C反应蛋白是在机体受到感染或组织损伤时血浆中急剧上升的一种蛋白质，临床上常用这个指标来判断犬炎症程度。

使用C反应蛋白分析仪，进入犬C反应蛋白项目的检测界面，确定本次实验试剂批次一致。用移液枪取 EDTA 抗凝全血加入样本稀释液中，充分混匀后，此为待测液，垂直放置待测。取出试纸条，用移液枪准确吸取 80 μL 待测液，垂直逐滴加入样孔（S孔）内。当液体开始流动的时候，将试纸条加样孔端在外，水平插入分析检测孔内，确定试纸条插到底后，按下检测键，分析仪计时 600s 后显示结果并打印。

③传染病测试板检查：传染病测试板以检测速度快、结果精准、操作方便等优点在兽医临床上被广泛应用，对传染病的诊断有很大的指导意义。

实验可用爱德士 SNAP 犬细小病毒快速检测试剂板。先将测试套组在室温下回温 30 min，回温后使用内附的专用采集管，取出棉签蘸取粪便后放回试管内，只需少许粪便即可。将棉签放回试管后折断顶上紫色阀杆，挤压试剂球状物 3 次，让蓝色结合液通过棉签顶端并与粪便样本混合。将测试板平放，以棉签作为移液管，滴加 5 滴至样本槽，当样本液流至活化孔时，立即按压下测试板，并开始计时。等待 8 min 左右，判读结果，如果样本反应点颜色比阴性对照点深，则为阳性结果。

④PCR检测：传统的 PCR 检测操作烦琐，需要分离提取核酸，对操作环境和操作人员要求都很高。如今国内多数宠物医院已经实现了可对犬、猫多种传染病进行简便、快捷的 PCR 检测。

临床病例的 PCR 检测一般按照产品说明书推荐的步骤进行采样，处理样品，2 h 可检测出结果。根据扩增曲线进行结果判定，方便、快捷。

**3. 犬常见传染病种类及检测方法**

犬常见的病毒性传染病包括犬瘟热、犬细小病毒病、犬冠状病毒病，由于各病毒的排毒部位、排毒周期不同，临床上采样和检测方法存在一定的差异。

（1）犬瘟热：犬瘟热病毒易感染未注射过疫苗的幼龄或青年犬，临床主要表现为精神倦怠，发热，上呼吸道感染，眼、鼻流出水样分泌物，并在短时间内转变成黏液性、脓性分泌物（彩图46）。早期感染表现为结膜炎、干咳、呼吸困难、呕吐、腹泻，后因不食引起衰竭性死亡。犬瘟热病毒感染早期多通过呼吸道渗出物、粪便、唾液、尿液和结膜分泌物进行散毒。病毒进入动物体内被巨噬细胞吞噬，在24 h内通过淋巴系统转运到扁桃体、咽喉部和支气管淋巴结，进行复制。

问诊及临床观察：无注射犬瘟热疫苗，有浓鼻或眼结膜有充血或出血，如果爪垫出现严重的角质化，初步确诊为犬瘟热（彩图47）。病毒感染早期可通过采集患犬眼、鼻、口腔分泌物并使用犬瘟热病毒抗原快速检测试纸进行检测（图25-1），有呼吸道症状的结合X光检查和血常规检查进行综合判断。对于有神经症状的患犬，多采用脑脊液PCR扩增病毒来进行确诊。

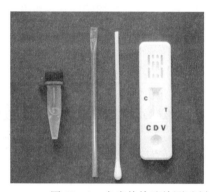
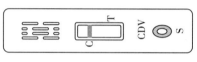

阴性结果：表示CDV抗原阴性

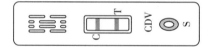

阳性结果：表示CDV抗原阳性

图25-1　犬瘟热快速检测试剂盒（左）及结果判定（右）示意图

（2）犬细小病毒病：犬细小病毒病是犬细小病毒引起的犬的一种烈性传染病，临床上常见的主要为肠炎型和心肌炎类型。

肠炎型：主要表现为精神沉郁、厌食、发热、呕吐，刚开始呕吐物为食物或者泡沫样液体，随着病情的发展呕吐物逐渐变为胆汁样或者带血。剧烈腹泻，开始粪便呈灰色或黄色，后面逐渐变为酱油色或番茄样，粪便有特殊的腥臭味。胃肠道症状出现后1~2 d，出现脱水和体重减轻等症状，患犬很快表现为耳鼻发凉、末梢循环障碍、精神沉郁、休克等症状，血常规检查见红细胞压积增加，白细胞减少。

心肌炎型：多见于幼龄犬，常无征兆性症状，仅表现轻度腹泻，继而突然衰弱。表现为呻吟、干咳、黏膜发绀、呼吸困难、脉搏快而弱、心脏听诊杂音，可短时间内引起患犬死亡。

宠物临床上多通过临床症状，结合血常规和犬细小病毒抗原快速检测试纸检测结果进行综合判断。

（3）犬冠状病毒病：犬冠状病毒感染是由犬冠状病毒引起犬胃肠炎症状的一种疾病。患犬主要表现为嗜睡、衰弱、厌食，最初可见持续数天的呕吐，随后开始腹泻，粪便呈粥样和或水样，黄绿色或橘红色，恶臭，混有数量不等的黏液，偶尔可在粪便中看到少量血。血常规检查常见白细胞略有降低。临床上通过临床症状和犬冠状病毒抗原快速检测试纸结果进行综合判断（图25-2）。

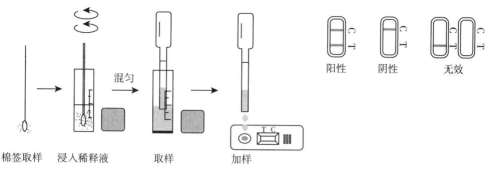

图 25-2　犬冠状病毒快速检测操作流程（左）和结果判定（右）示意图

### 4. 猫常见传染病种类及检测方法

（1）猫泛白细胞减少症：猫泛白细胞减少症是由无包膜的猫细小病毒引起的急性病毒性肠炎。猫细小病毒具有高度传染性，对快速分裂的淋巴组织、骨髓及小肠组织细胞具有亲和力。淋巴组织感染及消耗淋巴细胞可抑制免疫机能，同时由于在骨髓中发生骨髓抑制，这使得免疫力进一步受到破坏。病猫由于免疫系统的破坏，小肠屏蔽被破坏，从而引起毒血症的发生。病毒常通过粪-口进行传播，在本病的急性期，大量病毒通过粪便排出。本病的潜伏期为 2～9 d，病猫临床症状表现为发热，出现与采食无关的急性呕吐，脱水明显。病程后期可出现水样、血液样稀便。病猫触诊表现为腹痛，肠道中出现大量的气体或液体。

猫感染猫细小病毒后血常规在短时间内发生一系列的变化，感染数天后白细胞降到最低，有些猫可见到血小板降低，在感染恢复期见到白细胞数量上升。该疾病主要参考血常规白细胞是否降低和猫细小病毒抗原快速检测试纸结果进行综合判断。除此之外，可以采用猫瘟检测试剂卡进行测定（图 25-3，阳性结果为 C 线和 T 线均出现）。

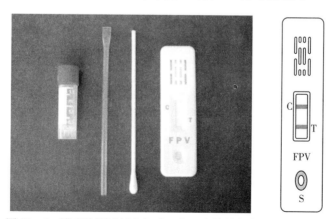

图 25-3　猫瘟检测试剂卡组成（左）和结果判定（右）示意图

（2）猫冠状病毒病：引起猫发病的冠状病毒包括猫肠道冠状病毒和猫传染性腹膜炎病毒。猫肠道冠状病毒对小肠绒毛成熟的上皮细胞具有亲噬性，可引起中度、暂时性的肠胃炎，通常可导致腹泻。猫肠道冠状病毒多感染未经免疫的幼龄猫，触诊病猫腹部空虚，听诊肠鸣音增强。临床通过患猫年龄、临床症状、使用测试板检测抗原进行判断，确诊需进行 PCR 病毒扩增。

猫肠道冠状病毒突变后可形成猫传染性腹膜炎病毒，这种突变主要涉及 3c 基因的丢失，可导致病毒相性运动（从肠上皮顶端转入巨噬细胞）。猫传染性腹膜炎病毒可与巨噬细胞、单核细胞表面结合，然后内化到细胞中。猫传染性腹膜炎病毒可在巨噬细胞中任意复制，导致病毒在全身扩散。猫传染性腹膜炎主要分为渗出型和肉芽肿型，渗出型较常见。渗出型的主要特点是在各种靶器官的小静脉周围形成脓性肉芽肿。非渗出型的特征是形成肉芽肿。猫传染性腹膜炎的早期症状包括暂时性渐进性昏睡、间歇性发热、食欲低下及失重。随着病情发展，可持续出现昏睡及发热、食欲抑制及失重明显。渗出型可表现为腹腔因积液增多而扩张（彩图 48），或由于胸腔积液而呼吸困难。10% 的渗出型病例可影响到眼睛和中枢神经，最为常见的是眼色素层炎，神经症状包括后驱轻瘫、不协调、感觉过敏、痉挛，臂神经、三叉神经、面神经及坐骨神经麻痹，抽搐、脑水肿、痴呆，性格发生改变，眼球震颤、头部翘起及转圈等。非渗出型病例有 60% 的猫有眼睛问题和神经症状（彩图 49、彩图 50）。

腹腔积液进行生化分析后如果蛋白含量高和眼部出现葡萄膜炎，可以初步确诊为猫传染性腹膜炎。

该疾病诊断需结合渗出液李凡他试验、生化实验、渗出液涂片进行综合判断，确诊需进行组织活检。

（3）猫传染性鼻支气管炎：猫传染性鼻气管炎是由猫疱疹病毒Ⅰ型引起的猫的一种急性、高度接触性上呼吸道疾病。临床以角膜结膜炎、上呼吸道感染为主。幼龄猫较成猫易感，且症状严重。初患病猫体温升高、上呼吸道症状明显，表现为突然发作，中性粒细胞减少，阵发性喷嚏和咳嗽，畏光，流泪，结膜炎（彩图 51），鼻腔分泌物增多，食欲减退，体重下降，精神沉郁。鼻液和泪液初期透明，后变为黏脓性。感染猫疱疹病毒的康复猫由于病毒在神经组织中潜伏，终身能够复发感染，期间有病毒静止期，在应激、发生疾病或免疫抑制性治疗时可再次激活排毒。

临床上常通过病猫临床症状和 PCR 检测病毒进行诊断。

（4）猫杯状病毒病：猫杯状病毒病是由猫杯状病毒引起的一种多发性口腔和呼吸道疾病。以发热、口腔溃疡、鼻炎为特征。口腔溃疡（彩图 52）为其特征性的症状，溃疡多见于舌和硬腭，常造成病猫吃食困难。

临床上通过病猫临床症状和 PCR 检测病毒进行诊断。如果猫出现口腔溃疡可以初步诊断为猫杯状病毒。

## 五、思考题

1. 犬猫传染病的基本诊断思路。
2. 犬和猫常见传染病病原、临床表现及诊断方法有何不同？

## 六、实验报告要求

完成并记录犬细小病毒病（或其他犬猫传染病）的综合诊断过程，内容包括诊断思路、具体方法、检测结果等，并加以解释。

# 实验二十六 犬寄生虫病的综合诊断

## 一、实验目的

1. 掌握犬常见寄生虫的种类、寄生部位。
2. 掌握犬不同种类寄生虫的实验室诊断方法。
3. 认识并理解犬不同种类寄生虫病的传播方式和防治方法。

## 二、实验内容

1. 介绍犬常见寄生虫的种类及其综合诊断思路。
2. 进行犬体表寄生虫的检查和虫种鉴定。
3. 进行犬肠道及其相关器官的寄生虫病的诊断。
4. 进行犬血液及其他组织寄生虫的检查。

## 三、实验器材

### 1. 仪器设备

光学显微镜，载玻片，盖玻片，滴管，移液器，吸头，酒精灯，试管，EP 管，外科手术刀及刀片，透明纸胶带，棉棒。

### 2. 材料

饱和盐水，生理盐水，氢氧化钠，甲醇，酒精，电泳缓冲液，抗凝剂，吉姆萨染液，瑞特染液，甘油，犬寄生虫的免疫学检测试剂盒，如诊断弓形虫病的间接血凝试验（IHA）等试剂盒和相关试剂；犬血液原虫分子检测相关试剂盒，如诊断弓形虫病、犬巴贝斯虫病、附红细胞体病的 PCR 试剂盒和相关试剂；疑似多种寄生虫感染的犬。

## 四、操作与观察

教师简要讲述小动物（以犬为例）常见的寄生虫种类和寄生部位，介绍不同部位寄生虫病临床症状和诊断方法，学生分组独立操作。

### 1. 犬常见寄生虫的种类及其综合诊断思路

见图 26-1。

### 2. 犬体表寄生虫的检查

寄生于犬体表的寄生虫主要有硬蜱、虱、犬疥螨、犬耳痒螨、犬蠕形螨，由于其种类不同，形态、大小和寄生部位不同，具体的检查方法也有很大差异。

（1）蜱、虱、蚤的检查方法：在犬的体表被毛间仔细检查，如发现蜱的幼虫、若虫和成虫，可作出诊断。虱多寄生于犬的颈部、耳翼及胸部等避光处，拨开被毛，仔细观察可发现虱和虱卵。也可在动物体侧垫上白纸，使用细密的针梳梳理被毛，将蜱、虱等体外寄生虫从体表上梳理出来，散落在白纸上便于发现虫体。蚤在犬体表被毛间可见。蚤咬住动物皮肤吸血时，会排出黑黑的粒便，这些"黑砂子"碰到水就会溶解成血色，如果发现有类似现象也提示有蚤的感染。

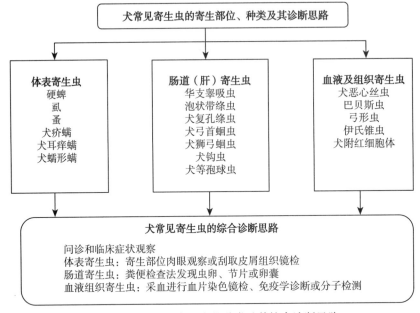

图 26-1 犬常见寄生虫的种类及其综合诊断思路

①蜱、虱常见的种类

血红扇头蜱（*Rhipicephalus sanguineus*）：体中等；雄虫体长 2.7～3.3 mm（包括假头），宽 1.6～1.9 mm；雌虫未吸血时体长约 2.8 mm（包括假头），宽约 1.6 mm。为三宿主蜱，其假头基呈六角形，盾板无花斑，盾板上的刻点以细的居多；雌虫侧沟长，伸延至盾板后侧缘；雄虫肛侧板窄长，其内缘突角不明显。有眼、肛后沟，气门板呈逗点状（彩图 53）。为我国的常见种，主要寄生于犬，也可在绵羊等其他动物和人体上发现。该蜱是犬巴贝斯虫和吉氏巴贝斯虫的传播媒介，并有经卵或经变态期传递病原体的能力。

镰形扇头蜱（*R. haemaphysaloides*）：体中等，未吸饱血时虫体长 3～4 mm。须肢第一和第二节腹面内缘刚毛排列紧密。雌虫盾板近似圆形，长宽略等，颈沟伸过盾板的 2/3；雄虫盾板上刻点大小不等，疏密不均，肛侧板弯曲成镰刀形，内缘刺突的上方有明显的凹陷。常见于我国南方的山林野地和农区。可感染犬，也可感染水牛、黄牛、羊、猪等家畜。为吉氏巴贝斯虫、水牛巴贝斯虫的传播媒介。

二棘血蜱（*Haemaphysalis bispinosa*）：雄虫体长约 1.96 mm（包括假头），宽约 1.26 mm；雌虫未吸血时体长约 2.38 mm（包括假头），宽约 1.40 mm。假头短小，假头基矩形，表面有细刻点，基突强大。须肢向外侧突出成角。雄虫盾板长卵圆形，中部最宽，表面平滑而有许多微细的点窝；雌蜱盾板略呈圆形。无眼，有肛后沟，有缘垛，雄虫腹面无几丁质板，气门板卵圆形。主要生活于山野和农区。可寄生于犬、牛、羊、马、猪等动物体。

棘颚虱（*Linognathus setosus*）：体呈淡黄色，刺吸式口器，头呈圆锥形且小于胸部，腹大于胸，触角短，足 3 对、较粗短，雄虱长 1.75 mm，雌虱长 2.02 mm（图 26 - 2）。

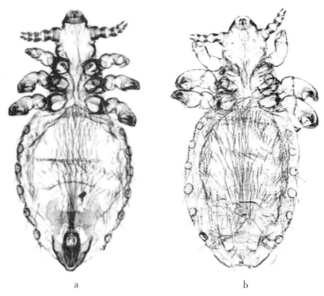

图 26 - 2 棘鄂虱

a. 雄虫 b. 雌虫

犬毛虱（*Trichodectes canis*）：体呈淡黄褐色，具褐色斑纹，咀嚼式口器，头扁圆、宽于胸部，腹大于胸，触角 1 对，足 3 对、较细小。雄虫长 1.74 mm，雌虫长 1.92 mm（图 26 - 3）。

②防治方法：临床上常用于治疗蜱、蚤、虱的驱虫药为梅里亚公司生产的福来恩（主要成分为非泼罗尼和甲氧普烯），尼可信（主要成分为阿福拉钠）及超可信（主要成分为阿福拉钠米尔贝肟）。根据蜱、蚤、虱的生活周期，建议每月驱虫 1 次，发生寄生虫感染时，要及时进行环境消毒。

（2）螨的检查方法

图 26 - 3 犬毛虱

①犬疥螨的检查方法：患疥螨的犬多会出现瘙痒、皮肤发红、丘疹、脱毛等症状。确诊时需收集病变部位的皮屑，进行病原检查。在患病部位与健康部位的交界处采集病料，先将毛扒到病灶两边，然后用外科手术刀（经火焰消毒）用力刮取表皮，刮到皮肤微有出血为止，用透明纸胶带反贴在载玻片上，粘取病料，在低倍显微镜或解剖镜下进行检查，疥螨的成虫和虫卵的形态如彩图 54。刮破处涂碘酊消毒。

②犬耳痒螨的检查方法：耳痒螨多寄生于犬、猫的外耳道内，严重时在犬、猫头部、背部和尾部常会发现大量的耳痒螨。观察其耳道及头、颈部的变化，是否有抓挠耳后及甩头的行为，耳道内有大量的耳垢和发痒时可怀疑为耳痒螨病。

病原学诊断：可通过耳镜检查发现运动的螨虫，或用棉棒取其耳道分泌物均匀涂抹在载玻片上中央，块状物稍微碾碎保留，可用透明胶带粘贴固定，然后于显微镜下观察耳痒螨的活动或虫卵的形态；记录并观察一周内耳朵分泌物的量及颜色。

犬耳痒螨（*Otodectes cynotis*）：虫体呈椭圆形，雌螨体长 0.3～0.45 mm，雄螨体长 0.27～

0.36 mm。口器为短的圆锥形，足4对，在雄螨的每对足末端和雌螨的第一、第二对足末端均有带柄的吸盘，柄短，不分节。雌螨第四对足不发达，不能伸出体边缘。雄螨体后端的结节很不发达，每个结节有2长2短4根刚毛，结节前方有2个不明显的肛吸盘（图26-4）。

虫卵为白色，卵圆形，一边较平直，长17~21 μm。

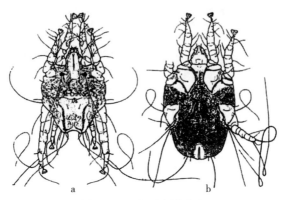

图 26-4　犬耳痒螨成虫
a. 雄虫背面观　b. 雌虫腹面观

③犬蠕形螨病的检查方法：犬蠕形螨病在临床上易与脱毛湿疹、疥螨病等混淆，应通过病原检查加以区别。具体检查方法主要为以下2种。

拔毛检查法：拔取病变部位的毛发，在载玻片上加1滴甘油，将毛根部置于甘油内，在显微镜下检查毛根部的蠕形螨。

刮屑检查：用刀片在发病部位的皮肤刮取皮屑，刮到微微出血为止，将所刮取的皮屑置于载玻片上，经50%~70%的甘油透明后在显微镜下检查。

犬蠕形螨（Demodex canis）：雄性成螨长220~250 μm，宽45 μm；雌性成螨长250~300 μm，宽45 μm。虫体自胸部至末端逐渐变细，呈细圆桶状。咽呈向外开口的马蹄形，颚腹毛位于咽的侧面。雄螨背足体瘤呈8字形，雌螨阴门短于6 μm，具有狭窄的阴门唇（彩图55）。虫卵呈简单的纺锤形。寄生于犬皮肤的毛囊内，少见于皮脂腺内。

④治疗方法：犬疥螨、犬蠕形螨、犬耳痒螨感染，可使用梅里亚生产的尼可信或超可信进行每月驱虫，或使用硕腾公司生产的大宠爱（主要成分为赛拉菌素）进行驱虫。

**3. 犬肠道寄生虫的检查**

（1）检查方法

寄生于犬肠道的绦虫、线虫和原虫（如犬球虫、结肠小袋纤毛虫等），以及寄生于肝脏的华支睾吸虫、后睾吸虫等，都可以通过粪便检查来确诊。检查用粪便要新鲜，盛粪便的容器要干净，防止干燥或被污染。粪便检查方法包括直接涂片法、饱和盐水漂浮法和反复水洗沉淀法等，应根据虫卵的特征选择不同的粪便检查方法（表26-1），具体检查方法见实验十四"寄生虫学粪便检查法"，犬粪便中的虫卵形态见彩图56。

（2）治疗方法

临床上在治疗犬蛔虫、钩虫、绦虫感染时常使用的驱虫药有德国拜耳生产的拜宠清（主要成分为非班太尔、吡喹酮、双羟萘酸噻嘧啶）。治疗球虫感染常使用的驱虫药为德国拜尔公司生产的百球清（主要成分为托曲珠利）。

表 26-1 犬常见内寄生虫的虫卵特征和粪检方法

| 虫体名称 | 寄生部位 | 虫卵特征 | 粪便检查方法 |
|---|---|---|---|
| 华支睾吸虫 | 肝脏胆管 | 虫卵小，平均大小为 29 $\mu m$×17 $\mu m$，形似电灯泡，上端有卵盖，后端有一突起，内含毛蚴 | 漂浮法检查虫卵 |
| 后睾吸虫 | 肝脏胆管 | 卵圆形，淡黄色，大小为 26～30 $\mu m$×10～15 $\mu m$，一端有卵盖，另一端有小突起，内含毛蚴 | 水洗沉淀法或硫酸锌漂浮法 |
| 泡状带绦虫 | 小肠 | 卵圆形，大小为 36～39 $\mu m$×31～35 $\mu m$，胚膜厚，有放射状的条纹，内含六钩蚴 | 粪检看到孕卵节片或饱和盐水漂浮法查虫卵 |
| 犬复孔绦虫 | 小肠 | 有卵袋，每个卵袋含虫卵数个至 30 个以上。虫卵球形，直径 40～50 $\mu m$，卵壳较透明，内含六钩蚴 | 粪检看到孕卵节片或虫卵 |
| 犬弓首蛔虫 | 小肠 | 虫卵黑褐色，亚球形，具有厚的具凹痕的卵壳，大小为 68～85 $\mu m$×64～72 $\mu m$ | 饱和盐水漂浮法查虫卵 |
| 犬狮弓蛔虫 | 小肠 | 虫卵略呈卵圆形，卵壳厚而光滑，大小为 74～86 $\mu m$×49～61 $\mu m$ | 饱和盐水漂浮法查虫卵 |
| 犬钩虫 | 小肠 | 椭圆形，壳薄，无色透明，大小为 56～76 $\mu m$×36～40 $\mu m$，卵内有 2～4 个胚细胞，胚细胞与卵壳间有明显的空隙 | 饱和盐水漂浮法查虫卵 |
| 犬等孢球虫 | 小肠 | 卵囊呈卵圆形，大小为 32～42 $\mu m$×27～33 $\mu m$ | 饱和盐水漂浮法查虫卵 |

### 4. 犬血液及组织中寄生虫的检查方法

寄生于犬血液中的寄生虫主要有犬恶丝虫、巴贝斯虫、伊氏锥虫、犬附红细胞体（目前认为不属于寄生虫，应归属于支原体），寄生于组织中的寄生虫为弓形虫。传统的血涂片检查方法是血液寄生虫检查的最常用方法。另外，血清学诊断方法、PCR 诊断也用于血液及组织寄生虫病的诊断，如诊断弓形虫病的间接血凝试验（IHA）、诊断犬巴贝斯虫病、附红细胞体病的 PCR 技术。

（1）血涂片检测：血液检查主要用于犬血液寄生虫病的诊断，如犬恶丝虫的幼虫可以在犬外周血液中看到，血液中的原虫如巴贝斯虫、伊氏锥虫、犬附红细胞体也可通过血片染色后镜下观察进行诊断。血涂片的制作和染色方法参见实验二十七"伊氏锥虫病的病原学诊断"。

①犬恶丝虫（Dirofilaria immitis）：寄生于犬的右心室和肺动脉，感染的病犬常伴有微丝蚴引起的结节性皮肤病。虫体呈黄白色细长粉丝状。雄虫长 120～160 mm，尾部呈螺旋状卷曲，雌虫长 250～300 mm。胎生的幼虫叫微丝蚴，寄生于血液内，体长 307～322 $\mu m$，无鞘。

②巴贝斯虫属（Babesia）：寄生于红细胞内，通常采发热期的耳尖血进行吉姆萨染色或瑞特染色检查。

犬巴贝斯虫（Babesia canis）：虫体呈泪滴形或梨形，较大，大小为 5 $\mu m$×2～3 $\mu m$（彩图 57）。

吉氏巴贝斯虫（B. gibsoni）：虫体呈环形、圆点形或单梨形，偶见十字形或成对梨形，较小（1.9 $\mu m$×1.2 $\mu m$）。

③犬附红细胞体（*Eperythrozoon canis*）：也称犬血巴尔通氏体（*Haemobartonella canis*），寄生于红细胞表面，在血涂片染色检查时看到的虫体形态如彩图 58。

（2）免疫学检测

这里仅介绍犬、猫弓形虫的间接血凝试验（引自江苏省农业科学院畜牧兽医研究所）。

①材料：诊断液为致敏红细胞悬液和非致敏红细胞悬液，由江苏省农业科学院畜牧兽医研究所供应。阳性对照高免血清和阴性对照血清。

稀释液为磷酸缓冲液（PB 或 PBS），配制方法：取 1/15 M 磷酸氢二钾（23.77 g $K_2HPO_4 \cdot 12 H_2O$ 加重蒸馏水至 1 000 mL）72 份，加入 1/15 M 磷酸二氢钾（9.08 g $KH_2PO_4$ 加重蒸馏水至 1 000 mL）28 份，即成 PB 缓冲液，再加入 0.85% NaCl 即成 PBS，分装高压灭菌后备用。

器械：V 型（96 孔）微量血凝板，微量移液器。

②操作方法：先将 96 孔 V 型微量血凝板按血清编号，每份被检血清为一排，阳性和阴性对照血清各为一排，每排最后一孔为致敏红细胞空白对照。

每孔加入稀释液 25 μL，吸取待检测血清 25 μL，加入每排第一孔，自左向右按次序作倍比稀释。同时做阴、阳性对照。

每孔滴加致敏红细胞悬液 25 μL。

滴好后用微型振荡器或以指尖轻轻拍匀，在 25 ℃ 左右恒温箱内静置 2～3 h 即可判读结果。

③结果判定

凝集反应强度如下：

"＋＋＋＋"为红细胞呈均匀薄层平铺孔底，周边皱缩或呈圆圈状。

"＋＋＋"为红细胞呈均匀薄层平铺孔底，似毛玻璃状。

"＋＋"为红细胞平铺孔底，中间有少量红细胞集中的小点。

"＋"为红细胞大部分沉积于孔底中心，但边缘疏松膜样凝集。

"－"为红细胞全部沉积于孔底中心，边缘光滑呈圆点状。

判断标准如下：

"＋＋"以上判为凝集反应，血清凝集价在 1∶64 以上为阳性；大于或等于 1∶32 而小于 1∶64 为可疑；1∶16 以下为阴性；可疑血清再经 4～5 d 后采血复检，其凝集价 1∶16 以上为阳性，否则判为阴性。

### 5. 犬寄生虫的 PCR 检测

犬吉氏巴贝斯虫（*Babesia gibsoni*）的半巢式 PCR 检测参照 Birkenheuer A J et al，2003 报道的方法。巢式 PCR 是先用一对外引物进行第一轮 PCR，然后对第一对引物扩增的 DNA 序列内部的引物再次扩增。由于使用了两对引物并且进行了两轮扩增反应，因此实验的敏感性和特异性均增强，对减少 PCR 后扩增产物的污染问题极为有用。半巢式就是在第二轮扩增时，设计单条引物，另一条引物与第一轮扩增的引物共用，其效果也优于单次扩增。

（1）材料：犬吉氏巴贝斯虫阳性对照 DNA，临床样品 DNA（对临床待检犬无菌采集抗凝血，用 UNIQ - 10 柱式临床样品基因组抽提试剂盒抽提基因组 DNA，作为 PCR 扩增的模板）。

（2）引物

①第一次扩增的引物，预计扩增巴贝斯虫 18S rRNA 基因片段为大小 340bp，引物序列如下：

455－479F　5'－GTCTTGTAATTGGAATGATGGTGAC－3'

793－772R　5'－ATGCCCCAACCGTTCCTATTA－3'

②第二次进行扩增半巢式 PCR，预计扩增吉氏巴贝斯虫第一次扩增片段内大小为 185bp 的片段，引物为吉氏巴贝斯虫特异性引物和第一次扩增的反向外引物，序列如下：

特异性正向引物：BgibAsia-F　5'－ACTCGGCTACTTGCCTTGTC－3'

反向外引物：　　793－772R　5'－ATGCCCCAACCGTTCCTATTA－3'

（3）PCR 扩增体系

①第一轮扩增的反应体系和扩增条件：PCR 反应体系的总体积为 50 μL，反应各组分的用量见表 26－2。

表 26－2　PCR 检测反应体系（μL）

| 组分 | 用量 |
| --- | --- |
| 10×缓冲液 | 5 |
| Taq E | 1 |
| dNTP（200 μM） | 4 |
| 455－479F（25 pmol） | 1 |
| 793－772R（25 pmol） | 1 |
| 模板 | 4 |
| 无核酸酶水 | 34 |
| 总体积 | 50 |

将反应液混匀，稍离心后置于 PCR 仪，PCR 扩增程序为 95 ℃预变性 5 min；95 ℃变性 45 s，56 ℃复性 45 s，72 ℃延伸 45 s，进行 50 个循环；随后 72 ℃延伸 5 min。

②第二轮 PCR 扩增的反应体系中除使用的引物对为 BgibAsia-F 和 793－772R，用 0.5 μL 的第一轮扩增产物作为模板，扩增程序进行 30 个循环外，其他条件与第一轮相同。

（4）PCR 产物的鉴定

取经过两轮 PCR 扩增后的 6 μL PCR 产物，经含溴化乙锭的 1%琼脂糖凝胶电泳，在紫外透射仪上观察到 185bp 特异性扩增片段即可作出诊断。

## 五、思考题

1. 根据犬常见寄生虫的种类、寄生部位，谈谈犬寄生虫病的基本诊断方法和思路。

2. 根据实验使用的犬寄生虫病诊断方法，查阅资料并简述猫常见寄生虫病的种类、诊断方法。

## 六、实验报告要求

完成并记录犬寄生虫病的综合诊断过程，内容包括诊断思路、具体方法、检测结果（如虫体、虫卵形态图）等，并对诊断结果加以解释，提出防治措施。

# 实验二十七　伊氏锥虫病的病原学诊断

## 一、实验目的

1. 掌握伊氏锥虫病压滴标本检查法、血液涂片和染色镜检法的基本步骤，为血液原虫病的诊断奠定基础。

2. 掌握集虫法和实验动物接种法的原理与适用范围。

## 二、实验内容

1. 压滴标本的制作及检查。

2. 血液涂片的制作及染色、镜检。

3. 疑似动物血样的试管静置法和离心集虫法。

4. 实验动物接种法。

## 三、实验器材

### 1. 仪器及设备

低速离心机，分析天平，显微镜，恒温培养箱，手术剪，平皿，载玻片，盖玻片，胶头滴管，染色缸。

### 2. 材料

吉姆萨染液，瑞氏染液，甲醇，无水乙醇，柠檬酸钠，生理盐水，疑似伊氏锥虫感染动物血液、实验小鼠或大鼠。

## 四、操作与观察

教师扼要地讲述伊氏锥虫病几种常用的实验室诊断方法及注意事项后，学生分组独立操作。

### 1. 鲜血压滴标本的检查及注意事项

从患畜或可疑病畜或已接种伊氏锥虫的小鼠的颈静脉或尾部采血一小滴，置载玻片上，加上盖玻片，立即放在高倍镜（400×）下观察，即可见到在血液中运动的伊氏锥虫。若采得的血液过少，可加等量生理盐水与之混合后镜检。

注意事项：天气冷时因锥虫停止活动易做出错误诊断，故必要时可在酒精灯火焰上或放在手掌心稍微加热后镜检。全血压滴标本要在1～2 h内检查完毕，若血液干枯后检查，锥虫往往死亡，影响检查结果。若血液将干可用解剖针推压盖玻片，使血液流动后迅速观看。由于虫体未染色，故镜检时应将视野中的光线调弱，方法是调节聚光镜使之下降、缩小光圈等，以利观察。

**2. 血液涂片的制备、染色、镜检及注意事项**

(1) 血液涂片的制备：取清洁未沾油脂且两端光滑的薄载玻片 2 张，一张放在桌上，从患畜耳静脉采血一滴，实验室用小鼠可从鼠尾采血（方法是用剪刀剪取鼠尾端少许）一滴置载玻片上，然后用手持另一载玻片，使一端与另一载玻片成 30°～40°。接触后迅速向前推进（即右手将载玻片向左推进），于是血液便沿接触面散开，形成薄而均匀的血液涂片，抹片完成后，在流通空气中干燥，以防止血细胞皱缩或破裂，此外还应防止苍蝇舐吸而要把载玻片带有血液的一面朝下放。

(2) 血片染色：血片充分干燥后，在其上加 2～3 滴甲醇，使其固定，若无甲醇，可用无水乙醇固定，时间为 5～15 min，充分干燥后才能染色。血液原虫染色常用的染色法有 2 种。

①瑞氏染色法：以市售的瑞氏染色粉 0.2 g，置棕色小口试剂瓶中，加入无水中性甲醇 100 mL，加盖，置室温内，每日摇 4～5 min，一周后可用。

染色时，血片无需用甲醇先固定，可将染液 5～8 滴直接加到未固定的血膜上，静置 2 min（此时作用是固定），注意勿使染色剂变干，然后加等量蒸馏水于染液上，摇匀，过 3～5 min（此时为染色）后，则见液面浮现金属光泽的碎膜，以自来水冲去染色液（约 30 s），注意不要在冲洗前倒去染色剂，否则镜检时玻片上有多量沉渣而影响诊断结果。玻片晾干后，用油镜检查。

用瑞氏染色法染色的标本，伊氏锥虫的波动膜往往着色不良，不易观察。因染色所用的时间短，可作为抹片中有无伊氏锥虫的初步诊断。

②吉姆萨染色法：取市售的吉姆萨染色粉 0.5 g，中性纯甘油 25 mL，无水中性甲醇 25 mL。先将吉姆萨染色粉置于研钵中，加少量甘油充分研磨，一边加一边磨，直到甘油全部加完为止。将其倒入 60～100 mL 容量的棕色小口试剂瓶中，在研钵中加少量甲醇以冲洗甘油染液，冲洗液仍倾入上述瓶中，再加、再洗、再倾入，直到 25 mL 甲醇完全用完为止。塞紧瓶塞，充分摇匀，然后将瓶置于 65 ℃ 温箱中 24 h 或室温内 3～5 d，并不时摇动，此即为原液。

血片充分干燥后，以甲醇固定 5 min 或无水乙醇固定 15 min，充分干燥后才可染色。可分为快速染色、一般染色和慢染色。

将固定好的血片置染色架上，滴加吉姆萨染色原液于血片上，染色 1～2 min 后，用中性蒸馏水或自来水冲洗，风干后以油镜检查，这是快速染色。快速染色后的伊氏锥虫一般着色不良，但仍可见到虫体的外形。因其节省时间，故可作为抹片中有无伊氏锥虫的初步诊断。

取原液 2 mL 加到 100 mL 中性蒸馏水中，即为染液。染液加于血膜上染色 30 min 后用水洗 2～5 min，晾干，镜检，这是一般染色。

将固定好的血片浸在 1∶19 或 1∶25 稀释（用中性蒸馏水稀释）的吉姆萨染液的染色缸中 1 h 以上（过夜更佳），然后取出用自来水冲洗、晾干，油镜检查，这是慢染色。

染色好的血片中的伊氏锥虫的核和动基体均为深红紫色，鞭毛呈红色，波动膜呈粉红色，原生质呈淡天蓝色。宿主的红细胞则呈明显的粉红、稍带黄色（彩图 59）。

### 3. 集虫法

（1）试管静置法：采静脉血按 4∶1 的比例与 3.8% 的柠檬酸钠溶液混合，于试管中静置 30～60 min，然后除去上层液，吸取白细胞层的沉淀物涂片、干燥、固定后，用吉姆萨染液染色进行检查。

（2）离心集虫法：在离心管中加入 2% 的柠檬酸钠生理盐水 3～4 min，再加疑似病畜血液 6～7 mL，混匀后，以 500 r/min 的速度离心 5 min，使其大部分红细胞沉淀，然后将含有少量红细胞、白细胞和虫体的上层血浆，用吸管移入另一离心管中，并补加一些生理盐水，将此管以 2 500 r/min 的速度离心 10 min，则得沉淀物，取此沉淀物制成抹片，干燥后固定染色镜检。此法常可得到良好的效果。

（3）原理：此法适用于伊氏锥虫病、巴贝斯虫病等的诊断。其原理是锥虫和感染巴贝斯虫的红细胞较正常红细胞比重轻，故在第一次沉淀时，正常红细胞下降，而锥虫和感染巴贝斯虫的红细胞尚悬浮在血浆中，第二次离心沉淀时，则将其浓集于管底。

### 4. 实验动物接种法

对疑似伊氏锥虫感染的动物，在血片镜检（压滴标本和血片染色标本）中找不到伊氏锥虫时，不一定代表该动物无锥虫感染，也许是因为血液中虫体数量太少，这时要进行病原学确诊，可做小动物接种实验。

实验动物可用大鼠、小鼠、兔、豚鼠和狗，其中以小鼠最为适用。接种材料可用疑似病畜的血液（可加抗凝剂柠檬酸钠），血液采取后应在 2～4 h 内接种完毕。接种量为 0.5～1 mL，可用皮下或腹腔注射。接种后的动物应隔离饲养并经常检查其血液（用压滴标本法）。当病料中含虫较多时，小鼠在接种后 2～3 d 即可在其外周血液中检查到伊氏锥虫，故在接种后第三天起，应隔日进行鼠尾采血压滴标本检查。当病料中含虫较少时，发病的时间可能延长，因此接种后至少观察 1 个月，无虫体出现才作为阴性处理。

## 五、思考题

1. 用压滴标本法检查血液中的伊氏锥虫时，应注意什么事项？
2. 比较几种伊氏锥虫病原学诊断方法的优缺点。

## 六、实验报告要求

1. 记录伊氏锥虫病原学诊断的基本操作过程，并对不同方法检查的结果进行分析。
2. 绘出伊氏锥虫的形态图。

# 实验二十八　寄生虫学完全剖检法

## 一、实验目的

1. 掌握家畜、家禽寄生虫学剖检法的操作技术。
2. 学会寄生虫材料的保存与固定方法。

## 二、实验内容

1. 按照实验指导描述的方法，学生分组具体操作猪或鸡（或鸭、鹅、鸽）的寄生虫学完全剖检。

2. 对不同器官和组织采集的虫体分别进行洗涤、观察，根据寄生部位的不同和虫体的形态特征进行虫体的初步鉴定和准确计数。

3. 根据虫体种类的不同，对采集的虫体进行保存、固定，并加标签。全面记录剖检动物的寄生虫感染情况。

## 三、实验器材

### 1. 仪器设备

解剖刀，解剖剪，镊子，标本瓶，体视显微镜，透视显微镜，搪瓷盆，瓷量杯，胶头滴管，烧杯，载玻片，盖玻片，平皿，玻璃压片和酒精灯。

### 2. 试剂

生理盐水，氯化钠，10％甲醛，70％酒精，甘油。

## 四、操作与观察

教师扼要讲述动物寄生虫完全剖检法的操作规程，强调实验选用动物各部位、各器官的常见寄生虫。学生分组进行寄生虫学剖检法操作，采集发现的蠕虫，以寄生器官的不同和初步鉴定的不同虫体分别放在平皿内。然后，教师讲述虫体的固定方法和注意事项，学生进行固定液的配制，并对收集到的虫体进行分装、固定和加标签等具体操作。在整个实验过程中，教师要指导学生解剖术式的准确性，帮助学生识别各器官发现的虫体，特别要强调对各器官发现的虫体完全收集，防止遗失，并指出收集各种虫体具体方法。在学生固定虫体时，教师要指导学生对虫体的初步鉴定，按操作规程要求洗净虫体，准确计数和固定等。最后，对学生的实验结果进行全面总结。

### 1. 哺乳动物的全身寄生虫学剖检法

先检查动物体表有无外寄生虫，若有，收集到容器中。然后将皮剥下，检查皮下组织有无虫体，再剖开胸腔和腹腔，将内脏器官依次按系统分离取出，放于容器中待检。仔细检查胸腔、腹腔，并将胸腔、腹腔液体分别盛于搪瓷盘内沉淀检查。鼻腔、额窦应剥开进行检查。唇、颊和舌肌、膈肌也要进行检查。然后对取出的脏器按系统逐一检查。以猪为例。

（1）宰杀与剥皮：放血宰杀动物。动物放血前应采血涂片，剥皮前检查体表、眼睑和创伤等处，发现外寄生虫随时采集，遇有皮肤可疑病变则刮取材料备检。剥皮时应随时注意检查各部皮下组织，及时采集病变虫体，切开浅在的淋巴结进行观察，或切取小块待以后仔细检查。

（2）采出脏器：切开胸腔以后，连同食管和气管把胸腔器官全部取出，留待详细检查。切开腹腔，腹腔器官是在结扎食管末端和直肠后端，切断食管各部韧带、肠系膜根和直肠末端后，一次采出。肾与输尿管、膀胱一同摘出。

（3）各脏器检查：消化道是寄生虫主要寄生的器官，故应着重检查。

①食管：沿纵轴剪开，仔细检查浆膜和黏膜表层，用针将虫体挑出，一般为美丽筒线虫。

②胃：沿纵轴剪开，将内容物倒入大盆内，肉眼仔细检查较大的，呈红～杏黄色、卷曲的有齿猪胃虫；仔细观察胃黏膜，以检查细小的淡黄～红色的圆形蛔状线虫和六翼泡首线虫；或较大的、棕红色、用其前端钩挂在胃壁的刚棘颚口线虫或陶氏鄂口线虫，此外在胃黏膜壁上有时还可见到呈毛发状、红色的红色猪圆线虫。

③小肠：分十二指肠和空肠、回肠的检查。

十二指肠：用剪刀沿纵轴剪开，仔细检查有无黄白色、纺锤形的猪蛔虫，或血红色、扁平的姜片吸虫。

空肠、回肠：仔细检查有无乳白色或粉红色，体表有横纹，较长且用其吻突牢牢地埋在肠黏膜内的蛭形巨吻棘头虫。

④大肠：分盲肠、结肠和直肠检查。

盲肠：沿纵轴剪开，仔细检查有无乳白色，前端细小如线，后端较粗大，并用其头部深入肠黏膜的猪毛首线虫（猪鞭虫）。

结肠：沿纵轴剪开结肠，仔细检查结肠黏膜和粪块，可以发现乳白色、长约1cm的食道口线虫（结节虫）。

直肠：仔细检查肠黏膜，以发现乳白～淡黄色的，长约1cm的双管鲍杰线虫或球首线虫。

⑤胸腹腔、肝脏和肺脏：分肝脏、肺脏，检查浆膜、大网膜。注意检查在肝、肺或大网膜表面上有无大小如鸡蛋的囊状物寄生的细颈囊尾蚴。

肝脏：分离胆囊，把胆汁压出盛在烧杯中，用生理盐水稀释，待自然沉淀后检查沉淀物，以发现淡黄～红色、扁平、长1～1.5 cm的华支睾吸虫。用剪刀沿纵轴剪开胆管，以检查胆管内的截形微口吸虫或肝片吸虫。

气管和肺：沿纵轴剪开气管，用小刀刮取气管黏液，置载玻片上，镜检猪蛔虫的幼虫。沿支气管剪开，检查其中有无呈乳白色、线状的后圆线虫。

⑥心脏：仔细观察心外膜层淋巴管内，有时在心内膜和主动脉管壁，可看到白色透明、丝状，长12～60 mm的猪浆膜丝虫。

⑦肌肉：切开咬肌、腰肌和臀肌，检查有无黄豆大小、囊状的猪囊尾蚴。将膈肌用剪刀剪成米粒大小，置两张载玻片之间，用手轻压使其成薄片，在低倍镜下检查旋毛虫幼虫。有

时还可在肌纤维之间看到住肉孢子虫。

⑧肾和输尿管：检查肾、输尿管有无蚕豆大小的包囊，若有则小心用刀切开，便可看到如火柴棒粗短，表皮透明，长约4cm的猪冠尾线虫（猪肾虫）

⑨肠系膜：分离以后将其上的淋巴结剖开，切成小片、压薄、镜检，然后提起肠系膜，迎着光线检查血管内有无虫体。最后在生理盐水内剪开肠系膜，用手挤压出血管内的日本分体吸虫。

（4）登记：寄生虫病学的剖检结果，要记录在寄生虫学剖检登记表中。对于发现的虫体，应按种分别计数，最后统计动物感染寄生虫的总数，各种（属、科）寄生虫的感染率和感染强度。

**2. 个别器官的寄生虫学剖检法**

有时为了特殊的目的（检查某一地区、某一器官中的寄生虫感染情况），仅对某一器官进行检查，而对其他器官则不进行检查。根据寄生虫病的流行情况，着重检查消化道寄生虫（猪蛔虫、姜片吸虫、巨吻棘头虫、猪胃虫），根据其感染强度而作出诊断。

在猪肾虫病较严重的猪场，可着重剖检肾及周围的脂肪囊、输尿管以发现猪肾虫，而不必作消化道内寄生虫的检查。

在肺丝虫病（后圆线虫）流行的地区，可着重剖检呼吸系统——肺和支气管，发现虫体后，根据寄生虫的寄生数量而判断家畜感染的程度。

**3. 鸡、鸭、鸽的完全寄生虫学剖检法**

（1）宰杀：颈动脉放血的方法宰杀。在死亡和宰杀6～8h内进行检查。

首先检查羽毛，发现虫体及时采集，多为鸡虱、鸭虱、鸽圆羽虱或螨类。检查第三眼睑，以发现鸡孟氏尖旋线虫、嗜眼线虫。

在热水中烫毛后拔掉羽毛，检查皮肤，对新生肿胀及结节要刮下来压片镜检。

（2）摘除内脏：剥皮后除去胸骨，使内脏器官完全暴露，并检查气囊内有无鸭气管吸虫，然后分离各脏器，以待检查。分离脏器时，首先分离消化系统（包括肝、胰），其次分离心脏及呼吸器官，最后摘除肾脏。

（3）各脏器检查

①食道和气管：沿纵轴剪开食道和嗉囊（或膨大部），仔细检查黏膜面，以发现头发丝状细小的毛细线虫和嗉囊筒线虫（鸡、鸽）。在剖检鸽时，还要注意咽喉黏膜，看有无灰白至灰黄色坏死灶，若有则取咽喉黏液加一滴生理盐水后镜检有无鸽毛滴虫。

剪开气管，检查有无附在气管壁上呈红色、Y状的气管比翼线虫（鸡）；红色、扁平的气管吸虫（鸭）。此外还需检查眶下窦，以发现红色、扁平的马氏嗜眼线虫（鸭）。

②腺胃：在平皿中剪开腺胃，把内容物倒在另一平皿内，然后仔细检查胃黏膜，看有无位于李氏腺内的呈紫红色～黑色的小点，若有则用手轻轻挤压李氏腺，便会挤出呈红色、球状，两端尖的四棱线虫雌虫（鸡、鸭）。然后在倒出的胃内容物中加入生理盐水，仔细检查有无呈线状、无色、长约0.5cm的四棱线虫雄虫。此外在腺胃黏膜上还可见到黄白色、长0.3～1.5cm的旋形华首线虫（鸡）。

③肌胃：切开肌胃，倒去胃内容物，在盛有生理盐水的平皿中剥离角质膜，以发现红

色，长 1～1.5 cm 的钩唇筋胃线虫（鸡）或裂口线虫（鹅）。

④肠：按十二指肠、空回肠、盲肠和直肠分别检查。在盛有水的盘内，沿纵轴剪开肠管，倒去内容物于水中，用反复水洗沉淀法检查沉淀物，以发现绿豆芽大小的鸡蛔虫（鸡）或鸽蛔虫（鸽）；扁平、带状、白色的赖利绦虫（鸡）、膜壳绦虫（鸡、鸭）、假头绦虫（鸭）或矛形剑带绦虫（鹅）；红色、扁平、长 1～1.5 cm 的卷棘口吸虫（鸡、鸭）。在盲肠还可见到异刺线虫（鸡）或细背孔吸虫（鸭、鸡）。

⑤法氏囊和输卵管：剪开法氏囊，检查有无淡红色、扁平、透明的前殖吸虫（鸡、鸭）。

⑥肝：在盛有生理盐水的平皿中用剪刀把胆囊剪破，使胆汁混在生理盐水中，然后仔细检查，看有无扁平、细小的后睾吸虫（鸡、鸭）。剪碎胆管，用手挤压胆管，看有无细长的后睾吸虫或对体吸虫（鸭）。

⑦其他：检查鸡的足部无毛处，看有无石灰样病灶，然后刮取结痂，加生理盐水后镜检有无鸡突变膝螨。

（4）登记：寄生虫学剖检的结果要进行登记。对于发现的虫体要按种类分别计数，统计其感染率和感染强度。

### 4. 寄生虫标本的固定和保存

（1）吸虫：用生理盐水清洗净后，放在常温水中杀死，而后置于 70％酒精中固定。细小的吸虫若需制片，则把虫体放在载玻片上，用另一张盖玻片覆盖，置平皿中，轻轻加入70％的酒精固定。较大而肥厚的虫体，则夹在两张载玻片之间，两端绕以细线后置于 70％的酒精中固定。

（2）绦虫：方法同上。由于绦虫大部分寄生在肠内，并用其头节固定在肠壁上，因此在采集时，为了保证虫体完整，不能用力猛拉。正确方法是在水中找到虫体头节依附的肠壁后，用剪刀连同肠段剪下，放在清水中 5～6 h 后，虫体头节会自行脱离肠壁，体节也伸直，然后置于 70％的酒精中固定。若要制标本，则分别取其头节、成熟节片、孕卵节片夹在 2 张载玻片之间，两端绕以细线，置于 70％的酒精中固定。

绦虫蚴的病理标本可用 10％的甲醛溶液固定保存。

（3）线虫和棘头虫：大型虫体用生理盐水洗净后，放在热的 4％的甲醛溶液中保存。小型虫体则放在热的巴氏液或热的甘油酒精中固定和保存，方法是把酒精加热到 70 ℃左右（在火焰上加热时，酒精中有小气泡升起时即约为 70 ℃）。

①福尔马林固定液的配方

| | |
|---|---|
| 甲醛 | 3.0 mL |
| 生理盐水 | 100 mL |

②巴氏液配方

| | |
|---|---|
| 甲醛 | 30.0 mL |
| 氯化钠 | 8.0 g |
| 水 | 1 000 mL |

③甘油酒精的配方

| | |
|---|---|
| 甘油 | 5.0 mL |
| 70％酒精 | 95 mL |

（4）蜘蛛、昆虫的固定：蜘蛛、昆虫一般用 70％酒精、巴氏液或甘油酒精进行固定和保存。

（5）原虫：经过固定后染色的原虫玻片，直接装于标本盒保存。

**5. 寄生虫学完全剖检的登记工作和标签工作**

（1）剖检标签

在进行寄生虫剖检时，为了避免发生混乱和错误，应及时用铅笔在硬纸的标签上按以下格式填好放入容器中。

标签内容

> 宿主：
> 编号：
> 寄生部位：
> 采集时间：

采集到的虫体，已经固定装瓶，但未鉴定其种类时，用铅笔按下列格式填写标签，并将其放入标本瓶。

标签正面

> 宿主：
> 编号：
> 寄生部位：
> 虫体数：

标签反面

> 采集地点：
> 时间：
> 采集人：

对于已经鉴定了种类的虫体，用铅笔按如下格式填写标签，并将标签放入标本瓶中。标本瓶的表面也可贴上包括虫体种类、采集部位和宿主的标签。

标签正面

> 虫名：
> 寄生部位：
> 宿主：
> 采集地点：

标签反面

> 鉴定日期：
>
>
> 鉴定人：

（2）剖检记录

剖检时应及时填写寄生虫剖检登记表（见表 28-1），填写内容应和标本内的标签一致。

## 五、思考题

1. 进行寄生虫学完全剖检时需要注意哪些问题？
2. 不同种类寄生虫的固定与保存方法。

## 六、实验报告要求

1. 简要记录动物寄生虫学完全剖检的具体步骤。
2. 整理和汇总全班剖检动物及其所发现虫体的种类、感染率和感染强度，评价剖检动物的寄生虫感染现状。

**表 28 - 1  寄生虫学剖检登记表**

| 宿主 | | 编号 | | 宿主来源 | |
|------|------|------|------|------|------|
| 性别 | | 年龄 | | 剖检日期 | |
| 序号 | 寄生部位 | 眼观鉴定 | 虫数 | 病理剖检变化 | |
| | | | | | |
| | | | | | |
| | | | | | |
| | | | | | |

| | | 虫体鉴定结果 | | | |
|------|------|------|------|------|------|
| 序号 | 寄生部位 | 虫种名 | 学名 | 鉴定数 | 换算数 |
| | | | | | |
| | | | | | |
| | | | | | |
| 备 注 | | | | | |

# 实验二十九　寄生虫标本制作方法

## 一、实验目的

1. 理解寄生虫标本制作的目的和意义。
2. 初步掌握寄生虫染色标本的制作原理与步骤，学会寄生虫染色标本的制作。

## 二、实验内容

1. 吸虫标本的固定方法与染色步骤。
2. 绦虫和绦虫蚴标本的制作。
3. 线虫及虫卵标本的透明和制片方法。
4. 蜘蛛、昆虫标本的制作。

## 三、实验

### 1. 仪器设备

挑虫针，载玻片，盖玻片，玻璃板，胶头滴管，标本瓶，标本针，棉线等。

### 2. 材料

10％的甲醛液，劳氏（Looss）固定液和酒精—甲醛—醋酸（A. F. A）固定液，卡红（Carmine），盐酸，蒸馏水，85％酒精，浓氨水，酸酒精（70％的酒精 100 mL 加盐酸 2 mL），苏木素（紫），纯酒精，铵明矾（Ammonium Alum），酒精（30％、50％、70％、95％），水杨酸甲酯，二甲苯，加拿大树胶，甘油，明胶，纯苯酚，供制作标本的寄生虫。

## 四、操作与观察

供制作标本用的蠕虫，最好是动物尸体剖检时所取得的新鲜虫体，腐烂的虫体不宜制作标本。

不同类型的寄生虫，标本制作的方法不同。对于大多数的寄生虫，如吸虫、绦虫、部分线虫、棘头虫和一些外寄生虫，需要制作成染色标本进行观察和鉴定；大多数线虫，为了观察清楚其形态特征，需要制作成临时的透明标本进行观察。不同类别的寄生虫的标本制作基本步骤如下。

### 1. 吸虫玻片标本的制作

标本制作前，首先将吸虫用生理盐水洗净，放在常温水内或 0.5％的热薄荷脑溶液内，使虫体死亡、松弛，并排出分泌物。吸虫玻片标本的制作可分为固定、染色、脱水、透明和封片 5 个步骤。

（1）固定：固定是用药液使虫体细胞内的物质成为不溶性的物质，使其硬化，保存虫体原有的形态，显示细胞与组织的结构，便于着色，以利鉴定。

固定液一般分为单纯固定液和复合固定液。常用的单纯固定液有 70％酒精和 10％的甲醛液。复合固定液有劳氏固定液和酒精—甲醛—醋酸（A.F.A）固定液。

虫体较薄的蠕虫可以直接放入 70％的酒精进行固定。对于虫体较厚的蠕虫在固定时需要用压片的方式对虫体进行固定。方法是将虫体放在吸水纸上吸干水分，再放在清洁的载玻片上并盖上另一载玻片，两端用线扎紧，浸入固定液中（图 29 - 1），为防止虫体压片时破碎，可以在两载玻片之间依据实际情况垫适量纸张。在固定液中固定的时间，视虫体的大小和温度而定，在室温下需要 24 h 至数日，固定液的用量为虫体体积的 25～30 倍。

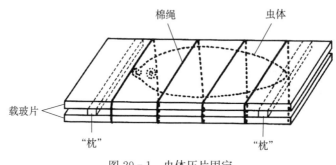

图 29 - 1　虫体压片固定

（仿奥祐三郎）

（2）染色：染色是用染料使虫体组织、细胞着色，以显示出各种不同的结构，便于观察。

①盐酸卡红染色法

染液配制：卡红 4 g，盐酸 2 mL，蒸馏水 15 mL，85％的酒精 95 mL。先将盐酸加入蒸馏水中，然后将卡红粉倒入煮沸使其溶解，再加入 85％酒精 95 mL，再加入浓氨水中和，当出现沉淀时为止，冷却后过滤即成。

染色：先将少量染液倒入平皿内，将保存于（固定于）70％酒精中的虫体，移至染液中染色数分钟至 24 h，待虫体呈深红色为止。然后移入酸酒精内退色，至标本内部结构清晰（浅的鲜红色）为止。移入 70％的酒精中换洗 2 次，再进行脱水、透明、封片等。

如果是原保存在甲醛液中的标本，应先取出，在流水中冲洗过夜，洗去甲醛，而后依次移入 30％、50％和 70％的酒精中各 0.5～1 h。然后，按上述方法染色。

②戴莱非氏（Delafield）苏木素染色法

染液配制：苏木素（紫）1 g，纯酒精 10 mL，铵明矾 10～25 g。先配好 100 mL 饱和铵明矾液（即 10～25 g 的铵明矾中加蒸馏水至 100 mL），将苏木素酒精混合液徐徐加入饱和铵明矾液中，将瓶口塞紧，再将此混合液放在日光下或温箱中，经 2～4 w 苏木素成熟后（呈深红色），加入 25 mL 甘油与 25 mL 甲醇，再放置 3～4 d 后过滤即成。用前用蒸馏水稀释 10～20 倍即可使用。

染色：取保存于 70％酒精中的标本，依次置于 50％、30％的酒精中各约 30 min，置于蒸馏水内约 30 min，置苏木素染液中染色 24 h。用蒸馏水换洗 2 次，随后依次置于 30％、50％、70％酒精中各 30 min，用酸酒精退色至虫体清晰为止。用 70％的酒精换洗 2 次，然后脱水、透明、封片。

如保存于甲醛中的虫体，经水洗，再置蒸馏水中约 30 min 后，可直接浸入苏木素染液中染色。

（3）脱水：将虫体组织中的水分逐渐脱净，透明的过程就是脱水。组织内有水分时，透明剂便不能渗入组织内而使组织透明，不利于观察。

酒精为广泛使用的脱水剂，虫体经递增浓度（80%、90%、95%、100%）的酒精后，可将组织内的水分脱净，脱水时间0.5～1 h，视虫体大小而异，一般虫体越大，需要时间越长。

（4）透明：常用透明剂有水杨酸甲酯和二甲苯。

虫体脱水后，先移入纯酒精与二甲苯（或水杨酸甲酯）各半的混合液中约30 min，再移入二甲苯或水杨酸甲酯内，至虫体开始沉入透明液时，即应开始封片。虫体在透明液中放置时间太久，会变硬变脆。

（5）封片：封固剂常用加拿大树胶，先用二甲苯使其溶解后备用。

取干净的载玻片，加入树胶1～2滴，将透明的虫体放在上面，如树胶不够，再添加，然后用镊子取盖玻片，由左侧徐徐盖下即可。如有气泡，小心压出，树胶不够还可从盖玻片的边缘添加。然后放在无尘、无光的干燥处（或干燥箱内），待干燥后贴上标签。

**2. 绦虫及绦虫蚴标本的制作**

（1）头节、成熟节片和绦虫蚴的制片：通常用盐酸卡红染色，其方法与吸虫相同。也常用卡红-苏木素双重染色法。其染色程序如下：经盐酸卡红染色，酸酒精退色后，置于70%酒精中洗2次，各30～60 min，随后依次置于50%、30%酒精中各20 min，换入蒸馏水内30 min，置于苏木素染液中约24 h。然后用蒸馏水洗2次，依次置于30%、50%、70%酒精中各30 min，用70%的酸酒精退色至节片内部结构清晰为止，以70%的酒精洗2次，每次30～60 min，然后脱水、透明、封片。

（2）孕卵节片的染色法：将70%酒精中的孕卵节片，依次经50%、30%酒精内各10～30 min，然后置于蒸馏水内2次各30 min。用最小号针头（皮下注射用）及注射器吸取墨汁或其他染料（如卡红等），以左手食指托住孕卵节片，右手持注射器由节片的一端正中部插入子宫干，徐徐注射，待子宫分支部分被染料充满后，将针头拔出，用水洗去节片外面所粘污的染料。经30%、50%、70%酒精各10～30 min，用两载玻片夹住节片，以细线捆上浸入70%的酒精中1～2 d。拆线取出节片，浸入70%酒精内2～4 h，然后脱水、透明和封片。

（3）绦虫蚴的染色：猪囊尾蚴染色标本制作时，先将猪肉中活的囊尾蚴小心取出，去掉包围在外面的结缔组织膜，再放入50%～80%的胆汁生理盐水中，徐徐加温至40℃，活的囊尾蚴便慢慢地伸出头节。待头节全部伸出后，置于两载玻片中，两端以细线结扎，浸入70%的酒精中固定。以后染色、脱水、透明、封片均与吸虫制片法相同。

细颈囊尾蚴标本制作时，先将包囊剪开，自囊壁上取下头节，置2张载玻片中，细线结扎两端，置70%的酒精中固定。染色法与吸虫相同。

**3. 线虫和虫卵标本**

（1）线虫：线虫一般不制标本，通常是将其透明后装瓶保存，用时临时制片观察。虫体透明的方法如下。

①甘油酒精透明法：用于已经固定的标本。原来用巴氏液固定的线虫，将其在流水中冲

洗 4～10 h，然后透明。将虫体放入含有 5％甘油的 70％酒精内，加热或放于保温箱中，不断加少许甘油，直到酒精蒸发殆尽，此时留于残存甘油中的虫体即已透明，可供检查。

②乳酸透明法：将虫体放入乳酸中数小时至 3d 后，方可检查。刚放入乳酸不久的虫体，因虫体皱缩而不能检查，需经乳酸浸透虫体，虫体重新恢复故有的形态，方可检查。线虫在乳酸中不能长久保存。因此，检查后应将虫体在水中洗涤数小时，再放回巴氏液中保存。

③乳酚液透明法：甘油 1～2 份，乳酸 1～2 份，苯酚 1 份，蒸馏水 1 份混合制成乳酚液。虫体取出后先置于乳酚液与水等量的混合液内，30 min 后再置于乳酚液内，虫体透明后即可检查。

此外，为了教学中方便观察虫体，线虫也可染色制成永久性玻片标本。染色方法及步骤与吸虫相同。也有用甘油蛋白明胶封固的，甘油蛋白明胶的配制方法如下：

| | |
|---|---|
| 甘　油 | 100 mL |
| 明　胶 | 20 g |
| 蒸馏水 | 120 mL |
| 纯苯酚 | 2 g |

先将明胶在蒸馏水中浸渍 0.5～24 h，在水浴锅上徐徐加热，然后加入蛋白约 5 mL，再在水浴锅上加热 30 min，用湿的滤纸趁热过滤，加热甘油和苯酚，水浴加热 10～15 min，使苯酚溶解，然后瓶装备用（注意所有加热都不超过 75 ℃，否则蛋白发生沉淀，降低封固性能）。

制片时将线虫从固定液内取出，置于载玻片上，滴加甘油蛋白明胶，以小盖玻片封固，然后其上覆较大盖玻片，用中性树胶将大小盖玻片四周及其间隙加以封固。

（2）虫卵标本制作法：用胶头滴管吸取含有虫卵的粪便沉淀（保存在巴氏液内）少许于载玻片上，盖以小盖玻片，用滤纸小心吸取周边多余的水分（以用手推盖玻片不能移动为度，亦不含气泡、水泡），于小盖玻片上滴以 2～3 滴中性树胶，再加较大盖玻片，轻压封固。

**4. 蜘蛛、昆虫标本的制作**

（1）蜱类：在畜体上采得蜱后，为避免蜱的肢收缩，可将蜱放入 60～70 ℃的温水中将其杀死，为使内脏消化，用细针在蜱体上刺几个小孔，将蜱投入 10％的氢氧化钠溶液中煮沸直到黄褐色为止。然后水洗、吸干，并用镊子轻压虫体使体内水分流出，最后通过 30％、50％、70％、95％和 100％各级酒精脱水，用二甲苯透明，并用中性树胶封固。

（2）螨类：视螨虫的大小而定，较大的螨类，如痒螨，可按蜱类的制作法制片，较小的螨类则按虫卵制片法封固。

（3）昆虫

①有翅昆虫：用手捕捉后，用 2 号或 3 号昆虫针，自虫体的背面，中胸的偏右侧方插入，由虫体腹面伸出，使虫体停留于昆虫针上的 2/3 处，然后插入昆虫盒或标本瓶中，盒的四周或软木塞上放少许量樟脑，以防虫蛀，并于阴凉干燥处保存。

②无翅昆虫：将收集到的无翅昆虫，如虱子、跳蚤等装入瓶中，加入巴氏液保存。若需制片，则按蜱类标本制作法进行。

## 五、思考题

1. 制作吸虫、绦虫及线虫标本的过程和注意事项。

2. 在制作吸虫标本时，如果虫体较厚，该如何对虫体进行固定和染色？

## 六、实验报告要求

1. 记录虫体染色标本的具体制作步骤和实验中应注意的问题。

2. 对实验制作的染色标本拍照（绘图），并进行虫体种类的鉴定。

# 第四部分

## 设计性实验

# 实验三十 猪细菌性败血性传染病的综合诊断

## 一、实验目的

1. 熟悉和掌握猪细菌性败血性传染病的临床诊断方法和内容。

2. 熟悉病料采集、培养基的制备、细菌分离与鉴定的具体方法。

3. 通过对某种猪细菌性败血性疾病的综合诊断，为其他细菌性败血性传染病的综合诊断提供思路与方法的指导。

## 二、实验内容

1. 实验相关器材和实验培养基的制备。

2. 病畜的临床诊断，包括流行病学调查、临床症状观察、代表性病畜临床剖检和病理变化观察。

3. 病畜的病原学诊断，包括细菌的分离与纯化、分离菌的生化特性和分离菌的动物致病性实验等。

## 三、实验器材

### 1. 仪器设备

冰箱，恒温培养箱，无菌操作台，灭菌高压锅，天平，消毒喷雾器，光学显微镜，电化教学设备等。

解剖刀，解剖盘，手术剪，镊子，三角烧瓶，培养皿，试管，注射器，试管架，接种棒，酒精灯，载玻片等。

### 2. 试剂

消毒剂，各种培养基原料，微量生化测定管，染色液，生理盐水等。

### 3. 实验动物

实验病猪，小鼠。

## 四、实验设计

猪细菌性败血性传染病具有发病急、病程短、死亡快的特点，表现为皮肤、黏膜、浆膜出血，淤血，高热，并出现呼吸道、消化道与神经系统等全身症状。如链球菌、巴氏杆菌、沙门氏菌等多种致病菌都可引起猪的败血症，对这类细菌性疾病的确诊是制订防治方案的前提和基础。本实验的设计思路如图 30-1。

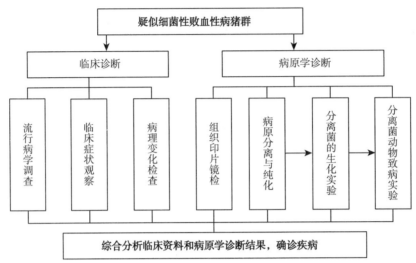

图 30-1 猪细菌性败血性传染病综合诊断的实验设计思路

## 五、实验参考方法

### 1. 培养基制备

在实际工作中，应针对不同的病例和工作目的，选用合适的培养基。常用的培养基有肉汤培养基、鲜血琼脂平板、普通琼脂平板、普通琼脂斜面、麦康凯琼脂平板等。在本次实验中，学生以小组为单位，进行上述常用培养基的制备。

（1）肉汤培养基的制备：称取营养肉汤粉（从正规厂家购回合格的半成品），按产品说明配制成溶液，于三角烧瓶中加热至肉汤粉完全溶解，液体呈均匀的透明，调整 pH 至 7.2～7.4，经滤纸过滤后分装于试管或其他容器，用高压蒸气锅 121 ℃，$1.03 \times 10^5$ Pa 灭菌 20 min，冷却后置 4～8 ℃ 冰箱保存，备用。

（2）普通琼脂平板及普通琼脂斜面的制备：按产品说明，取适量的营养琼脂粉，倒入三角烧瓶中，加入蒸馏水，搅拌后加热至琼脂粉完全溶解，用高压蒸气锅 121 ℃ 灭菌 20 min，待温度降至 60～70 ℃，在无菌操作台上，分倒至已经灭菌的培养皿中，凝固后，置 4～8 ℃ 冰箱保存，备用。如果要制备普通琼脂斜面，在加热溶解后分装于试管，经高压灭菌后，取出将试管倾斜放置。

（3）鲜血琼脂平板的制备：琼脂液的配制方法同普通琼脂平板，在高压灭菌后，待温度降至 55 ℃ 左右（用手背皮肤接触三角烧瓶，感觉有点烫，但能忍受），加入 5%～10% 的兔脱纤血，摇晃均匀，快速倒板，凝固后，置 4～8 ℃ 冰箱保存，备用。

（4）麦康凯琼脂平板的制备：制备方法与普通琼脂平板基本相同，但应注意部分厂家产品要求高压灭菌时应采用 $6.89 \times 10^4$ Pa，15 min。

### 2. 临床诊断

（1）流行病学调查：在对疫病进行诊断时，首先应进行详细的疫情调查，了解疾病发生的最初时间、地点、传播情况、发病畜禽种类、数量、年龄、性别、发病率、感染率、病死率和死亡率等，并做好记录。

（2）临床症状的观察：观察病猪的精神状态，行动是否异常，采食变化情况，外表（皮肤、自然孔、关节等）有无异常情况出现，呼吸变化及其他异常的症状等。

（3）病理变化的检查：在对病猪作详细的临床症状观察的基础上，应作进一步的解剖检查，观察各组织器官的变化。最好的剖检对象是表现出严重临床症状的重症病猪，剖检前应放血处死。每个实习小组由一位动手能力较强的同学主要进行剖检操作，其他同学积极协作，在教师的指导下进行剖检。各小组指定一位同学做好剖检记录。对具有典型病变的组织或器官，可采用相机拍摄保存。

### 3. 病原学诊断

（1）组织印片镜检：采取病猪血液、肝脏、脾脏、心包液、炎症关节液（脓汁）等组织印片，干燥固定后，革兰氏染色和亚甲蓝染色。自然干燥后，用 1 000 倍油镜检查，检查是否有菌体及其形态特点。

（2）病原分离培养：用接种环挑取病猪的肝脏、淋巴结、心包液、出现病变的关节液等组织分别接种肉汤培养基、鲜血琼脂平板、普通琼脂平板、麦康凯琼脂平板，置 37 ℃ 恒温培养 18～24 h，观察有无细菌生长及其生长特性。

（3）分离菌的纯化：观察培养基中分离菌的生长情况，挑取各种菌的单个菌落（优势菌株）接种到新的培养基中，置 37 ℃，恒温培养 18～24 h，观察各种细菌在不同培养基中的生长特性，包括菌落的外形、大小、颜色、透明度、是否溶血等。将纯培养物涂片、染色后镜检，观察分离培养菌的菌体形态。

（4）生化实验：将纯化后的分离菌接种新的肉汤培养基，培养 18～24 h。用 0.5 mL 的注射器吸取细菌液接种于各种微量生化测定管，每管 0.1 mL，置 37 ℃恒温培养，按所选用的生化试剂的使用说明，进行实验与结果的判定。将分离菌的最后生化结果与相关书籍的有关内容核对，判断其可能属于的菌种类属（可参考《兽医微生物学实验指导》）。

### 4. 分离菌的动物致病实验

用分离纯化细菌的液体培养产物腹腔注射小鼠，每只 0.2 mL，每小组注射 3 只小鼠，正常饲养，观察小鼠是否出现发病、死亡情况，详细记录观察结果。如果攻毒小鼠出现死亡，则从死亡小鼠的肝脏作细菌分离，如分离到攻毒菌株，证明分离的菌株对小鼠具有致病性。

### 5. 综合分析诊断

各实验小组通过对流行病学调查、临床症状观察、病理剖检、细菌分离鉴定和动物致病力实验结果，进行综合的分析讨论，做出准确的诊断。

## 六、思考题

简述猪细菌性败血性传染病的实验室诊断方法与要点，总结并绘制操作流程图。

## 七、实验报告要求

记录猪细菌性败血性传染病具体诊断过程和结果，并进行综合分析，得出实验结论。

# 实验三十一　猪伪狂犬病的综合诊断

## 一、实验目的

掌握猪伪狂犬病实验室综合诊断技术。

## 二、实验内容

1. 实验所需的相关器材和试剂的准备。
2. 猪伪狂犬病的临床特点，包括流行病学特征、临床症状、代表性病畜剖检变化。
3. 在临床诊断基础上，应用血清学、病原学诊断技术进行猪伪狂犬病综合诊断。

## 三、实验器材

### 1. 仪器设备

高速冷冻离心机，$CO_2$ 培养箱，倒置显微镜，超净工作台，液氮罐，移液器，EP 管，枪头等。

### 2. 试剂

抗生素（青霉素和链霉素），胎牛血清，DMEM 培养基，胰酶-EDTA，猪伪狂犬 gE-ELISA 抗体试剂盒，DNA 抽提试剂盒，Taq 酶，dNTP，引物。

## 四、实验设计

猪伪狂犬病是由猪伪狂犬病病毒（Pseudorabies virus，PrV）引起的猪的急性传染病。

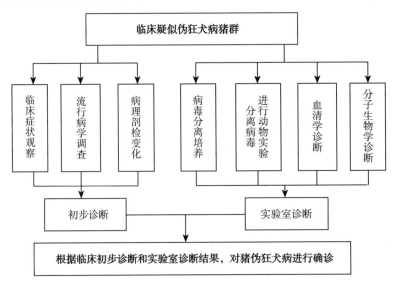

图 31-1　猪伪狂犬病综合诊断实验设计思路

该病在猪群中呈暴发性流行，可引起妊娠母猪流产、死胎，公猪不育，新生仔猪大量死亡，育肥猪呼吸困难、生长停滞等，是危害全球养猪业的重大传染病之一。根据疾病的临诊症状，结合流行病学，可作出初步诊断，确诊必须进行实验室检查。本实验的设计思路如图 31-1。

## 五、实验参考方法

### 1. 病毒分离培养与鉴定

（1）病料采集与处理：采集病猪扁桃体、肺脏、肝脏、脑组织。用细胞培养液制成 1:10 组织悬液，经离心沉淀（4 ℃，1 000 g），取上清液，加入抗生素（加青霉素至终浓度为 100 U/mL，链霉素至终浓度为 100 μg/mL）。

（2）细胞培养与鉴定：取 0.5 mL 组织滤液接种于长成单层的细胞（Vero，BHK-21 或 PK-15）中 37 ℃孵育 1 h，加入 8～10 mL 含 2%胎牛血清的 DMEM 培养基，盲传 3 代，待病变率达到 80%左右时，反复冻融 2 次收集病毒液，10 000 g 离心 10 min，吸上清于−80 ℃超低温冰箱中保存。对分离的病毒用猪伪狂犬病毒标准阳性血清进行中和实验鉴定。

### 2. 血清学诊断

由于疫苗均为 gE 基因缺失毒株，可以通过 ELISA 方法检测 gE 抗体评估猪群是否发生猪伪狂犬病毒感染，但是，血清学结果分析有一定难度，尤其是对幼龄猪。母源抗体一般可以持续到 70 日龄，如果检测过早，仔猪检测到 gE 抗体可能误认为是感染，而实际上可能是母源抗体。可以通过对同一份血清进行 PrV gE 抗体和 gG 抗体区分，判断是疫苗免疫还是野毒感染。

### 3. 分子生物学诊断

PCR 和荧光定量 PCR 可以快速检测样品中是否存在 PrV 基因组。根据 gE 基因设计引物进行荧光定量 PCR 检测，引物序列如表 31-1。

荧光定量 PCR 检测 PrV 具体步骤为：提取样品中可能存在 PrV 的 DNA（具体步骤见 DNA 抽提试剂盒说明书），配制荧光定量 PCR 反应体系，如表 31-2。把上述反应体系稍离心后放置于 q-PCR 仪中，反应条件为 95 ℃预变性 5 min，1 个循环；95 ℃变性 10 s，60 ℃延伸 30 s，40 个循环。

结果判定：CT 值≤40，而且出现明显扩增曲线，则判定为阳性；CT 值＞40，判定为阴性。

表 31-1  PRV q-PCR 引物及探针

| 引物 | 序列 |
| --- | --- |
| 引物 1 | TGGGCTCCTTCGTGATGA |
| 引物 2 | TCGTCGCCGTCGTAGTAG |
| 探针 | FAM-TCTGGCTCTGCGTGCTGTGCTGTGCTCC-BQ1 |

表 31-2  PRV 实时荧光定量 PCR 鉴定反应体系（$\mu$L）

| 试剂 | 使用量 |
| --- | --- |
| 2× 荧光定量 PCR 预混液（含 Taq 酶和缓冲液） | 10.0 |
| 上游引物（10 $\mu$mol/L） | 0.5 |
| 下游引物（10 $\mu$mol/L） | 0.5 |
| TaqMan 探针（10 $\mu$mol/L） | 0.5 |
| DNA 或对照 | 2.0 |
| ddH$_2$O | 6.5 |

#### 4. 动物实验

本实验分离的病毒液和伪狂犬标准株病毒液用无血清 DMEM 作 10 倍稀释，分别稀释为 $10^{-1}$ 至 $10^{-8}$ TCID$_{50}$ 的稀释液，每个稀释度按 0.1 mL/只腹股沟皮下接种 6 周龄 BALB/c 小鼠或家兔，对照组注射等量 DMEM。接种动物 36～48 h 在接种部位发生典型奇痒症状，并最终死亡。

### 六、思考题

1. 如何综合应用猪伪狂犬病实验室诊断技术？
2. 猪血清样品中检测到猪伪狂犬 gE 抗体阳性能否确定为猪伪狂犬病毒感染？为什么？

### 七、实验报告要求

1. 记录猪伪狂犬病实验室诊断过程和结果，并综合分析得出结论。
2. 比较各种诊断方法的优缺点。

# 实验三十二　鸡球虫病的实验室诊断和球虫种类鉴定

## 一、实验目的

1. 熟悉鸡球虫病的发病特点和临床特征。
2. 掌握鸡球虫卵囊的收集和新鲜卵囊、孢子化卵囊的基本特征。
3. 熟悉常见鸡球虫的种类及其种类鉴定的方法。

## 二、实验内容

1. 调查了解疑似发生球虫病鸡群的日龄、症状、病鸡的病例剖检变化。
2. 鸡粪便中球虫卵囊的收集、计数和新鲜卵囊的形态学观察。
3. 进行球虫卵囊孢子化，观测最短孢子化时间、孢子化卵囊的形态特点。
4. 用单一种类球虫卵囊感染无球虫雏鸡，观测卵囊在鸡体内的潜隐期、寄生部位和肉眼病变。
5. 讨论鸡常见球虫的种类及其不同种类球虫的生物学特性。

## 三、实验器材

### 1. 仪器设备

低速离心机，托盘天平，显微镜，麦克马斯特计数板，恒温培养箱，空气浴恒温摇床，增氧泵，手动计数器，200 mL 锥形瓶，平皿，载玻片，盖玻片，胶头滴管。

### 2. 实验试剂

饱和盐水溶液，2.5%重铬酸钾溶液，次氯酸钠溶液。

### 3. 实验动物

球虫感染鸡，无球虫感染雏鸡。

## 四、实验设计

鸡球虫病是对养鸡业危害最严重的寄生虫病，鸡常见的球虫有 7 种，均寄生于肠道。不同种类的球虫在形态、寄生部位、致病性、临床症状及药物敏感性等方面具有显著差异。因此，在球虫病的实验室诊断中，鉴定球虫的种类，对鸡球虫病的防控具有重要的指导意义。本实验的设计思路见图 32－1。

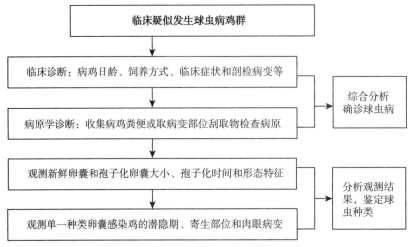

图 32-1 鸡球虫病诊断和球虫种类鉴定的实验设计思路

## 五、实验参考方法

### 1. 鸡球虫病的诊断

（1）临床诊断：观察鸡群，如果有的鸡表现出精神不振、羽毛蓬松、缩颈呆立、食欲减退等症状，应引起注意。粪便观察，初发病的鸡群会出现带血并且特别稀的粪便，严重的鸡群就会出现完全血便，此时患病鸡的鸡冠苍白、贫血、嗉囊充满液体。

选择有代表性的病鸡进行剖检，用刀子或剪子剖开鸡的腹腔，观察鸡的肠道是不是出现相应的病变，如柔嫩艾美耳球虫引起的鸡盲肠内充满了血液（彩图 60），毒害艾美耳球虫引起的小肠中段病变（彩图 61）等。

（2）病原学诊断：常用饱和盐水漂浮法处理畜禽粪便后，镜检。粪便处理后，用铁丝圈与液面平行蘸取表面液膜，抖落于载玻片上，加盖玻片后以低倍镜镜检，发现可疑球虫卵囊后，才转用高倍镜（400 倍）观察球虫卵囊。或死后取肠黏膜触片或刮取肠黏膜涂片检查到球虫的裂殖体、裂殖子或配子体，均可确诊为球虫感染。

由于鸡的带虫现象极为普遍，因此，是不是由球虫引起的发病和死亡，应结合临诊症状、流行病学资料、病理剖检情况和病原检查结果进行综合判断。

### 2. 球虫卵囊的形态特征和种类鉴别要点

（1）球虫未孢子化卵囊：不同种属未孢子化卵囊有一共同特征，卵囊内呈现一团原生质（图 32-2），包含核质、各种细胞器等结构。其他结构，如卵囊形状、大小以及卵囊壁结构与孢子化后相同。在粪便检查中多种艾美耳球虫的未孢子化卵囊形态见彩图 62。

（2）艾美耳属球虫的孢子化卵囊：每个孢子化卵囊中均含有 4 个孢子囊，每个孢子囊内包含 2 个子孢子（彩图 63）。不同虫种的孢子化卵囊在形态、大小、有无卵膜孔、极粒、卵囊残体和孢子囊残体等特征存在差异（图 32-3）。

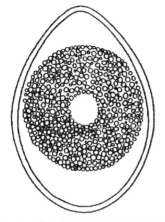

极冒
卵膜孔
极粒
斯氏体
孢子囊
孢子囊残体
子孢子
核
折光体（极粒）
卵囊残体
卵囊壁内层
卵囊壁外层

图 32-2 球虫未孢子化卵囊结构示意图　　图 32-3 艾美耳属球虫孢子化卵囊结构模式图

（3）球虫的种类鉴别依据

①卵囊的外表形状、大小、长宽之比及颜色。

②卵囊壁的厚薄，有无极粒、卵膜孔及极帽，极粒的形状、位置及数目，卵膜孔和极帽部分的构造。

③孢子化卵囊中孢子囊及子孢子的形状、大小和数量，有无外残体（卵囊残体）及内残体（孢子囊残体）。

④卵囊孢子化所需的时间。

⑤潜隐期，即从感染到排出卵囊所需的时间。

⑥寄生宿主、寄生部位、致病性及其所引起的肉眼病变。

### 3. 球虫卵囊的分离收集和卵囊计数

（1）卵囊的分离收集

①根据实验需要，称取适量球虫卵囊阳性粪便置于干净烧杯内，先加入少量自来水用玻璃棒捣碎混匀，再加入粪便体积 3～5 倍的自来水，混匀后用 60～80 目*筛网过滤。

②重复水洗粪便 2～3 次，最后弃去残渣。

③滤液 3 000～4 000 r/min 离心沉淀 6 min，弃上清。

④沉淀用玻璃棒搅匀加 5 倍体积的饱和盐水溶液，3 000～4 000 r/min 离心漂浮 6 min。小心倒出上清液于另一干净烧杯内，弃去沉淀。

⑤用 5 倍体积自来水稀释上清液，3 000～4 000 r/min 离心沉淀 6 min，然后弃去上清液。

⑥重复水洗操作 2 次，洗去卵囊沉淀中的盐分。

⑦沉淀用 2.5%重铬酸钾溶液悬浮，镜检分离卵囊情况。

（2）球虫卵囊的计数——麦克马斯特法：取 2 g 新鲜鸡粪便置于干净的 100 mL 烧杯内，先加入 8 mL 饱和食盐溶液，用玻璃棒捣碎混匀，再加入 50 mL 饱和食盐溶液，混匀后立即用纱布或 60 目筛网过滤，然后立即吸取滤液充满 2 个计数室，在显微镜载物台上静置 3～5 min，

---

\* 目：非标准单位，指 25.4 mm×25.4 mm 的筛网上的空眼数目。

在 10 倍物镜下镜检计数。每个计数室内有 100 个方格，其体积为 1 cm×1 cm×0.15 cm ＝ 0.15 cm³，分别查完 2 个计数室 100 个方格内的卵囊数量 $n_1$ 和 $n_2$，最后按照如下公式计算每克粪便中卵囊数量（OPG 值）：

$$OPG = [(n_1 + n_2)/(2 \times 0.15)] \times 60 \div 2$$

其中 $(n_1 + n_2)/2$ 为平均每个计数室内卵囊数，0.15 为每个计数室有效体积，60 为粪液总体积，2 为所用粪便克数为 2 g。

**4. 球虫卵囊的孢子化与保存**

球虫卵囊的鉴别，一般仍以孢子化后的球虫卵囊形态特征为依据。在观察孢子化卵囊时，需要对卵囊的形状进行仔细的观察。可用解剖针轻轻推动或小心地移动盖玻片，使卵囊从一面翻到另一面来检查，以便观察卵囊的全貌。

（1）球虫卵囊的孢子化

方法一：取被检粪便适量，置塑料杯中，加入适量清水，用玻璃棒捣碎，用 60 目铜筛过滤，装入锥形杯中，静置 1 h，弃取上清液，再反复水洗 2～3 次，待其沉淀后倒去上清液，将沉渣倒入平皿中，加入 2.5％重铬酸钾溶液，在 25 ℃温箱中培育，待其孢子化后检查。

方法二：将按照上述 3（1）步骤收集的卵囊放入 10 倍以上体积的 2.5％重铬酸钾溶液中，于 28 ℃摇床内振荡孢子化培养 48～72 h，或放入 500 mL 玻璃瓶用微型增氧泵吹气，孢子化培养 48～72 h，或手动吹打振荡孢子化培养 48～72 h（手动增氧时液体深度不能高于 7 mm），培养期间镜检孢子化率达 80％～90％即可停止培养。

（2）球虫卵囊的保存：孢子化后的卵囊，在 5～20 ℃的常温下保存一年之久仍有感染力。也可在冰箱中保存。

为了防止细菌和真菌的污染，若长期保存孢子化卵囊，可以将收集的卵囊离心沉淀，向沉淀物中加入 5 倍体积的比重为 1.075 的次氯酸钠溶液，振荡混匀，冰浴处理 10 min，随后用 PBS 离心洗涤 2 次。然后再加入 10 倍体积的 2.5％重铬酸钾溶液，混匀后保存于 4 ℃冰箱备用。

球虫死、活卵囊的鉴别：在载玻片上滴上一滴被检球虫卵囊液，然后加入 1 滴 1∶400 或 1∶800 的苦味酸溶液，经 15～30 min 后镜检。若卵囊呈黄色，则是死的卵囊；活的卵囊不被着色。

（3）卵囊悬液中活性卵囊的计数

①每毫升卵囊悬液中卵囊计数——麦克马斯特改良法：按照卵囊悬液∶饱和氯化钠溶液＝1∶9 的比例混合均匀，迅速从上缘注入计数室内，在显微镜载物台上静置 3～5 min，待卵囊漂浮到上层。然后在 10 倍物镜下观察并计数，计算每毫升卵囊悬液中卵囊总数（用 $M$ 表示，该卵囊数包括孢子化和未孢子化卵囊），按照如下公式计算：

$$M = [(n_1 + n_2)/(2 \times 0.15)] \times 10$$

其中 $(n_1 + n_2)/2$ 为平均每个计数室内卵囊数，0.15 为每个计数室有效体积，10 为原卵囊悬液稀释倍数。

如果视野内卵囊数量太多（每个方格内 10～50 个为宜），可适当倍比稀释后再按上述方法计数。

②卵囊孢子化率计算：吸取少量卵囊悬液，滴于载玻片上，盖上盖玻片，置于 40 倍物

镜下观察视野中孢子化卵囊和未孢子化卵囊并计数，计算孢子化卵囊占总卵囊的百分比（用 $a\%$ 表示）。

上述每毫升卵囊悬液中孢子化卵囊数量（用 $N$ 表示）按算式 $N=M\times a\%$ 计算得出。在致病性实验和药物实验中，接种卵囊剂量应该是完全孢子化卵囊的数量。

### 5. 单卵囊分离与雏鸡感染试验

单卵囊分离技术是获得单一品种球虫卵囊以便有效进行种类鉴别和建立纯种体系的重要手段。常用的单卵囊分离方法有 96 孔血凝板法、琼脂平板法、毛细吸管法和玻璃纸法，本实验以常用的玻璃纸法为例。

（1）球虫卵囊的收集：收集带血鸡粪或死于鸡球虫病的鸡肠道内容物。取适量鸡粪漂浮，镜检发现有大量球虫卵囊后，将鸡粪捣细加适量水，离心 2 次（2 000 r/min，10 min），倾去上清液，再加饱和食盐水离心 1 次（2 000 r/min，10 min），鸡粪渣沉于管底，卵囊漂浮于饱和食盐水表面。将上清轻轻移入另一大离心管中，加足量自来水后离心（3 000～3 500 r/min，10 min），收集沉淀于 25 g/L 重铬酸钾溶液的平皿中，置于 29 ℃恒温箱中培养 5 d，每天吹打 2 次，收集混合种孢子化卵囊，保存于 4 ℃备用。

（2）玻璃纸的制备：用无离子水浸泡高温干烤过的小块玻璃纸。在高温消毒的载玻片上滴加 250 mL/L 的甘油水溶液，每滴 5～10 $\mu$L。用小镊子夹取浸泡过的小块玻璃纸放于载玻片的甘油上。

（3）卵囊悬液的稀释：将分离卵囊从重铬酸钾环境中离心沉淀出来，加入适量的蒸馏水稀释卵囊悬液。用胶头滴管吸取卵囊悬液滴于载玻片上，10×10 倍显微镜下观察，当每滴悬液中含有 8～10 个孢子化卵囊时为较佳稀释度。

（4）单卵囊的分离：取已孢子化的卵囊液少许，用生理盐水离心洗涤 3 次，去除重铬酸钾，便于卵囊的鉴定。加入适量无离子水混匀，然后移入小平皿中，将平皿置于倒置显微镜下，5 min 后观察，卵囊浓度应尽量小，一个视野中有 1～3 个卵囊为佳。然后用毛细吸管吸取单个卵囊，其方法为：将细橡皮管的一头插入拉好的毛细管，右手持玻璃毛细管，使尖端正对视野中的一个卵囊，根据球虫卵囊的形态、大小和颜色特征初步确定后，将吸管直伸过去，把选定的卵囊吸入毛细管中，将一个卵囊吸上来。把毛细吸管中的液体吹落到预先用甘油固定于载玻片上的玻璃纸上，在显微镜下观察，进一步确定是否为所需球虫卵囊。

（5）接种：用灭菌镊子夹住已鉴定的含单个所需卵囊的玻璃纸一角送入试验雏鸡口中，然后滴喂几滴水，增加鸡吃进卵囊的机会，确定其咽下，则接种完成。

（6）接种后饲养管理：接种单卵囊后的小鸡，逐只分开饲养于自制的经严格消毒的鸡笼内，任其自由采食、自由饮水，24 h 光照。

（7）纯种卵囊的收集：从接种后 5d 开始，用饱和盐水漂浮法每天逐只检查粪便至 8d，看是否有卵囊排出。若发现有卵囊，则用常规方法进行卵囊的收集、培养，4 ℃冰箱保存。

（8）虫株鉴定

①卵囊形状观察及大小测定：在显微镜下（10×40）观察纯种卵囊的形状，用测微器测量 100 个卵囊的大小。

②卵囊寄生部位及最短孢子化时间测定（可选）：将孢子化的纯种卵囊经口感染 10 只 1 日龄无球虫艾维茵鸡，于感染后 1～6d，每天剖杀 1 只，观察其病变特征，刮取各段小肠和

盲肠黏膜，涂片镜检其在肠道中的寄生部位。

③卵囊潜在期及排卵高峰期的测定：将孢子化的纯种卵囊经口感染 10 只 7 日龄无球虫艾维茵鸡，感染剂量为 400 个/只。从感染后第 140 h 开始，每隔 1 h 收集一次粪便，用饱和盐水漂浮法进行粪便卵囊的检查，记录最早检出卵囊的时间。从感染后第五天开始，每天收集粪便，进行 OPG 的测定。

附：柔嫩艾美耳球虫盲肠病变记分标准

在药物治疗试验或疫苗保护效果评价试验中，可用盲肠病变记分来评价柔嫩艾美耳球虫感染病变的严重性。在接种后第七天，断颈处死所有试验鸡，按照 Johnson 和 Reid（1 970）设计标准进行盲肠病变记分，两侧盲肠病变不一致时，以严重的一侧为准。

0 分：无肉眼病变。

1 分：盲肠壁有很少量散在出血点，肠壁不增厚，内容物正常。

2 分：病变数量较多，盲肠内容物明显带血，盲肠壁稍增厚。

3 分：盲肠内有多量血液或有盲肠芯（血凝块或灰白色干酪样块状物），盲肠壁增厚明显，盲肠内粪便量少。

4 分：因充满大量血液或肠芯而盲肠肿大，肠芯中含粪渣或不含，死亡鸡记 4 分。

### 6. 鸡球虫的种类

世界公认的鸡球虫共有 7 个种，其中柔嫩艾美耳球虫（*Eimeria tenella*）和毒害艾美耳球虫（*E. necratrix*）致病性最强，不同种的鸡球虫在鸡消化道寄生部位也有所不同，图 32 - 4 为不同种类鸡球虫的寄生部位。鸡常见的 7 种艾美耳球虫孢子化卵囊的特征见彩图 64。

（1）柔嫩艾美耳球虫（*E. tenella*）：寄生于盲肠，多为宽卵圆形，少数为椭圆形，原生质呈淡褐色，卵囊壁为淡黄绿色。其卵囊平均大小为 22 $\mu$m×19 $\mu$m，形状指数为 1.16，裂殖体很大，直径可达 54 $\mu$m，第一代裂殖体包含的裂殖子可达 900 个，第二代为 350 个。最短孢子化时间为 18 h，最短潜隐期为 115 h。

（2）毒害艾美耳球虫（*E. necatrix*）：其第一、第二代裂殖生殖在鸡小肠，第三代裂殖生殖和配子生殖在盲肠。卵囊卵圆形，大小为 13.2～22.7 $\mu$m×11.3～18.3 $\mu$m，囊壁无色、光滑。具极粒，孢子囊呈卵圆形，有斯氏体，无残体。

（3）堆型艾美耳球虫（*E. acervulina*）：寄生于十二指肠。卵囊呈卵圆形，大小为 17.7～20.2 $\mu$m×13.7～16.3 $\mu$m，卵囊壁淡黄绿色、光滑。孢子囊呈卵圆形，有斯氏体，具极粒，无残体。

（4）布氏艾美耳球虫（*E. brunetti*）：寄生于小肠后段、直肠和盲肠近端区。卵囊平均大小为 18.8 $\mu$m×24.6 $\mu$m，是鸡球虫中仅次于巨型艾美耳球虫的第二大型卵囊。形状指数为 1.31。有 1 极粒，无残体和卵膜孔。裂殖体直径为 30 $\mu$m。孢子化时间为 18 h，潜隐期为 120 h。

（5）巨型艾美耳球虫（*E. maxima*）：寄生于小肠中段。卵囊很大，是鸡球虫中最大型的卵囊，最大的卵囊达到 42.5 $\mu$m×29.8 $\mu$m。卵囊呈卵圆形，一端钝圆，一端较窄，黄褐色，囊壁浅黄色。其形状指数为 1.47。最大的裂殖体直径为 9.4 $\mu$m。

（6）和缓艾美耳球虫（*E. mitis*）：寄生于鸡小肠前段。卵囊较小，近球形，卵囊壁为淡黄绿色，有 1 极粒，无卵膜孔，也无残体。卵囊平均大小为 15.6 $\mu$m×14.2 $\mu$m，最短孢子化时间为 15 h。

图 32-4　鸡 7 种球虫在消化道的主要寄生部位
a. 柔嫩艾美耳球虫　b. 毒害艾美耳球虫　c. 和缓艾美耳球虫
d. 堆型艾美耳球虫　e. 布氏艾美耳球虫
f. 巨型艾美耳球虫　g. 早熟艾美耳球虫

（7）早熟艾美耳球虫（*E. praecox*）：寄生于小肠上段 1/3 处。卵囊呈卵圆形或椭圆形，平均大小为 21.3 μm×17.1 μm，形状指数为 1.24，囊壁光滑，呈淡黄绿色，原生质无色。无卵膜孔和残体，具极粒。孢子囊无残体。

## 六、思考题

1. 根据鸡球虫的生活史，说明粪便中球虫卵囊检查和病鸡症状的关系。
2. 简述鸡常见的球虫种类，了解不同种类球虫引起鸡球虫病的症状和剖检病理变化？
3. 简述使用麦克马斯特计数法计数粪便中球虫卵囊的操作过程，并说明操作注意事项。

## 七、实验报告要求

1. 记录实验过程，并对球虫病诊断和球虫种类鉴定结果进行分析和讨论。
2. 绘制实验中看到的艾美耳球虫新鲜卵囊和孢子化卵囊的形态，并确定其种类。

# 附录一　动物病原微生物分类名录

国家根据病原微生物的传染性、感染后对个体或者群体的危害程度，将病原微生物分为4类：一类病原微生物，是指能够引起人类或者动物非常严重疾病的微生物，以及我国尚未发现或者已经宣布消灭的微生物。二类病原微生物，是指能够引起人类或者动物严重疾病，比较容易直接或者间接在人与人、动物与人、动物与动物间传播的微生物。三类病原微生物，是指能够引起人类或者动物疾病，但一般情况下对人、动物或者环境不构成严重危害，传播风险有限，实验室感染后很少引起严重疾病，并且具备有效治疗和预防措施的微生物。四类病原微生物，是指在通常情况下不会引起人类或者动物疾病的微生物。

一类、二类病原微生物统称为高致病性病原微生物。对动物病原微生物分类如下。

## 一、一类动物病原微生物

口蹄疫病毒、高致病性禽流感病毒、猪水泡病病毒、非洲猪瘟病毒、非洲马瘟病毒、牛瘟病毒、小反刍兽疫病毒、牛传染性胸膜肺炎丝状支原体、牛海绵状脑病病原、痒病病原。

## 二、二类动物病原微生物

猪瘟病毒、鸡新城疫病毒、狂犬病病毒、绵羊痘/山羊痘病毒、蓝舌病病毒、兔病毒性出血症病毒、炭疽芽孢杆菌、布氏杆菌。

## 三、三类动物病原微生物

多种动物共患病病原微生物：低致病性流感病毒、伪狂犬病病毒、破伤风梭菌、气肿疽梭菌、结核分枝杆菌、副结核分枝杆菌、致病性大肠杆菌、沙门氏菌、巴氏杆菌、致病性链球菌、李氏杆菌、产气荚膜梭菌、嗜水气单胞菌、肉毒梭状芽孢杆菌、腐败梭菌和其他致病性梭菌、鹦鹉热衣原体、放线菌、钩端螺旋体。

牛病病原微生物：牛恶性卡他热病毒、牛白血病病毒、牛流行热病毒、牛传染性鼻气管炎病毒、牛病毒腹泻/黏膜病病毒、牛生殖器弯曲杆菌、日本血吸虫。

绵羊和山羊病病原微生物：山羊关节炎/脑脊髓炎病毒、梅迪-维斯纳病病毒、传染性脓疱皮炎病毒。

猪病病原微生物：日本脑炎病毒、猪繁殖与呼吸综合症病毒、猪细小病毒、猪圆环病毒、猪流行性腹泻病毒、猪传染性胃肠炎病毒、猪丹毒杆菌、猪支气管败血波氏杆菌、猪胸膜肺炎放线杆菌、副猪嗜血杆菌、猪肺炎支原体、猪密螺旋体。

马病病原微生物：马传染性贫血病毒、马动脉炎病毒、马病毒性流产病毒、马鼻炎病毒、鼻疽假单胞菌、类鼻疽假单胞菌、假皮疽组织胞浆菌、溃疡性淋巴管炎假结核棒状杆菌。

禽病病原微生物：鸭瘟病毒、鸭病毒性肝炎病毒、小鹅瘟病毒、鸡传染性法氏囊病病毒、鸡马立克氏病病毒、禽白血病/肉瘤病毒、禽网状内皮组织增殖病病毒、鸡传染性贫血病毒、鸡传染性喉气管炎病毒、鸡传染性支气管炎病毒、鸡减蛋综合征病毒、禽痘病毒、鸡病毒性关节炎病毒、禽传染性脑脊髓炎病毒、副鸡嗜血杆菌、鸡毒支原体、鸡球虫。

兔病病原微生物：兔黏液瘤病病毒、野兔热土拉杆菌、兔支气管败血波氏杆菌、兔球虫。

水生动物病病原微生物：流行性造血器官坏死病毒、传染性造血器官坏死病毒、马苏大麻哈鱼病毒、病毒性出血性败血症病毒、锦鲤疱疹病毒、斑点叉尾鮰病毒、病毒性脑病和视网膜病毒、传染性胰脏坏死病毒、真鲷虹彩病毒、白鲟虹彩病毒、中肠腺坏死杆状病毒、传染性皮下和造血器官坏死病毒、核多角体杆状病毒、虾产卵死亡综合症病毒、鳖鳃腺炎病毒、Taura综合症病毒、对虾白斑综合症病毒、黄头病病毒、草鱼出血病病毒、鲤春病毒血症病毒、鲍球形病毒、鲑鱼传染性贫血病毒。

蜜蜂病病原微生物：美洲幼虫腐臭病幼虫杆菌、欧洲幼虫腐臭病蜂房蜜蜂球菌、白垩病蜂球囊菌、蜜蜂微孢子虫、跗腺螨、雅氏大蜂螨。

其他动物病病原微生物：犬瘟热病毒、犬细小病毒、犬腺病毒、犬冠状病毒、犬副流感病毒、猫泛白细胞减少综合症病毒、水貂阿留申病病毒、水貂病毒性肠炎病毒。

## 四、四类动物病原微生物

是指危险性小、低致病力、实验室感染机会少的兽用生物制品、疫苗生产用的各种弱毒病原微生物以及不属于第一、二、三类的各种低毒力的病原微生物。

# 附录二　世界动物卫生组织（OIE）疫病名录

国际兽医局（Office International Des Epizooties，OIE）于 1924 年 1 月创立于法国巴黎，并在 2003 年 5 月正式更名为世界动物卫生组织（World Organisation for Animal Health），但仍然维持 OIE 简称。其主要职责是收集并通报世界范围内动物疫病的发展情况和防控方法，协调各个成员国之间的合作，共同加强对动物疫病的监控，指定动物及动物产品在国际贸易中的标准。

OIE 最早于 1968 年发布《陆生动物卫生法典》并根据最新的研究进展对名录定期更新。但从 2005 年开始，根据世界贸易组织（WTO）相关规定取消之前一直沿用的 A 类与 B 类动物疫病名录，建立新的疫病申报体系，称为 OIE 疫病名录。新疫病名录延续传统每年进行一次的审查更新，经 OIE 世界年会通过组建的相关疫病和病原体通报特设小组，根据纳入名录的标准进行审核后表决通过生效，最新 OIE 疫病名录于 2020 年 1 月 1 日通过实施。

OIE 疫病名录在 2011 年前共收录 93 种疫病，到 2014 年减少到 89 种。而最新 OIE 疫病名录，2020 年的疫病数量与 2019 年名录相同，共 117 种，但有些许调整，详见附表 2-1～附表 2-13。

**附表 2-1　多动物共患传染病和寄生虫病**（共计 24 种）

| 中文名称 | 英文名称 |
| --- | --- |
| 炭疽 | Anthrax |
| 克里米亚刚果出血热 | Crimean Congo haemorrhagic fever |
| 马脑骨髓炎（东部） | Equine encephalomyelitis (Eastern) |
| 心水病 | Heartwater |
| 伪狂犬病病毒感染 | Infection with Aujeszky's disease virus |
| 蓝舌病病毒感染 | Infection with bluetongue virus |
| 流产布鲁氏杆菌病、马耳他鲁氏杆菌、猪布鲁氏杆菌病 | Infection with *Brucella abortus*, *Brucella melitensis*, *Brucella suis* |
| 细粒棘球蚴感染 | Infection with *Echinococcus granulosus* |
| 多房棘球蚴感染 | Infection with *Echinococcus multilocularis* |
| 流行性出血病病毒感染 | Infection with epizootic haemorrhagic disease virus |
| 口蹄疫病毒感染 | Infection with foot and mouth disease virus |
| 结核分枝杆菌复合体感染 | Infection with *Mycobacterium tuberculosis* complex |
| 狂犬病毒感染 | Infection with rabies virus |
| 裂谷热病毒感染 | Infection with Rift Valley fever virus |
| 牛瘟病毒感染 | Infection with rinderpest virus |
| 旋毛虫感染 | Infection with *Trichinella* spp. |
| 日本脑炎 | Japanese encephalitis |

| 中文名称 | 英文名称 |
| --- | --- |
| 新大陆螺旋蝇蛆病（嗜人锥蝇） | New world screwworm (*Cochliomyia hominivorax*) |
| 旧大陆螺旋蝇蛆病（倍赞氏金蝇） | Old world screwworm (*Chrysomya bezziana*) |
| 副结核病 | Paratuberculosis |
| Q热 | Q fever |
| 苏拉病（伊氏锥虫病） | Surra (*Trypanosoma evansi*) |
| 西尼罗河热 | West Nile fever |
| 野兔热 | Tularemia |

### 附表 2-2　牛病（共计 13 种）

| 中文名称 | 英文名称 |
| --- | --- |
| 牛巴贝氏虫病 | Bovine babesiosis |
| 牛无浆体病 | Bovine anaplasmosis |
| 牛生殖道弯曲菌病 | Bovine genital campylobacteriosis |
| 牛海绵状脑病 | Bovine spongiform encephalopathy |
| 牛病毒性腹泻 | Bovine viral diarrhea |
| 地方流行性牛白血病 | Enzootic bovine leukosis |
| 出血性败血症 | Haemorrhagic septicaemia |
| 牛传染性鼻气管炎、传染性脓疱性外阴阴道炎 | Infectious bovine rhinotracheitis, infectious pustular vulvovaginitis |
| 结节性皮肤病病毒感染 | Infection with lumpy skin disease virus |
| 丝状支原体丝状亚种 SC 感染（牛传染性胸膜肺炎） | Infection with *Mycoplasma mycoides* subsp. *mycoides* SC (contagious bovine pleuropneumonia) |
| 泰勒虫病 | Theileriosis |
| 滴虫病 | Trichomonosis |
| 伊氏锥虫病（舌蝇传播） | Trypanosomosis (tsetse-transmitted) |

### 附表 2-3　绵羊和山羊病（共计 11 种）

| 中文名称 | 英文名称 |
| --- | --- |
| 山羊关节炎，脑炎 | Caprine arthritis, encephalitis |
| 传染性无乳症 | Contagious agalactia |
| 传染性山羊胸膜肺炎 | Contagious caprine pleuropneumonia |
| 流产衣原体感染（地方流行性母羊流产，绵羊衣原体病） | Infection with *Chlamydia abortus* (Enzootic abortion of ewes, ovine chlamydiosis) |
| 小反刍兽疫病毒感染 | Infection with peste des petits ruminants virus |
| 梅迪-维斯那病 | Maedi-visna |
| 内罗毕绵羊病 | Nairobi sheep disease |
| 绵羊附睾炎（绵羊布氏杆菌） | Ovine epididymitis (*Brucella ovis*) |

（续）

| 中文名称 | 英文名称 |
| --- | --- |
| 沙门氏菌病（流产沙门氏菌） | Salmonellosis（*S. abortusovis*） |
| 痒病 | Scrapie |
| 绵羊痘和山羊痘 | Sheep pox and goat pox |

附表 2-4　马病（共计 11 种）

| 中文名称 | 英文名称 |
| --- | --- |
| 马传染性子宫炎 | Contagious equine metritis |
| 马媾疫 | Dourine |
| 马脑脊髓炎（西部） | Equine encephalomyelitis（Western） |
| 马传染性贫血 | Equine infectious anaemia |
| 马流感 | Equine influenza |
| 马梨形虫病 | Equine piroplasmosis |
| 非洲马瘟病毒感染 | Infection with African horse sickness virus |
| 马疱疹病毒-1 感染（EHV-1） | Infection with equid herpesvirus-1（EHV-1） |
| 马动脉炎病毒感染 | Infection with equine arteritis virus |
| 鼻疽伯克霍尔德氏菌感染（马鼻疽） | Infection with *Burkholderia mallei*（Glanders） |
| 委内瑞拉马脑脊髓炎 | Venezuelan equine encephalomyelitis |

附表 2-5　猪病（共计 6 种）

| 中文名称 | 英文名称 |
| --- | --- |
| 非洲猪瘟 | Infec tion with African swine fever virus |
| 古典猪瘟病毒感染 | Infection with classical swine fever virus |
| 猪繁殖与呼吸综合征 | Infection with porcine reproductive and respiratory syndrome virus |
| 猪带绦虫病 | Infection with *Taenia solium*（Porcine cysticercosis） |
| 尼帕病毒性脑炎 | Nipah virus encephalitis |
| 传染性胃肠炎 | Transmissible gastroenteritis |

附表 2-6　禽病（共计 13 种）

| 中文名称 | 英文名称 |
| --- | --- |
| 禽衣原体病 | Avian chlamydiosis |
| 鸡传染性支气管炎 | Avian infectious bronchitis |
| 鸡传染性喉气管炎 | Avian infectious laryngotracheitis |
| 禽支原体病（鸡败血支原体） | Avian mycoplasmosis（*Mycoplasma gallisepticum*） |
| 禽支原体病（滑液囊支原体） | Avian mycoplasmosis（*Mycoplasma synoviae*） |
| 鸭病毒性肝炎 | Duck virus hepatitis |

| 中文名称 | 英文名称 |
| --- | --- |
| 禽伤寒 | Fowl typhoid |
| 禽流感病毒感染 | Infection with avian influenza viruses |
| 非家禽的鸟类包括野生鸟类高致病性 A 型流感病毒感染 | infection with influenza A viruses of high pathogenicity in birds other than poultry including wild birds |
| 新城疫病毒感染 | Infection with Newcastle disease virus |
| 传染性法氏囊病（甘布罗病） | Infectious bursal disease（Gumboro disease） |
| 鸡白痢 | Pullorum disease |
| 火鸡鼻气管炎 | Turkey rhinotracheitis |

### 附表 2-7  兔病（共计 2 种）

| 中文名称 | 英文名称 |
| --- | --- |
| 黏液瘤病 | Myxomatosis |
| 兔出血病 | Rabbit haemorrhagic disease |

### 附表 2-8  蜜蜂病（共计 6 种）

| 中文名称 | 英文名称 |
| --- | --- |
| 蜜蜂蜂房球菌感染 | Infection of honey bees with *Melissococcus plutonius* |
| 蜜蜂幼虫芽孢杆菌感染 | Infection of honey bees with *Paenibacillus larvae* |
| 蜜蜂武氏螨侵染 | Infestation of honey bees with *Acarapis woodi* |
| 蜜蜂小蜂螨侵染 | Infestation of honey bees with *Tropilaelaps* spp. |
| 蜜蜂瓦侵染 | Infestation of honey bees with *Varroa* spp. |
| 蜂房小甲虫侵染 | Infestation with *Aethina tumida*（Small hive beetle） |

### 附表 2-9  其他动物病（共计 2 种）

| 中文名称 | 英文名称 |
| --- | --- |
| 骆驼痘 | Camelpox |
| 利什曼病 | Leishmaniosis |

### 附表 2-10  鱼病（共计 10 种）

| 中文名称 | 英文名称 |
| --- | --- |
| 丝囊霉菌感染 | Infection with *Aphanomyces invadans*（epizootic ulcerative syndrome） |
| 流行性造血器官坏死病 | Infection with epizootic haematopoietic necrosis virus |
| 唇齿三代虫感染 | Infection with *Gyrodactylus salaris* |
| 缺失型或 HPRO 型鲑鱼传染性贫血症病毒感染 | Infection with HPR-deleted or HPRO infectious salmon anaemia virus |
| 传染性造血坏死感染 | Infection with infectious haematopoietic necrosis |

（续）

| 中文名称 | 英文名称 |
| --- | --- |
| 红海鲷虹彩病毒病 | Infection with koi herpesvirus |
| 鲤春病毒血症 | Infection with red sea bream iridovirus |
| 鲑鱼甲病毒感染 | Infection with salmonid alphavirus |
| 鲤鱼病毒春季病毒血症感染 | Infection with spring viraemia of carp virus |
| 病毒性出血性败血症 | Infection with viral haemorrhagic septicaemia virus |

附表 2-11  软体动物病（共计 7 种）

| 中文名称 | 英文名称 |
| --- | --- |
| 鲍鱼疱疹病毒感染 | Infection with abalone herpes virus |
| 包拉米虫感染 | Infection with *Bonamia exitiosa* |
| 牡蛎包拉米虫感染 | Infection with *Bonamia ostreae* |
| 折光马尔太虫感染 | Infection with *Marteilia refringens* |
| 海水派琴虫感染 | Infection with *Perkinsus marinus* |
| 奥尔森派琴虫感染 | Infection with *Perkinsus olseni* |
| 加州立克次体感染 | Infection with *Xenohaliotis californiensis* |

附表 2-12  甲壳动物病（共计 9 种）

| 中文名称 | 英文名称 |
| --- | --- |
| 急性肝胰腺坏死病 | Acute hepatopancreatic necrosis disease |
| 变形藻丝囊霉菌感 | Infection with *Aphanomyces astaci*（crayfish plague） |
| 对虾肝炎杆菌感染 | Infection with *Hepatobacter penaei*（necrotising hepatopancreatitis） |
| 传染性皮下及造血组织坏死病毒感染 | Infection with infectious hypodermal and haematopoietic necrosis virus |
| 传染性肌肉坏死病毒感染 | Infection with infectious myonecrosis virus |
| 沼虾野田村病毒感染 | Infection with Macrobrachium rosenbergii nodavirus（white tail disease） |
| 桃拉综合征病毒感染 | Infection with Taura syndrome virus |
| 白斑综合征病毒感染 | Infection with white spot syndrome virus |
| 黄头病毒基因 I 型感染 | Infection with yellow head virus genotype 1 |

附表 2-13  两栖动物病（共计 3 种）

| 中文名称 | 英文名称 |
| --- | --- |
| 蛙壶菌感染 | Infection with *Batrachochytrium dendrobatidis* |
| 沙蜥壶菌感染 | Infection with *Batrachochytrium salamandrivorans* |
| 鼻病毒感染 | Infection with *Ranavirus* species |

以上数据来源 https://www.oie.int/animal-health-in-the-world/oie-listed-diseases-2020/

# 附录三  兽医实验室生物安全管理规范

（农业部 2003 年 10 月 15 日发布）

## 1  适用范围

本规范规定了兽医实验室生物安全防护的基本原则、实验室的分级、各级实验室的基本要求和管理。本规范为最低要求。

本规范适用于各级兽医实验室的建设、使用和管理。

## 2  引用标准

本规范引用下列文件中的条款作为本规范的条款。凡注日期的引用文件，其随后所有的修改（不包括勘误的内容）或修订版均不适用于本规范。凡不注日期的引用文件，其最新版本适用于本规范。

《中华人民共和国动物防疫法》（1997）

《中华人民共和国进出境动植物检疫法》（1992）

《中华人民共和国进出境动植物检疫法实施条例》（1995）

《农业转基因生物安全管理条例》（2001 国务院 304 号令）

《农业生物基因工程安全管理实施办法》（1996 农业部 7 号令）

《实验动物管理条例》（1988 国家科委 2 号令）

| | |
|---|---|
| GB 14925—2001 | 实验动物 环境与设施 |
| GB/T 15481—2000 | 检测和校准实验室能力的通用要求 |
| GB/T 16803—1997 | 采暖、通风、空调、净化设备术语 |
| GB/T 14295—93 | 空气过滤器 |
| GB/13554—92 | 高效空气过滤器 |
| GB 50155—92 | 采暖通风与空气调节术语标准 |
| GBJ 19—87 | 采暖通风与空气调节设计规范 |
| WS 233—2002 | 微生物和生物医学实验室生物安全通用准则 |
| OIE 2002 | 国际动物卫生法典 |
| JCJ 71—90 | 洁净室施工及验收规范 |
| NF EN 12021 | 可呼吸空气生产标准 |

## 3  定义

本规范采用下列定义：

兽医实验室（Veterinary Laboratory）：一切从事兽医病原微生物、寄生虫研究与使用，以及兽医临床诊疗和疫病检疫监测的实验室。

动物（Animal）：本规范涉及的动物是指家畜家禽和人工饲养、合法捕获其他动物。

兽医微生物（Veterinary Microorganisms）：一切能引起动物传染病或人畜共患病的细菌、病毒和真菌等病原体。

人畜共患病（Zoonosis）：可以由动物传播给人并引起人类发病的传染性疾病。

外来病（Exotic Diseases）：在国外存在或流行的，但在国内尚未证实存在或已消灭的动物疫病。

实验室生物安全防护（Biosafety Containment of Laboratories）：实验室工作人员在处理病原微生物、含有病原微生物的实验材料或寄生虫时，为确保实验对象不对人和动物造成生物伤害，确保周围环境不受其污染，在实验室和动物实验室的设计与建造、使用个体防护装置、严格遵守标准化的工作及操作程序和规程等方面所采取的综合防护措施。

微生物危害评估（Hazard Assessment of Microbes）：对病原微生物或寄生虫可能给人、动物和环境带来的危害所进行的评估。

气溶胶（Aerosol）：悬浮于气体介质中粒径为 $0.001\sim100\ \mu m$ 的固体、液体微小粒子形成的胶溶状态分散体系。

通风橱（Chemical Hood）：是通过管道直接排出操作化学药品时所产生的有害或挥发性气体、气溶胶和微粒的通风装置。

高效空气过滤器（HEPA，High Efficiency Particulate Air－filter）：在额定风量下，对粒径大于等于 $0.3\mu m$ 的粒子捕集效率在 $99.97\%$ 以上及气流阻力在 245Pa 以下的空气过滤器。

物理防护设备（Physical Containment Device）：是用于防止病原微生物逸出和对操作者实施防护的物理或机械设备。

生物安全柜（Biosafety Cabinet）：处理危险性微生物时所用的箱形负压空气净化安全设备。分为Ⅰ、Ⅱ和Ⅲ级。

**生物安全柜的简单分类及应用**

| 柜子 | | | 应用 | | |
|---|---|---|---|---|---|
| 类型　面速度（英尺/分） | | 气流方式 | 放射性元素/有毒化学物操作 | 生物安全水平 | 产品防护 |
| Ⅰ级前开门式75 | | 前面进，后面出，顶部通过 HEPA 过滤器 | 不能 | Ⅱ，Ⅲ | 无 |
| Ⅱ级 | A 型 75 | 70%通过 HEPA 循环，通过 HEPA 排出 | 不能 | Ⅱ，Ⅲ | 有 |
| | B1 型 100 | 30%通过 HEPA 循环，通过 HEPA 和严格管道排出 | 能（低水平/挥发性） | Ⅱ，Ⅲ | 有 |
| | B2 型 100 | 无循环，全部通过 HEPA 和严格管道排出 | 能 | Ⅱ，Ⅲ | 有 |
| | B3 型 100 | 同ⅡA，但箱内呈负压和管道排气 | 能 | Ⅱ，Ⅲ | 有 |
| Ⅲ级无要求 | | 供气进口和排气通过两道 HEPA 过滤器 | 能 | Ⅲ，Ⅳ | 有 |

## 4　实验室生物安全防护的基本原则

### 4.1　总则

4.1.1　兽医实验室生物安全防护内容包括安全设备、个体防护装置和措施（一级防护），实验室的特殊设计和建设要求（二级防护），严格的管理制度和标准化的操作程序与规程。

4.1.2　兽医实验室除了防范病原体对实验室工作人员的感染外，还必须采取相应措施防止病原体的逃逸。

4.1.3　对每一特定实验室，应制定有关生物安全防护综合措施，编写各实验室的生物安全管理手册，并有专人负责生物安全工作。

4.1.4　生物安全水平根据微生物的危害程度和防护要求分为 4 个等级，即 Ⅰ、Ⅱ、Ⅲ、Ⅳ级。

4.1.5　有关 DNA 重组操作和遗传工程体的生物安全应参照《农业生物基因工程安全管理实施办法》执行。

4.2　安全设备和个体防护

确保实验室工作人员不与病原微生物直接接触的初级屏障。

4.2.1　实验室必须配备相应级别的生物安全设备。所有可能使病原微生物逸出或产生气溶胶的操作，必须在相应等级的生物安全控制条件下进行。

4.2.2　实验室工作人员必须配备个体防护用品（防护帽、护目镜、口罩、工作服、手套等）。

4.3　实验室选址、设计和建造的要求

实验室的选址、设计和建造应考虑对周围环境的影响。

4.3.1　实验室必须依据所需要的防护级别和标准进行设计和建造，并满足本规范中的最低设计要求和运行条件。

4.3.2　动物实验室除满足相应生物安全级别要求外，还应隔离，并根据其相应生物安全级别，保持与中心实验室的相应压差。

4.4　生物安全操作规程

4.4.1　本规范规定了不同级别的兽医实验室生物安全操作规程，必须在各实验室的生物安全管理手册中明列，并结合实际制定相应的实施方案。

4.4.2　本规范对各种病原微生物均有明确的生物危害分类，各实验室应根据其操作的对象，制定相应的特殊生物安全操作规程，并列入其生物安全管理手册。

4.5　危害性微生物及其毒素样品的引进、采集、包装、标识、传递和保存

4.5.1　采集的样品应放入安全的防漏容器内，传递时必须包装结实严密，标识清楚牢固，容器表面消毒后由专人送递或邮寄至相应实验室。

4.5.2　进口危害性微生物及其毒素样品时，申请者必须要有与该微生物危害等级相应的生物安全实验室，并经国务院畜牧兽医行政管理部门批准。

4.5.3　危害性微生物及其毒素样品的保存应根据其危害等级分级保存。

4.6　使用放射性同位素的生物安全防护要求参照《放射性同位素与射线装置放射防护条例》执行。

4.7　去污染与废弃物（废气、废液和固形物）处理

4.7.1　去污染包括灭菌（彻底杀灭所有微生物）和消毒（杀灭特殊种类的病原体），是防止病原体扩散造成生物危害的重要防护屏障。

4.7.2　被污染的废弃物或各种器皿在废弃或清洗前必须进行灭菌处理；实验室在病原体意外泄漏、重新布置或维修、可疑污染设备的搬运以及空气过滤系统检修时，均应对实验室设施及仪器设备进行消毒处理。

4.7.3　根据被处理物的性质选择适当的处理方法，如高压灭菌、化学消毒、熏蒸、γ－射线照射或焚烧等。

4.7.4　对实验动物尸体及动物产品应按规定作无害化处理。

4.7.5　实验室应尽量减少用水，污染区、半污染区产生的废水必须排入专门配备的废

水处理系统，经处理达标后方可排放。

4.8 管理制度 兽医实验室必须建立健全管理制度。

4.9 微生物危害评估

按照微生物危害分为 4 级。在建设实验室之前，必须对拟操作的病原微生物进行危害评估，结合人和动物对其易感性、气溶胶传播的可能性、预防和治疗的获得性等因素，确定相应生物安全水平等级。

**5 微生物危害分级**

5.1 微生物危害通常分为以下 4 级

生物危害 1 级：对个体和群体危害程度低，已知的不能对健康成年人和动物致病的微生物。

生物危害 2 级：对个体危害程度为中度，对群体危害较低，主要通过皮肤、黏膜、消化道传播。对人和动物有致病性，但对实验人员、动物和环境不会造成严重危害的动物致病微生物，具有有效的预防和治疗措施。

生物危害 3 级：对个体危害程度高，对群体危害程度较高。能通过气溶胶传播的，引起严重或致死性疫病，导致严重经济损失的动物致病微生物，或外来的动物致病微生物。对人引发的疾病具有有效的预防和治疗措施。

生物危害 4 级：对个体和群体的危害程度高，通常引起严重疫病的、暂无有效预防和治疗措施的动物致病微生物。通过气溶胶传播的，有高度传染性、致死性的动物致病微生物；或未知的危险的动物致病微生物。

5.2 根据对象微生物本身的致病特征确定微生物的危害等级时必须考虑下列因素

● 微生物的致病性和毒力
● 宿主范围
● 所引起疾病的发病率和死亡率
● 疾病的传播媒介
● 动物体内或环境中病原的量和浓度
● 排出物传播的可能性
● 病原在自然环境中的存活时间
● 病原的地方流行特性
● 交叉污染的可能性
● 获得有效疫苗、预防和治疗药物的程度

5.3 除考虑特定微生物固有的致病危害外，危害评估还应包括

● 产生气溶胶的可能性
● 操作方法（体外、体内或攻毒）
● 对重组微生物还应评估其基因特征（毒力基因和毒素基因）、宿主适应性改变、基因整合、增殖力和回复野生型的能力等。

**6 兽医实验室的分类、分级及其适用范围**

6.1 分类：兽医实验室分两类。

6.1.1 生物安全实验室

是指对病原微生物进行试验操作时所产生的生物危害具有物理防护能力的兽医实验室。

适用于兽医微生物的临床检验检测、分离培养、鉴定以及各种生物制剂的研究等工作。

6.1.2　生物安全动物实验室

是指对病原微生物的动物生物学试验研究时所产生的生物危害具有物理防护能力的兽医实验室。也适用于动物传染病临床诊断、治疗、预防研究等工作。

6.2　分级

上述两类实验室，根据所用病原微生物的危害程度、对人和动物的易感性、气溶胶传播的可能性、预防和治疗的可行性等因素，其实验室生物安全水平各分为四级，一级最低，四级最高。

6.2.1　生物安全水平分级依据

一级生物安全水平（BSL-1）：能够安全操作，对实验室工作人员和动物无明显致病性的，对环境危害程度微小的，特性清楚的病原微生物的生物安全水平。

二级生物安全水平（BSL-2）：能够安全操作，对实验室工作人员和动物致病性低的，对环境有轻微危害的病原微生物的生物安全水平。

三级生物安全水平（BSL-3）：能够安全地从事国内和国外的，可能通过呼吸道感染，引起严重或致死性疾病的病原微生物工作的生物安全水平。与上述相近的或有抗原关系的，但尚未完全认知的病原体，也应在此种水平条件下进行操作，直到取得足够的数据后，才能决定是继续在此种安全水平下工作还是在其他等级生物安全水平下工作。

四级生物安全水平（BSL-4）：能够安全地从事国内和国外的，能通过气溶胶传播，实验室感染高度危险，严重危害人和动物生命和环境的，没有特效预防和治疗方法的微生物工作的生物安全水平。与上述相近的或有抗原关系的，但尚未完全认识的病原体也应在此种水平条件下进行操作，直到取得足够的数据后，才能决定是继续在此种安全水平下工作还是在低一级安全水平下工作。

6.2.2　动物实验生物安全水平（ABSL）

一级动物实验生物安全水平（ABSL-1）：能够安全地进行没有发现肯定能引起健康成人发病的，对实验室工作人员、动物和环境危害微小的、特性清楚的病原微生物感染动物工作的生物安全水平。

二级动物实验生物安全水平（ABSL-2）：能够安全地进行对工作人员、动物和环境有轻微危害的病原微生物感染动物的生物安全水平。这些病原微生物通过消化道和皮肤、黏膜暴露而产生危害。

三级动物实验生物安全水平（ABSL-3）：能够安全地从事国内和国外的，可能通过呼吸道感染、引起严重或致死性疾病的病原微生物感染动物工作的生物安全水平。与上述相近的或有抗原关系的但尚未完全认识的病原体感染，也应在此种水平条件下进行操作，直到取得足够的数据后，才能决定是继续在此种安全水平下工作还是在低一级安全水平下工作。

四级动物实验生物安全水平（ABSL-4）：能够安全地从事国内和国外的，能通过气溶胶传播，实验室感染高度危险、严重危害人和动物生命和环境的，没有特效预防和治疗方法的微生物感染动物工作的生物安全水平。与上述相近的或有抗原关系的，但尚未完全认知的病原体动物试验也应在此种水平条件下进行操作，直到取得足够的数据后，才能决定是继续在此种安全水平下工作还是在低一级安全水平下工作。

6.3　实验室致病微生物的生物安全等级见附表。

### 附表  致病微生物的生物安全等级

| 安全水平 | 病原微生物 | 操作 | 安全设备（一级屏障） | 设施（二级屏障） | 备注 |
|---|---|---|---|---|---|
| BSL-1 | 对个体和群体危害程度低，已知的不能对健康成年人和动物致病。包括所有一、二、三类动物疫病的不涉及活病原的血清学检测以及疫苗用新城疫、猪瘟等弱毒株。危害1级。 | 标准微生物操作［实验室诊断，病原的分离、鉴定（毒型和毒力），动物实验等及相关试验研究和操作］ | 无要求 | 要求开放台面，有洗手池 | |
| BSL-2 | 对个体危害程度为中度，对群体危害较低，主要通过皮肤、黏膜、消化道传播。对人和动物有致病性，但对实验人员、动物和环境不会造成严重危害，具有有效的预防和治疗措施。BSL-1含的病原微生物外，还包括三类动物疫病，二类动物疫病（布鲁氏杆菌病、结核病、狂犬病、马传染性贫血、马鼻疽及炭疽病等芽孢杆菌引起的疫病除外）。危害2级。 | 实验室诊断，病原的分离、鉴定（毒型和毒力），动物实验等及相关试验研究和操作。BSL-1操作加：<br>◇ 限制进入；<br>◇ 生物危害标志；<br>◇ "锐器伤"预防；<br>◇ 生物安全手册应明确废弃物的去污染处理和监督措施。 | 个人防护装备：必需的实验室工作外套和手套，必要时要有防护面罩。 | BSL-1实验室加：<br>◇ 高压灭菌。 | 猪瘟等疫病的免疫荧光、免疫组化试验可在本级实验室进行。 |
| BSL-3 | 对个体危害程度高，对群体危害程度较高。通过气溶胶传播的，起严重的或致死性疫病。对人引发的疾病具有有效的预防和治疗措施。除BSL-2含的病原微生物外，还包括一类动物疫病（口蹄疫、猪水泡病、猪瘟、非洲猪瘟、非洲马瘟、牛瘟、牛传染性胸膜肺炎、牛海绵状脑病、痒病、蓝舌病、小反刍兽疫、绵羊痘和山羊痘、高致病性禽流感、鸡新城疫等）、二类动物疫病中布鲁氏杆菌病、结核病、狂犬病、马传染性贫血、马鼻疽及炭疽等芽孢杆菌引起的疫病、所有新发病和部分外来病。从事外来病的调查和可疑病料的处理分析。危害3级。 | 实验室诊断，病原的分离、鉴定（毒型和毒力），动物实验等及相关试验研究和操作。BSL-2操作加：<br>◇ 控制进入；<br>◇ 所有废弃物去污染；<br>◇ 实验室衣服在清洗之前需灭菌；<br>◇ 工作人员保留血清本底样品。 | 一级屏障包括：用于操作病原体的I或II级生物安全柜或其他防护设备。个人防护装备：必需的实验室工作外套和手套，必要时要有呼吸防护面罩。 | BSL-2实验室加：<br>◇ 与走廊通道物理隔离；<br>◇ 有连锁门的缓冲间；<br>◇ 全新风通风系统；<br>◇ 室内负压。 | |

| 安全水平 | 病原微生物 | 操作 | 安全设备（一级屏障） | 设施（二级屏障） | 备注 |
|---|---|---|---|---|---|
| BSL-4 | 对个体和群体的危害程度高，通常引起严重疫病的、暂无有效预防和治疗措施的动物疫病。通过气溶胶传播的，引起高度传染性、致死性的动物致病；或导致未知的危险的疫病。<br>与 BSL-4 微生物相近或有抗原关系的微生物也应在此种水平条件下进行操作，直到取得足够的数据后才能决定，是继续在此种安全水平下工作还是在低一级安全水平下工作，以及从事外来病原微生物的研究分析。国家根据防治规划和计划需要另有规定。即除 BSL-3 含的病原微生物外，还包括一部分外来病（如裂谷热病毒、尼帕病毒、埃博拉病毒）等疫病。<br>危害4级。 | 实验室诊断，病原的分离、鉴定（毒型和毒力），动物实验等及相关试验研究和操作。<br><br>BSL-3 操作加：<br>◇ 进入之前更换衣物；<br>◇ 在出口处淋浴；<br>◇ 实验室拿出的所有材料在出口处消毒灭菌。 | 一级屏障包括：所有操作应在Ⅲ级生物安全柜或穿上全身正压供气的个人防护服使用Ⅰ或Ⅱ级生物安全柜。 | BSL-3 实验室加：<br>◇ 独立的建筑物和隔离带；<br>◇ 专用供气、排气、真空和净化系统；<br>◇ 全新风通风系统和消毒灭菌设备等。 | |

## 7 实验室生物安全的物理防护分级和组合

### 7.1 初级物理防护屏障

实验室生物安全必须配备初级物理防护屏障，它包括各级生物安全设备和个人防护器具。

### 7.2 次级物理防护屏障

实验室的设施结构和通风设计构成次级物理防护屏障。次级物理防护的能力取决于实验室分区和室内气压，要根据实验室的安全要求进行设计。一般把实验室分为洁净、半污染和污染三个区。实验室保持密闭，通风的气流方向始终保持：外界→HEPA→洁净区→半污染区→污染区→HEPA→外界。三级和四级生物安全水平的实验室中，污染区和半污染区的气压相对于大气压的压差分别不应小于-50Pa 和-30Pa。

### 7.3 生物安全水平（BSL）的构成

生物安全水平依赖于初级防护屏障、次级防护屏障和操作规程。三者不同形式的组合构成了 4 个级别生物安全水平，Ⅰ、Ⅱ、Ⅲ、Ⅳ级安全水平逐级提高，从而构成Ⅰ、Ⅱ、Ⅲ、Ⅳ级实验室生物安全。应根据实验的生物安全要求进行各种组合的设计。

### 7.4 各级生物安全实验室要求

#### 7.4.1 一级生物安全实验室

指按照 BSL-1 标准建造的实验室，也称基础生物实验室。在建筑物中，实验室无需与一般区域隔离。实验室人员需经一般生物专业训练。其具体标准、微生物操作、安全设备、实验室设施要求如下。

#### 7.4.1.1 标准操作

● 工作一般在桌面上进行，采用微生物的常规操作。工作台面至少每天消毒一次。

● 工作区内不准吃、喝、抽烟、用手接触隐形眼镜、存放个人物品（化妆品、食品等）。

● 严禁用嘴吸取试验液体，应该使用专用的移液管。

● 防止皮肤损伤。

● 所有操作均需小心，避免外溢和气溶胶的产生。

● 所有废弃物在处理之前用公认有效的方法灭菌消毒。从实验室拿出消毒后的废弃物应放在一个牢固不漏的容器内，并按照国家或地方法规进行处理。

● 昆虫和啮齿类动物控制方案应参照其他有关规定进行。

#### 7.4.1.2 特殊操作：无。

#### 7.4.1.3 安全设备（初级防护屏障）

● BSL-1实验室可不配置特殊的物理防护设备。

● 工作时应穿着实验室专用长工作服。

● 戴乳胶手套。

● 可佩戴防护眼镜或面罩。

#### 7.4.1.4 实验室设施（次级防护屏障）

● 实验室有控制进出的门。

● 每个实验室应有一个洗手池。

● 室内装饰便于打扫卫生，不用地毯和垫子。

● 工作台面不漏水、耐酸碱和中等热度、抗化学物质的腐蚀。

● 实验室内器具安放稳妥，器具之间留有一定的距离，方便清扫。

● 实验室的窗户，必须安纱窗。

#### 7.4.2 二级生物安全实验室

指按照BSL-2标准建造的实验室，也称为基础生物实验室。在建筑物中，实验室无需与一般区域隔离。实验室人员需经一般生物专业训练。其具体标准微生物操作、特殊操作、安全设备、实验室设施要求如下。

#### 7.4.2.1 标准操作

● 工作一般在桌面上进行，采用微生物的常规操作和特殊操作。

● 工作区内禁止吃、喝、抽烟、用手接触隐形眼镜和使用化妆品。食物贮藏在专门设计的工作区外的柜内或冰箱内。

● 使用移液管吸取液体，禁止用嘴吸取。

● 操作传染性材料后要洗手，离开实验室前脱掉手套并洗手。

● 制定对利器的安全操作对策（见7.4.3.2的避免利器感染）。

● 所有操作均须小心，以减少实验材料外溢、飞溅、产生气溶胶。

● 每天完成实验后对工作台面进行消毒。实验材料溅出时，要用有效的消毒剂消毒。

● 所有培养物和废弃物在处理前都要用高压蒸汽灭菌器消毒。消毒后的物品要放入牢固不漏的容器内，按照国家法规进行包装，密闭传出处理。

● 昆虫和啮齿类动物的控制应参照其他有关规定进行。

● 妥善保管菌、毒种，使用要经负责人批准并登记使用量。

### 7.4.2.2 特殊操作

● 操作传染性材料的人员，由负责人指定。一般情况下受感染概率增加或受感染后后果严重的人不允许进入实验室。例如，免疫功能低下或缺陷的人受感染危险增加。

● 负责人要告知工作人员工作中的潜在危险和所需的防护措施（如免疫接种），否则不能进入实验室工作。

● 操作病原微生物期间，在实验室入口必须标记生物危险信号，其内容包括微生物种类、生物安全水平、是否需要免疫接种、研究者的姓名和电话号码、进入人员必须佩戴的防护器具、遵守退出实验室的程序。

● 实验室人员需操作某些人畜共患病病原体时应接受相应的疫苗免疫或检测试验（如狂犬病疫苗和 TB 皮肤试验）。

● 应收集和保存实验室人员和其他受威胁人的基础血清，进行试验病原微生物抗体水平的测定，以后定期或不定期收取血清样本进行监测。

● 实验室负责人应制定具体的生物安全规则和标准操作程序，或制定实验室特殊的安全手册。

● 实验室负责人对实验人员和辅助人员要进行针对性的生物危害防护的专业训练，定期培训。必须防止微生物暴露、学会评价暴露危害的方法。

● 必须高度重视污染利器包括针头、注射器、玻璃片、吸管、毛细管和手术刀的安全对策（见 7.4.3.2 的避免利器感染）。

● 培养物、组织或体液标本的收集、处理、加工、储存、运输过程，应放在防漏的容器内进行。

● 操作传染性材料后，应对使用的仪器表面和工作台面进行有效的消毒，特别是发生传染性材料外溢、溅出，或其他污染时更要严格消毒。污染的仪器在送出设施检修、打包、运输之前都要给予消毒。

● 发生传染性材料溅出或其他事故要立即报告负责人，负责人要进行恰当的危害评价、监督、处理，并记录存档。

● 非本实验所需动物不允许进入实验室。

### 7.4.2.3 安全设备（初级防护屏障）

● 实验室内工作必需穿防护工作服。离开实验室到非工作区（如餐厅、图书室和办公室）之前要脱掉工作服。所有工作服或在实验室处理或由洗衣房清洗，不准带回家。

● 可能接触传染性材料和接触污染表面时要戴乳胶手套。完成传染性材料工作之后需经过消毒处理，方可脱掉手套。待处理的手套不能接触清洁表面（微机键盘、电话等），不能丢弃至实验室外面。脱掉手套后要洗手。如果手套破损，先消毒后脱掉。

● 能产生传染物外溢、溅出和气溶胶的操作，包括离心、研磨、搅拌、强力震荡混合、超声波破碎、打开装有传染性材料的容器、动物鼻腔注射、收取感染动物和孵化卵的组织等，都要使用Ⅱ级生物安全柜和物理防护设备。

● 离心高浓度和大容量的传染性材料时，如果使用密闭转头、带有安全帽的离心机可在开放的实验室内进行，否则只能在生物安全柜内进行。

● 当操作（微生物）不得不在安全柜外面进行时，应采取严格的面部安全防护措施（护目镜、口罩、面罩或其他设施)，并防止气溶胶发生。

7.4.2.4　实验室设施（次级屏障）

● 设施门要加锁，限制人员进入。

● 实验设施地点离开公共区。

● 每个实验室设一个洗手池。要求设置非手动或自动开关。

● 实验室结构要便于清洁卫生，禁止使用地毯和垫子。

● 工作台面不渗水，应耐酸、碱、耐热和有机溶剂等。

● 实验室家具应预先设计，便于摆放和使用，表面应便于消毒，并在其间留有空隙便于清洁。

● 生物安全柜的安装，室内的送、排风要符合物理防护参数要求。远离门口、风口和能开的窗户，远离室内人员经常走动的地方，远离其他可能干扰的仪器，以保证生物安全柜的气流参数和物理防护功能。

● 建立冲洗眼睛的紧急救护点。

● 照明适合于室内一切活动，避免反射和耀眼，以免干扰视线。

● 只要求一般舒适空调，没有特殊通风要求。但是，新设施应该考虑机械通风系统能够提供通向室内的单向气流。如果有通向室外的窗户，必须安装纱窗。

7.4.3　三级生物安全实验室

指按照 BSL-3 标准建造的实验室，也称为生物安全实验室。实验室需与建筑物中的一般区域隔离。其具体标准微生物操作、特殊操作、安全设备、实验室设施要求如下。

7.4.3.1　标准操作

● 完成传染性材料操作后，对手套进行消毒冲洗，离开实验室之前，脱掉手套并洗手。

● 设施内禁止吃、喝、抽烟，不准触摸隐形眼镜和使用化妆品。戴隐形眼镜的人也要佩戴防护镜或面罩。食物只能存放在工作区以外的地方。

● 禁止用嘴吸取试验液体，要使用专用的移液管。

● 一切操作均要小心，以减少和避免产生气溶胶。

● 实验室卫生至少每天清洁一次，工作后随时消毒工作台面，传染性材料外溢、溅出污染时要立即消毒处理。

● 所有培养物、储存物和其他日常废弃物在处理之前都要用高压灭菌器进行有效的灭菌处理。需要在实验室外面处理的材料，要装入牢固不漏的容器内，加盖密封后传出实验室。实验室的废弃物在送到处理地点之前应消毒、包装，避免污染环境。

● 对 BSL-3 内操作的菌、毒种必须由两人保管，保存在安全可靠的设施内，使用前应办理批准手续，说明使用剂量，并详细登记，两人同时到场方能取出。试验要有详细使用和销毁记录。

● 昆虫和啮齿类动物控制应参照其他有关规定执行。

7.4.3.2　特殊操作

● 制定安全细则

实验室负责人要根据实际情况制定本实验室特殊而全面的生物安全规则和具体的操作规程，以补充和细化本规范的操作要求，并报请生物安全委员会批准。工作人员必须了解细则，认真贯彻执行。

● 生物危害标志

要在实验室入口的门上标记国际通用生物危害标志。实验室门口标记实验微生物种类、实验室负责人的名单和电话号码，指明进入本实验室的特殊要求，诸如需要免疫接种、佩戴防护面具或其他个人防护器具等。

实验室使用期间，谢绝无关人员参观。如参观必须经过批准并在个体条件和防护达到要求时方能进入。

● 生物危害警告

实验过程中实验室或物理防护设备里放有传染性材料或感染动物时，实验室的门必须保持紧闭，无关人员一律不得进入。

门口要示以危害警告标志，如挂红牌或文字说明实验的状态，禁止进入或靠近。

● 进入实验室的条件

实验室负责人要指定、控制或禁止进入实验室的实验人员和辅助人员。

未成年人不允许进入实验室。

受感染概率增加或感染后果严重的实验室工作人员不允许进入实验室。

只有了解实验室潜在的生物危害和特殊要求并能遵守有关规定合乎条件的人才能进入实验室。

与工作无关的动植物和其他物品不允许带入实验室。

● 工作人员的培训

对实验室工作人员和辅助人员要进行与工作有关的定期和不定期的生物安全防护专业培训。实验人员需经专门生物专业训练和生物安全训练，并由有经验的专家指导，或在生物安全委员会指导监督下工作。

必须学会气溶胶暴露危害的评价和预防方法。

在BSL－3实验室做传染性工作之前，实验室负责人要保证和证明，所有工作人员熟练掌握了微生物标准操作和特殊操作，熟练掌握本实验室设备、设施的特殊操作运转技术。包括操作致病因子和细胞培养的技能，或实验室负责人特殊培训的内容，或包括在安全微生物工作方面具有丰富经验的专家和安全委员会指导下规定的内容。

避免气溶胶暴露：一切传染性材料的操作不可直接暴露于空气之中，不能在开放的台面上和开放的容器内进行，都应在生物安全柜内或其他物理防护设备内进行。

需要保护人体和样品的操作可在室内排放式Ⅱ级A型生物安全柜内进行。

只保护人体不保护样品的操作可在Ⅰ级生物安全柜内进行。

如果操作带有放射性或化学性有害物时应在Ⅱ级B2型生物安全柜。

禁止使用超净工作台。

避免利器的感染：对可能污染的利器，包括针头、注射器、刀片、玻璃片、吸管、毛细吸管和解剖刀等，必须经常地采取高度有效的防范措施，必须预防经皮肤的实验室感染。

在BSL－3实验室工作，尽量不使用针头、注射器和其他锐利的器件。只有在必要时，如实质器官的注射、静脉切开、或从动物体内和瓶子（密封胶盖）里吸取液体时才能使用，尽量用塑料制品代替玻璃制品。

在注射和抽取传染性材料时，使用一次性注射器（针头与注射器一体的）。使用过的针头在消毒之前避免不必要的操作，如不可折弯、折断、破损，不要用手直接盖上原来的针头帽；要小心地把其放在固定方便且不会刺破的处理利器的容器里，然后进行高压消毒灭菌。

破损的玻璃不能用手直接操作，必须用机械的方法清除，如刷子、夹子和镊子等。

● 污染的清除和消毒

传染性材料操作完成之后，实验室设备和工作台面应用有效的消毒剂进行常规消毒，特别是传染材料溢出、溅出其他污染，更要及时消毒。

溅出的传染性材料的消毒由适合的专业人员处理和清除，或由其他经过训练和有使用高浓度传染物工作经验的人处理。

一切废弃物处理之前都要高压灭菌，一切潜在的实验室污物（如手套、工作服等）均需在处理或丢弃之前消毒。

需要修理、维护的仪器，在包装运输之前要进行消毒。

● 感染性样品的储藏运输

一切感染性样品如培养物、组织材料和体液样品等在储藏、搬动、运输过程中都要放在不泄漏的容器内，容器外表面要彻底消毒，包装要有明显、牢固的标记。

● 病原体痕迹的监测

采集所有实验室工作人员和其他有关人员的本底血清样品，进行病原体痕迹跟踪检测。依据被操作病原体和设施功能情况或实际中发生的事件，定期、不定期采集血清样本，进行特异性检测。

● 医疗监督与保健

在 BSL－3 实验室工作期间对工作者进行医疗监督和保健，对于实验室操作的病原体，工作人员要接受相应的试验或免疫接种（如狂犬病疫苗，TB 皮肤试验）。

● 暴露事故的处理

当生物安全柜或实验室出现持续正压时，室内人员应立即停止操作并戴上防护面具，采取措施恢复负压。如不能及时恢复和保持负压，应停止实验，及早按规程退出。

发生此类事故或具有传染性暴露潜在危险的其他事故和污染，当事者除了采取紧急措施外，应立即向实验室负责人报告，听候指示，同时报告国家兽医实验室生物安全管理委员会。负责人和当事人应对其事故进行紧急科学、合理的处理。事后，当事人和负责人应提供切合实际的医学危害评价，进行医疗监督和预防治疗。

实验室负责人对事件的过程要予以调查和公布，写出书面报告呈报国家兽医实验室生物安全管理委员会同时抄报实验室安全委员会并保留备份。

7.4.3.3　安全设备（初级防护屏障）

● 防护服装

实验室内，工作人员要穿防护性实验服，如长服装、短套装，或有护胸的工作服装。消毒后清洗，如有明显的污染应及时换掉，作为污弃物处理。

在实验室外面不能穿工作服。

● 防护手套

在操作传染性材料、感染动物和污染的仪器时必须戴手套，戴双层为好，必要时再戴上不易损坏的防护手套。

更换手套前，戴在手上消毒冲洗，一次性手套不得重复使用。

● 生物安全柜

感染性材料的操作，如感染动物的解剖，组织培养、鸡胚接种、动物体液的收取等，都应在Ⅱ级以上生物安全柜内进行。

离心、粉碎、搅拌等不能在Ⅱ级生物安全柜内进行的工作可在较大或特制的Ⅰ级生物安全柜内进行。

● 其他物理防护

当操作不能在生物安全柜内进行时，个人防护（Ⅲ级以上类似防护设备的具体要求）和其他物理防护设备（离心机安全帽，或密封离心机转头）并用。

● 面部保护

污染区、半污染区应备有防护面具以便紧急使用，当房间内有感染动物时要戴面具保护。

建立紧急防护工作点。

● 紧急防护用品

污染区或半污染区备用防护面具、冲洗眼睛的器具和药品等，随时可用。

7.4.3.4 实验室设施（次级防护屏障）

BSL-3生物安全实验室里所有病原微生物的操作均在Ⅱ级以上（含Ⅱ级）生物安全柜内进行，其次级屏障标准如下。

● 建筑结构和平面布局

建筑物抗震能力七级以上，防鼠、防虫、防盗。

实验室内净高应在2.6米以上，管道层净高宜不低于2.0米。

建筑物内实验室应与活动不受限制的公共区域隔开，设置安全门并安装门锁，禁止无关人员进入。

进入设施的通道设带闭门器的双扇门，其后是更衣室，分成一更室（清洁区）和二更室（半污染区），二更室后面为后室或称缓冲室（半污染区），进出缓冲室的门应为自动互锁。如果是多个实验室共用一个公用的走廊（或缓冲室），则进入每个实验室宜经过一个连锁的气闸（锁）门。

实验室应有安全通道和紧急出口，并有明显标识。

半污染区与清洁区之间必须设置传递窗。

洗刷室、机房等附属区域应是清洁区，但应尽量缩短与实验室的距离，方便工作。

实验室内可设密闭观察窗。

● 密闭性和内表面

一切设施、设备外表无毛刺、无锐利棱角，尽量减少水平表面面积，便于清洁和消毒。

各种管道通过的孔洞必须密封。

墙和顶棚的表面要光滑，不刺眼、不积尘、不受化学物和常用消毒剂的腐蚀，无渗水、不凝集蒸气。

地表面应该是一体、防滑、耐磨、耐腐、不反光、不积尘、不漏水，如能按污染区划分给予颜色区别更好。

工作台面不能渗水，耐中等热、有机溶剂、酸、碱和常用消毒剂的损害和腐蚀。

实验室必要的桌椅橱柜等用具事先设计，便于稳妥安放和使用，彼此留有一定空间便于清洁卫生，表面消毒方便、耐腐。

● 消毒灭菌设施

必须安装双扉式高压蒸汽灭菌器，安装在半污染区与洗刷室之间。灭菌器的两个门应互为连锁，灭菌器应满足生物安全二次灭菌要求。

污染区、半污染区的房间或传递窗内可安装紫外灯。

室内应配制人工或自动消毒器具（如消毒喷雾器、臭氧消毒器）并备有足够的消毒剂。

一切实验室内的废弃物都要分类集中装在可靠的容器内，都要在设施内进行消毒处理（高压、化学、焚化、其他处理），仪器的消毒选择适当的方法，如传递式臭氧消毒柜、环氧乙烷消毒袋等，如果废弃物需要传至实验室外，应该消毒后并装入密封容器、包装。

● 净化空调

实验室污染区和半污染区采用负压单向流全新风净化空调系统。

污染区和半污染区不允许安装暖气、分体空调，不可用电风扇。

温度 23 ℃±2 ℃、相对湿度 40%～70%。

室内噪声不超过 60 分贝。

气流方向始终保证由清洁区流向污染区，由低污染区流向高污染区。空调系统应安装压力无关装置，以保证系统压力平衡，排风应采用一用一备自动切换系统。发生紧急情况时，应关闭送风系统，维持排风，保证实验室内安全负压。

供气需经 HEPA 过滤。排出的气体必须经过至少两级 HEPA 过滤排放，不允许在任何区域循环使用。

室内洁净度高于万级。

实验室送风口应在一侧的棚顶，出风口应在对面墙体的下部，尽量减少室内气流死角。保持单向气流，矢流方式较为合适。

实验室门口安装可视装置，能够确切表明进入实验室的气流方向。

Ⅱ级生物安全柜每年检测一次。Ⅱ级 A 型的排气可进入室内，Ⅱ级 B2 型安全柜和Ⅲ级安全柜的排风要通过实验室总排风系统排出。如果Ⅲ级安全柜是带有二次 HEPA 过滤、移动式，气流亦可在室内排气，但排气口应靠近室内排风口。

如有其他设备如液体消毒传递窗、药物熏蒸消毒器等的抽气系统，必须经过 HEPA 过滤，并根据需要更换。

● 水的净化处理

每个房间出口附近设置一个非手动开关的洗手池。

污染区、半污染区和有可能被污染的供水管道应采取防止回流措施。如有下水、水池或地漏要设置消毒设施。下水下方必须设有水封，并始终充盈消毒剂，水封的排气应加 HEPA 过滤装置。可能污染的下水只能排放到消毒装置内，消毒后再排至公共下水道。如没有下水排放，或不外排的所有废水均须收集并高压处理。洁净区域的下水可直接排入公共下水道。

● 污染物和废弃物处理

对可能污染的物品和其他废弃物要放在专用的防止污染扩散或可消毒的容器里，以便消毒或高压灭菌处理。

● 实验室监控系统

应对实验室各种状态及设施全面设置监控报警点，构成完善的实验室安全报警系统。

● 备用电源

非双路供电情况下，应配有备用电源，在停电时，至少能够保证空调系统、警铃、灯光、进出控制和生物安全设备的工作。

● 照明

照明应适合室内的一切活动，不反射、不刺眼，不影响视线。照明灯最好把灯具的部件装在顶棚里，或采取减少积尘措施。

● 通讯

实验室内外应有适合的通讯联系设施（电话、传真、计算机等），进行无纸化操作。

● 验收和年检

BSL-3 设施和运行必须是指令性的。

实验室的验收或年检应参考 ISO10648 标准检测方法进行密封性测试，其检测压力不低于 250Pa，半小时的小时泄漏率不超过 10%，以保证维护结构的可靠性。

新建设施的功能必须检测验收，确认设计和运作参数合乎要求方能使用。

运行后每年再进行一次检测确认。

### 7.4.4 四级生物安全实验室

指按照 BSL-4 标准建造的实验室，也称为高度实验室生物安全。实验室为独立的建筑物，或在建筑物内一切其他区域相隔离的可控制的区域。

为防止微生物传播和污染环境，BSL-4 实验室必须实施特殊的设计和工艺。在此没有提到的 BSL-3 要求的各条款在 BSL-4 中都应做到。

其具体的标准微生物操作、特殊操作、安全设备和实验室设施要求如下。

#### 7.4.4.1 标准操作

● 限制进入实验室的人员数量。

● 制定安全操作利器的规程。

● 减少或避免气溶胶发生。

● 工作台面每天至少消毒一次，任何溅出物都要及时消毒。

● 一切废弃物在处理前要高压灭菌。

● 昆虫和啮齿类动物控制按有关规定执行。

● 严格控制菌、毒种（见前）。

#### 7.4.4.2 特殊操作

● 人员进入

只有工作需要的人员和设备运转需要的人员经过系统的生物安全培训，并经过批准后方能进入实验室。负责人或监督人有责任慎重处理每一个情况，确定进入实验室工作的人员。

采用门禁系统限制人员进入。

进入人员由实验室负责人、安全控制员管理。

人员进入前要告知他们潜在的生物危险，教会他们使用安全装置。

工作人员要遵守实验室进出程序。

制定应对紧急事件切实可行的对策和预案。

● 危害警告

当实验室内有传染性材料或感染动物时，在所有的入口门上展示危险标志和普遍防御信号，说明微生物的种类、实验室负责人和其他责任人的名单和进入此区域特殊的要求。

● 负责人职责

实验室负责人有责任保证，在 BSL－4 内工作之前，所有工作人员已经高度熟练掌握标准微生物操作技术、特殊操作和设施运转的特殊技能。这包括实验室负责人和具有丰富的安全微生物操作和工作经验专家培训时所提供的内容和安全委员会的要求。

● 免疫接种

工作人员要接受试验病原体或实验室内潜在病原微生物的免疫注射。

● 血清学监督

对实验室所有工作人员和其他有感染危险的人员采集本底血清并保存，再根据操作情况和实验室功能不定期血样采集。进行血清学监督。对致病微生物抗体评价方法要注意适用性。项目进行中，要保证每个阶段血清样本的检测，并把结果通知本人。

● 安全手册

制定生物安全手册。告知工作人员特殊的生物危险，要求他们认真阅读并在实际工作当中严格执行。

● 技术培训

工作人员必须经过操作最危险病原微生物的全面培训，建立普遍防御意识，学会对暴露危害的评价方法，学习物理防护设备和设施的设计原理和特点。每年训练一次，规程一旦修改要增加训练次数。由对这些病原微生物工作受过严格训练和具有丰富工作经验的专家或安全委员会指导、监督进行工作。

● 紧急通道

只有在紧急情况下才能经过气闸门进出实验室。实验室内要有紧急通道的明显标识。

● 在安全柜型实验室中，工作人员的衣服在外更衣室脱下保存。穿上全套的实验服装（包括外衣、裤子、内衣或者连衣裤、鞋、手套）后进入。在离开实验室进入淋浴间之前，在内更衣室脱下实验服装。服装洗前应高压灭菌。在防护服型实验室中，工作人员必须穿正压防护服方可进入。离开时，必须进入消毒淋浴间消毒。

● 实验材料和用品要通过双扉高压灭菌器、熏蒸消毒室或传递窗送入，每次使用前后对这些传递室进行适当消毒。

● 对利器，包括针头、注射器、玻璃片、吸管、毛细吸管和解剖刀，必须采取高度有效的防范措施。

尽量不使用针头、注射器和其他锐利的器具。只有在必要时，如实质器官的注射、静脉切开或从动物体内和瓶子里吸取液体时才能使用，尽量用塑料制品代替玻璃制品。

在注射和抽取传染性材料时，只能使用锁定针头的或一次性的注射器（针头与注射器一体的）。使用过的针头在处理之前，不能折弯、折断、破损，要精心操作，不要盖上原来的针头帽；放在固定方便且不会刺破的用于处理利器的容器里。不能处理的利器，必须放在器壁坚硬的容器内，运输到消毒区，高压消毒灭菌。

可以使用套管针管和套管针头、无针头注射器和其他安全器具。

破损的玻璃不能用手直接操作，必须用机械的方法清除，如刷子、簸箕、夹子和镊子。盛污染针头、锐利器具、碎玻璃等，在处理前一律消毒，消毒后处理按照国家或地方的有关规定实施。

● 从 BSL－4 拿出活的或原封不动的材料时，先将其放在坚固密封的一级容器内，再密封在不能破损的二级容器里，经过消毒剂浸泡或消毒熏蒸后通过专用气闸取出。

● 除活体或原封不动的生物材料以外的物品，除非经过消毒灭菌，否则不能从 BSL－4 拿出。不耐高热和蒸汽的器具物品可在专用消毒通道或小室内用熏蒸消毒。

● 完成传染性材料工作之后，特别是有传染性材料溢出、溅出或污染时，都要严格彻底地灭菌。实验室内仪器要进行常规消毒。

● 传染性材料溅出的消毒清洁工作，由适宜的专业人员进行。并将事故的经过在实验室内公示。

● 建立报告实验室暴露事故、雇员缺勤制度和系统，以便对与实验室潜在危险相关的疾病进行医学监督。对该系统要建造一个病房或观察室，以便需要时，检疫、隔离、治疗与实验室相关的病人。

● 与实验无关的物品（植物、动物和衣物）不许进入实验室。

7.4.4.3　安全设备（初级防护屏障）

在设施污染和半污染工作区域内的一切操作都应在Ⅲ级生物安全柜内进行。如工作人员穿着具有生命支持通风系统的正压防护服，可在Ⅱ级生物安全柜内进行实验操作。

7.4.4.4　实验室设施（次级防护屏障）

BSL－4 实验室有两种类型：安全柜型，即所有病原微生物的操作均在Ⅲ级生物安全柜内或隔离器进行；防护服型，即工作人员穿正压防护服工作，操作可在Ⅱ级生物安全柜内进行。也可以在同一设施内穿正压防护服，并使用Ⅲ级生物安全柜。

● 安全柜型

BSL－4 建筑物或独立，或在系统建筑中由一个清洁区或隔墙把它与其他区域隔离开。

中心实验室（污染区）装有Ⅲ级生物安全柜，实验室周围为足够宽的隔离带，如环形走廊（半污染区）。从隔离带进出实验室必须通过一个缓冲间。

在污染区和半污染区之间，安装两台以上生物安全型高压蒸汽灭菌器（一次灭菌），互为备用。

外更衣室（清洁区）与内更衣室（半污染区）由淋浴间（清洁区）隔开，人员进出经过淋浴间。在清洁区与半污染区之间设置一个通风的双门传递通道，为不可通过更衣室进入实验室的实验材料、实验用品或仪器通过物理屏障时提供通道和消毒。在清洁区与半污染区之间同样安置一台生物安全型高压灭菌器，用于二次消毒。

每天工作开始之前，检查所有物理防护参数（如压差）。

实验区的墙、地和天棚整体密封，便于熏蒸消毒。内表面耐水和化学制剂、便于消毒。实验区任何液体必须排放到消毒装置的储液罐，经过有效灭菌达标排放。通风口和在线管道都要安装 HEPA 过滤器。

工作台面不渗水，耐中等热、有机溶剂、酸、碱和常用消毒剂的腐蚀。

实验室用具事先设计，便于安放稳妥和使用，彼此留有一定空间便于清洁卫生，桌椅表面易于消毒。

内外更衣室和实验室进出门附近安装非手动或自动开关的洗手池。

排风经过 2 个串联的 HEPA 过滤，送、排风过滤器安装应便于消毒和更换。

供水、供气均安装防止回流的装置加以保护。

如果提供水源（消防喷枪），其开关应该是安装在实验室外面走廊里，开关自动或非手动。此系统与实验室区域供水分配系统分开，配备防止回流装置。

实验室进出门自动锁闭。

实验室内所有窗户都必须是封闭窗。

从Ⅲ级安全柜和实验室传出的材料必须经双扉高压灭菌器灭菌。灭菌器与周围物理屏障的墙之间要密封。灭菌器的门自动连锁控制，以保证只有在灭菌过程全部完成后才能开启外门。

从Ⅲ级安全柜或实验室内要拿出的材料和仪器，不能用高压灭菌消毒的要通过液体浸泡消毒、气体熏蒸消毒或同等效果的消毒装置进行消毒和传递。

来自内更衣室（包括厕所）和实验室内的洗手、地漏、高压灭菌器的废水以及其他废水，在排入公共下水之前，都要使用可靠的方法消毒（热处理比较合适）。淋浴和清洁区一侧厕所的废水不需特殊处理就可排入公共下水。所用废水消毒方法必须具有物理学和生物学的监测措施和法规确认。

非循环的负压通风系统，供、排风系统应采用压力无关装置保持动态平衡，保证气流从最低危险区向最高危险区的方向流动。对相邻区域的压差或气流方向进行监测，能进行系统声光报警。应安装一套能指示和确认实验室压差、适用而可视的气压监测装置，其显示部分安装在外更衣室的进口处。Ⅲ级生物安全柜与排风系统相连。

实验室的供排气都要经过 HEPA 过滤。为了缩短工作管道潜在的污染，HEPA 尽可能安装在靠近工作的地方。所有 HEPA 每年均须检测一次，同时在靠近 HEPA 的地方应安装零泄露气密阀，便于过滤器安装与消毒更换。HEPA 上游安装预过滤器可延长其使用寿命。

安全柜型生物安全水平Ⅳ级实验室的设计和操作程序是指令性的。实验室必须经过检测、鉴定和验收。只有合乎设计要求和运行标准的才能启用。实验室的验收或年检应参考 ISO10648 标准检测方法进行密封性测试，其检测压力不低于 500Pa，半小时的小时泄漏率不超过 10%，以保证维护结构的可靠性。实验室每年必须检测一次，确认合乎设计和运行参数的要求，才能继续运行。

实验室内外应有适合的通讯联系设施（电话、传真、计算机等），进行无纸化操作。

● 防护服型

BSL－4 建筑物独立，或在系统建筑中由一个清洁区或隔墙把它与建筑物其他区域隔开。

实验室房间的安排与安全柜型基本相同。不同的是在进入实验室（可用Ⅱ级生物安全柜代替Ⅲ级生物安全柜）之前要穿上有生命支持系统的正压防护服。生命支持系统所供气体应满足可呼吸空气生产标准，同时应增加紧急排风设施及配有备用电源。

进入 BSL－4 实验室之前要设置一个更衣和消毒区（设在实验室的一角或环形走廊内侧）。工作人员离开此区之前应在专用消毒室对防护服表面进行药物喷淋和熏蒸，时间不短于 5 分钟。

备用电源，在停电时应能够保证排风、生命支持系统、警铃、灯光、进出控制和生物安全柜的应急工作。

所有通向实验区、消毒淋浴室、气闸的空隙都要封闭。

每天实验开始之前，要完成对所有物理防护参数（如压差等）和正压防护服的检测，以保证实验室安全运行。

在实验区跨墙安装双扉高压灭菌器，对从实验区拿出的废弃物进行一次消毒。高压灭菌器与物理防护的壁板间要密闭。

设置渡槽、熏蒸消毒传递小室（柜），供不能通过更衣室进入实验区的实验材料、用品或仪器的消毒和传递使用。这些设施还能用于不能高压的材料、用品和仪器安全地取出。在清洁区与半污染区之间同样安置一台双扉生物安全型高压灭菌器，用于二次消毒。

实验区的墙、地和天棚整体密封，便于熏蒸消毒。内表面耐水和化学制剂、便于消毒。实验区任何液体必须排放到有消毒装置的储液罐，经过有效灭菌达标排放。通风口和在线管道都要安装 HEPA 过滤器。

实验区内部附属设施，如灯的固定、空气管道、功能管道等的安排尽可能减少水平表面面积。

工作台面不渗水，中等耐热、抗有机溶剂、酸、碱和常用消毒剂的腐蚀。

实验用具要简单、分体、适用、牢固，不选用多孔材料。桌、柜、仪器之间保持一定空间，便于清洁和消毒。实验用椅和其他用具的表面应易于消毒。

实验区、内外更衣室的洗手池设非手动开关。

中央真空系统设在实验区内，在线 HEPA 过滤器靠近每一个使用点或开关。过滤器安装便于消毒和更换。其他进入实验区的供水、供气由防止回流装置加以控制。

实验区的门采用门禁系统。消毒淋浴、气闸室的内外门连锁。

来自污染区内的洗手池、地漏、灭菌器和其他来源的废水必须排放到有消毒装置的储液罐，经过有效灭菌达标排放。来自淋浴和厕所的废水经处理后排入下水道。所用的废水消毒方法的效果要有物理学和生物学的证据。

全新风通风系统。供、排风系统应采用压力无关装置保持动态平衡，保证气流从最低危险区向最高危险区的流动。对相邻区域的压差或气流方向进行监测，能进行系统声光报警。应安装一套能指示和确认实验室压差、适用而可视的气压监测装置，其显示部分安装在外更衣室的进口处。

实验区的供气要通过一个 HEPA 过滤处理，排气要通过串连的 2 个 HEPA 过滤处理。空气向高空排放，远离进气口。为了缩短工作管道潜在的污染，HEPA 尽可能安装在靠近工作的地方。所有 HEPA 每年均须检测一次，同时在靠近 HEPA 的地方应安装零泄露气密阀，便于过滤器安装与消毒更换。HEPA 上游安装预过滤器可延长其使用寿命。

防护服型生物安全Ⅳ级实验室设计和运转要求是指令性的。实验室必须经过检测、鉴定和验收。只有合乎设计要求和运行标准的才能启用。实验室的验收或年检应参考 ISO10648 标准检测方法进行密封性测试，其检测压力不低于 500Pa，半小时内的小时泄漏率不超过 10％，以保证维护结构的可靠性。实验室每年必须检测一次，确认合乎设计和运行参数的要求，才能继续运行。

实验室内外应有适合的通讯联系设施（电话、传真、计算机等），进行无纸化操作。

## 8 动物实验生物安全水平标准

8.1 动物实验生物安全实验室分级：

动物实验安全实验室分 4 级，所配备的动物设施、设备和操作分别适用于生物安全Ⅰ～Ⅳ级的病原微生物感染动物的工作，安全水平逐级提高。

8.2 各级动物生物安全实验室的要求

8.2.1　一级动物实验生物安全实验室

指按照 ABSL-1 标准建造的实验室，也称动物实验基础实验室。

8.2.1.1　标准操作

● 动物实验室工作人员需经专业培训才能进入实验室。人员进入前，要熟知工作中潜在的危险，并由熟练的安全员指导。

● 动物实验室要有适当的医疗监督措施。

● 制定安全手册，工作人员要认真贯彻执行，知悉特殊危险。

● 在动物实验室内不允许吃、喝、抽烟、处理隐形眼镜和使用化妆品、储藏食品等。

● 所有实验操作过程均须十分小心，以减少气溶胶的产生和外溢。

● 实验中，病原微生物意外溢出及其他污染时要及时消毒处理。

● 从动物室取出的所有废弃物，包括动物组织、尸体、垫料，都要放入防漏带盖的容器内，并焚烧或做其他无害化处理，焚烧要合乎环保要求。

● 对锋利物要制定安全对策。

● 工作人员在操作培养物和动物以后要洗手消毒，离开动物设施之前脱去手套、洗手。

● 在动物实验室入口处都要设置生物安全标志，写明病原体名称、动物实验室负责人及其电话号码，指出进入本动物实验室的特殊要求（如需要免疫接种和呼吸道防护）。

8.2.1.2　特殊操作　无。

8.2.1.3　安全设备（初级防护屏障）

● 工作人员在设施内应穿实验室工作服。

● 与非人灵长类动物接触时应考虑其黏膜暴露对人的感染危险，要戴保护眼镜和面部防护器具。

● 不要使用净化工作台，需要时使用Ⅰ级或Ⅱ级 A 型生物安全柜。

8.2.1.4　设施（次级防护屏障）

● 建筑物内动物设施与人员活动不受限制的开放区域用物理屏障分开。

● 外面门自关自锁，通向动物室的门向内开并自关，当有实验动物时保持关闭状态，大房间内的小室门可向外开，为水平或垂直滑动拉门。

● 动物设施设计防虫、防鼠、防尘，易于保持室内整洁。内表面（墙、地板和天棚）要防水、耐腐蚀。

● 内部设施的附属装置，如灯的固定附件、风管和功能管道排列整齐并尽可能减少水平表面。

● 建议不设窗户，如果动物设施内有窗户并需开启，必须安装纱窗。所有窗户必须牢固，不易破裂。

● 如果有地漏都要始终用水或消毒剂充满水封。

● 排风不循环。建议动物室与邻室保持负压。

● 动物室门口设有一个洗手水槽。

● 人工或机器洗涤动物笼子，最终洗涤温度至少达到 82℃。

● 照明要适合所有的活动，不反射耀眼以免影响视觉。

8.2.2　二级动物实验生物安全实验室

指按照 ABSL-2 标准建造的动物实验室。

8.2.2.1　标准操作

● 设施制度除了制定紧急情况下的标准安全对策、操作程序和规章制度外，还应依据实际需要制定特殊的对策。把特殊危险告知每位工作人员，要求他们认真贯彻执行安全规程。

● 尽可能减少非熟练的新成员进入动物室。为了工作或服务必须进入者，要告知其工作潜在的危险。

● 动物实验室应有合适的医疗监督，根据试验微生物或潜在微生物的危害程度，决定是否对实验人员进行免疫接种或检验（例如狂犬病疫苗和 TB 皮试）。如有必要，应该实施血清监测。

● 在动物室内不允许吃、喝、抽烟、处理隐形眼镜和使用化妆品、储藏个人食品。

● 所有实验操作过程均须十分小心，以减少气溶胶的产生和防止外溢。

● 操作传染性材料以后所有设备表面和工作表面用有效的消毒剂进行常规消毒，特别是有感染因子外溢和其他污染时更要严格消毒。

● 所有样品收集放在密闭的容器内并贴标签，避免外漏。所有动物室的废弃物（包括动物尸体、组织、污染的垫料、剩下的饲料、锐利物和其他垃圾）应放入密闭的容器内，高压蒸汽灭菌，然后建议焚烧。焚烧地点应是远离城市、人员稀少、易于空气扩散的地方。

● 对锐利物的安全操作（见前面所述）。

● 工作人员操作培养物和动物以后要洗手，离开设施之前脱掉手套并洗手。

● 当动物室内操作病原微生物时，在入口处必须有生物危害的标志。危害标志应说明使用感染病原微生物的种类，负责人的名单和电话号码。特别要指出对进入动物室人员的特殊要求（如免疫接种和面罩）。

● 严格执行菌（毒）种保管制度。

8.2.2.2　特殊操作

● 对动物管理人员和试验人员应进行与工作有关的专业技术培训，必须避免微生物暴露，了解评价暴露的方法。每年定期培训，保存培训记录，当安全规程和方法变化时要进行培训。一般来讲，感染危险可能性增加的人和感染后果可能严重的人不允许进入动物设施，除非有办法除去这种危险。

● 只允许用做实验的动物进入动物实验室。

● 所有设备拿出动物室之前必须消毒。

● 造成明显病原微生物暴露的实验材料外溢事故，必须立刻妥善处理并向设施负责人报告，及时进行医学评价、监督和治疗，并保留记录。

8.2.2.3　安全设备（初级防护屏障）

● 动物室内工作人员穿工作服。在离开动物实验室时脱去工作服。在操作感染动物和传染性材料时要戴手套。

● 在评价认定危害的基础上使用个人防护器具。在室内有传染性非人灵长类动物时要戴防护面罩。

● 进行容易产生高危险气溶胶的操作时，包括对感染动物和鸡胚的尸体、体液的收集和动物鼻腔接种，都要同时使用生物安全柜或其他物理防护设备和个人防护器具（例如口罩和面罩）。

● 必要时，把感染动物饲养在和动物种类相宜的一级生物安全设施里。建议鼠类实验使用带过滤帽的动物笼具。

#### 8.2.2.4 设施（次级防护屏障）

● 建筑物内动物设施与开放的人员活动区分开。

● 进入设施要经过牢固的气闸门，其外门自关自锁。进入动物室的门应自动关闭，有实验动物时要关紧。

● 设施结构易于保持清洁，内表面（墙、地板和天棚）防水、耐腐。

● 设施内部附属装置，如灯架、气道、功能管道尽可能整齐并减少水平表面积。

● 一般不设窗户，如有窗户必须牢固并设纱窗。

● 如果有地漏，管道水封始终充满消毒液。

● 人工或冲洗器洗刷动物笼子，冲洗最终温度至少 82 ℃。

● 设施内传染性废弃物要高压灭菌。

● 在感染动物室内和设施其他地方安装一个洗手池。

● 照明要适合于所有室内活动，不反射耀眼。

### 8.2.3 三级动物实验生物安全实验室

指按照 ABSL - 3 标准建造的实验室，适合于具有气溶胶传播潜在危害和引起致死性疾病的微生物感染动物的工作。

#### 8.2.3.1 标准操作

● 制定安全手册或手册草案。除了制定紧急情况下的标准安全对策、操作程序和规章制度，还应根据实际需要制定特殊适用的对策。

● 限制对工作不熟悉的人员进入动物室。为了工作或服务必须进入者，要告知他们工作中潜在的危险。

● 动物室应有合适的医疗监督，根据试验微生物或潜在微生物的危害程度，决定是否对实验人员进行免疫接种或检验（例如狂犬病疫苗和 TB 皮试）。如有必要，应该实施血清监测。

● 不允许在动物室内吃、喝、抽烟、处理隐形眼镜和使用化妆品、储藏人的食品。

● 所有实验操作过程均须十分小心，以减少气溶胶的产生和防止外溢。

● 操作传染性材料以后所有设备表面和工作台面用适当的消毒剂进行常规消毒，特别是有传染性材料外溢和其他污染时更要严格消毒。

● 所有动物室的废弃物（包括动物组织、尸体、污染的垫料、动物饲料、锐利物和其他垃圾）放入密闭的容器内并加盖，容器外表面消毒后进行高压蒸汽灭菌，然后建议焚烧。焚烧要合乎环保要求。

● 对锐利物进行安全操作。

● 工作人员操作培养物和动物以后要洗手，离开设施之前脱掉手套、洗手。

● 动物室的入口处必须有生物危害的标志。危害标志应说明使用病原微生物的种类，负责人的名单和电话号码，特别要指出对进入动物室人员的特殊要求（如免疫接种和面罩）。

● 所有收集的样品应贴上标签，放在能防止微生物传播的传递容器内。

● 实验和实验辅助人员要经过与工作有关的潜在危害防护的针对性培训。

● 建立评估暴露的方法，避免暴露。

● 对工作人员进行专业培训，所有培训记录要归档。

● 严格执行菌（毒）种保管和使用制度。

8.2.3.2 特殊操作

● 用过的动物笼具清洗拿出之前要高压蒸汽灭菌或用其他方法消毒。设施内仪器设备拿出检修打包之前必须消毒。

● 实验材料发生了外溢，要消毒打扫干净。如果发生传染性材料的暴露必须立刻向设施负责人报告，同时报国家兽医实验室生物安全管理委员会，最后的处理评估报告，也要及时报国家兽医实验室生物安全管理委员会，同时报实验室生物安全委员会回负责人。及时提供正确医疗评价、医疗监督和处理并保存记录。

● 所有的动物室内废弃物在焚烧或进行其他最终处理之前必须高压灭菌。

● 与实验无关的物品和生物体不允许带入动物实验室。

8.2.3.3 安全设备（初级防护屏障）

● 在危害评估确认的基础上使用个人防护器具。操作传染性材料和感染动物都要使用个体防护器具。工作人员进入动物实验室前要按规定穿戴工作服，再穿特殊防护服。不得穿前开口的工作服。离开动物室前必须脱掉工作服，并进行适合的包装，消毒后清洗。

● 操作感染动物时要戴手套，实验后以正确方式脱掉，在处理之前和动物实验室其他废弃物一同高压灭菌。

● 将感染动物饲养放在Ⅱ级生物安全设备中（如负压隔离器）。

● 操作具有产生气溶胶危害的感染动物和鸡胚的尸体、收取的组织和体液，或鼻腔接种动物时，应该使用Ⅱ级以上生物安全柜，戴口罩或面具。

8.2.3.4 设施（次级防护屏障）

三级动物生物安全实验室的感染动物在Ⅱ级或Ⅱ级以上生物安全设备中（如负压隔离器）饲养，所有操作均在Ⅱ级或Ⅱ级以上生物安全柜内进行，其次级屏障标准如下。

● 建筑物中的动物设施与人员活动区分开。

● 进入设施的门要安装闭门器。外门可由门禁系统控制。进入后为一更室（清洁区），其后是二更室（半污染区）。传递窗（室）和双扉高压灭菌器设置在清洁区与半污染区之间，为实验用品、设备和废弃物进出设施提供安全通道。从二更室进入动物室（污染区）经过自动互连锁门的缓冲室，进入动物房的门要向外开。

● 设施的设计、结构要便于打扫和保持卫生。内表面（墙、地板、天棚）应防水、耐腐。穿过墙、地板和天棚物件的穿孔要密封，管道开口周围要密封，门和门框间也要密封。

● 每个动物室靠近出口处设置一个非手动洗手池，每次使用后洗手池水封处用适合的消毒剂充满。

● 设施内的附属配件，如灯架、气道和功能管道排列尽可能整齐、减小水平表面。

● 所有窗户都要牢固和密封。

● 所有地漏的水封始终充以适当的消毒剂。

● 气流方向始终保证由清洁区流向污染区，由低污染区流向高污染区。空调系统应安装压力无关装置，以保证系统压力平衡，排风应采用一用一备自动切换系统。发生紧急情况时，应关闭送风系统，维持排风，保证实验室内安全负压。

● 供气需经 HEPA 过滤。排出的气体必须经过两级 HEPA 过滤排放，不允许在任何区域循环使用。

室内洁净度高于万级。

实验室送风口应在一侧的棚顶，出风口应在对面墙体的下部，尽量减少室内气流死角。保持单向气流，矢流方式较为合适。

实验室门口安装可视装置，能够确切表明进入实验室的气流方向。

Ⅱ级生物安全柜每年检测一次。Ⅱ级A型的排气可进入室内，Ⅱ级B2型安全柜和Ⅲ级安全柜的排风要通过实验室总排风系统排出。如果Ⅲ级安全柜是带有二次HEPA过滤、移动式，气流亦可在室内自循环。

● 动物笼在洗刷池内清洗，如用机器清洗最终温度达到82℃。

● 感染性废弃物从设施拿出之前必须高压灭菌。

● 有真空（抽气）管道（中心或局部）的，每一个管道连接应该安装液体消毒罐和HEPA，安装在靠近使用点或靠近开关处。过滤器安装应易于消毒更换。

● 照明要适应所有的活动，不反射耀眼，以免影响视觉。

● 上述的3级生物安全设施和操作程序是强制性规定。

实验室的验收或年检应参考ISO10648标准检测方法进行密封性测试，其检测压力不低于250Pa，半小时的小时泄漏率不超过10%，以保证维护结构的可靠性。

新建设施的功能必须检测验收，确认设计和运作参数合乎要求方能使用。

运行后每年进行一次检测确认。

### 8.2.4 四级动物实验生物安全实验室

指按照ABSL-4标准建造的实验室，适用于本国和外来的、通过气溶胶传播或不知其传播途径的、引起致死性疾病的高度危害病原体的操作。必须使用Ⅲ级生物安全柜系列的特殊操作和正压防护服的操作。

#### 8.2.4.1 标准操作

● 应该制定特殊的生物安全手册或措施。除了制定紧急情况下的对策、程序和草案外，还要制定适当的针对性对策。

● 未经培训的人员不得进入动物实验室。因为工作或实验必须进入者，应对其说明工作的潜在危害。

● 所有进入ABSL-4设施的人必须建立医疗监督，监督项目必须包括适当免疫接种、血清收集及暴露危险等有效性协议和潜在危害预防措施。一般而言，感染危险性增加者或感染后果可能严重的人不允许进入动物设施，除非有特殊办法能避免额外危险。这应由专业保健医师做出评价。

● 负责人要告知工作人员工作中特殊的危险，让他们熟读安全规程并遵照执行。

● 设施内禁止吃、喝、抽烟、处理隐形眼镜、使用化妆品和储藏食品。

● 所有操作均须小心，尽量减少气溶胶的产生和外溢。

● 传染性工作完成之后，工作台面和仪器表面要用有效的消毒液进行常规消毒，特别是有传染性材料溢出和溅出或其他污染时更要严格消毒。

● 外溢污染一旦发生，应由具有从事传染性实验工作训练和有经验的人处理。外溢事故明显造成传染性材料暴露时要立即向设施负责人报告，同时报国家兽医实验室生物安全管理委员会，最后的处理评估报告，也要及时报国家兽医实验室生物安全管理委员会，同时报实验室生物安全委员会回负责人。及时提供正确医疗评价、医疗监督和处理并保存记录。

● 全部废弃物（含动物组织、尸体和污染垫料）、其他处理物和需要洗的衣服均需用安装在次级屏障墙壁上的双扉高压蒸汽灭菌器消毒。废弃物要焚烧。

● 要制定使用利器的安全对策。

● 传染性材料存在时，设施进口处标示生物安全符号，标明病原微生物的种类、实验室负责人的名单和电话号码，说明对进入者的特殊要求（如免疫接种和呼吸道防护）。

● 动物实验室工作人员要接受与工作有关的潜在危害的防护培训，懂得避免暴露的措施和暴露评估的方法。每年定期培训，操作程序发生变化时还要增加培训，所有培训都要记录、归档。

● 动物笼具在清洗和拿出动物实验室之前要进行高压灭菌或用其他可靠方法消毒。用传染性材料工作之后，对工作台面和仪器应用适当的消毒剂进行常规消毒。特别是传染材料外溅时更要严格消毒。仪器修理和维修拿出之前必须消毒。

● 进行传染性实验必须指派 2 名以上的实验人员。在危害评估的基础上，使用能关紧的笼具，操作动物要对动物麻醉，或者用其他的方法，必须尽可能减少工作中感染因子的暴露。

● 与实验无关的材料不许进入动物实验室。

● 严格执行菌（毒）种保管和使用制度。

8.2.4.2 特殊操作

● 必须控制人员进入或靠近设施（24 小时监视和登记进出）。人员进出只能经过更衣室和淋浴间，每一次离开设施都要淋浴。除非紧急情况，不得经过气锁门离开设施。

● 在安全柜型实验室中，工作人员的衣服在外更衣室脱下保存。穿上全套的实验服装（包括外衣、裤子、内衣或者连衣裤、鞋、手套）后进入。在离开实验室进入淋浴间之前，在内更衣室脱下实验服装。服装洗前应高压灭菌。在防护服型实验室中，工作人员必须穿正压防护服方可进入。离开时，必须进入消毒淋浴间消毒。

● 进入设施的实验用品和材料要通过双扉高压锅或传递消毒室。高压灭菌器应双门互连锁，不排蒸汽，冷凝水自动回收灭菌，避免外门处于开启状态。

● 建立事故、差错、暴露、雇员缺勤报告制度和动物实验室有关潜在疾病的医疗监督系统，这个系统要附加以潜在的和已知的与动物实验室有关疾病的检疫、隔离和医学治疗设施。

● 定期收集血清样品进行检测并把结果通知本人。

8.2.4.3 安全设备（初级防护屏障）

● 在安全柜型实验室中，感染动物均在Ⅲ级生物安全设备中（如手套箱型隔离器）饲养，所有操作均在Ⅲ级生物安全柜内进行，并配备相应传递和消毒设施。在防护服型实验室中，工作人员必须穿正压防护服方可进入。感染动物可饲养在局部物理防护系统中（如把开放的笼子放在负压层流柜或负压隔离器中），操作可在Ⅱ级生物安全柜内进行。

● 重复使用的物品，包括动物笼在拿出设施前必须消毒。废弃物拿出设施之前必须高压消毒，然后焚烧。焚烧应符合环保要求。

8.2.4.4 设施（次级防护屏障）

● ABSL—4 与 BSL—4 的设施要求基本相同，两者必须紧密结合在一起进行统一考虑，或者说，与前面讨论的规定（安全实验室）相匹配。本节没有提到的均应按Ⅳ级生物安全水平要求执行。

● 动物饲养方法要保证动物气溶胶经过高效过滤净化后方可排放至室外，不能进入室内。

● 一般情况，操作感染动物，包括接种、取血、解剖、更换垫料、传递等，都要在物理防护条件下进行。能在Ⅲ级安全柜内进行的必须在其内操作。

● 根据实验动物的大小、数量，要特殊设计感染动物的消毒和处理设施，保证不危害人员、不污染环境。污染区与半污染区之间的灭菌器（一次灭菌）安装位置、数量和方法见"Ⅳ级生物安全水平"部分。此外，在半污染区与清洁区之间的再安装一台双扉高压蒸汽灭菌器（二次病菌），以便灭菌其他污染物，必要时进行再次高压灭菌。

● 特殊情况，不能在Ⅲ级安全柜内饲养的大动物或动物数量较多时，动物实验室要根据情况特殊设计。

确定动物实验室容积，结构密闭合乎要求，设连锁的气闸门。

要有足够的换气次数，负压过滤通风采用矢流方式，避免死角。

高压灭菌的尸体可经二次灭菌传出，亦可密闭包装、表面消毒通过设置在污染区与清洁区之后的气闸门送出、焚烧。

实验室的验收或年检应参考 ISO10648 标准检测方法进行密封性测试，其检测压力不低于 500Pa，半小时的小时泄漏率不超过 10％，以保证维护结构的可靠性。实验室每年必须检测一次，确认合乎设计和运行参数的要求，才能继续运行。

实验室内外应有适合的通讯联系设施（电话、传真、计算机等），进行无纸化操作。

**9  生物危害标志及使用**

9.1  生物危害标志

如图所示：

生物危险    级
注：标志为红色，文字为黑色

9.2  生物危害标志的使用

9.2.1  在 BSL‐2/ABSL‐2 级兽医生物安全实验室入口的明显位置必须粘贴标有危险级别的生物危害标志。

9.2.2  在 BSL‐3/ABSL‐3 级及以上级别兽医生物安全实验室所在的建筑物入口、实验室入口及操作间均必须粘贴标有危害级别的生物危害标志，同时应标明正在操作的病原微生物种类。

9.2.3 凡是盛装生物危害物质的容器、运输工具、进行生物危险物质操作的仪器和专用设备等都必须粘贴标有相应危害级别的生物危害标志。

# 参考文献

[1] 马兴树. 禽传染病实验诊断技术 [M]. 北京：化学工业出版社，2006.

[2] 孔繁瑶. 家畜寄生虫学：第二版 [M]. 北京：中国农业大学出版社，1997.

[3] 白文彬，于康震. 动物传染病诊断学 [M]. 北京：中国农业出版社，2002.

[4] 李国清. 兽医寄生虫学：第一版 [M]. 广州：广东高等教育出版社，1999.

[5] 汪明. 兽医寄生虫学：第三版 [M]. 北京：中国农业出版社，2003.

[6] 李祥瑞. 动物寄生虫病彩色图谱（第二版）[M]. 北京，中国农业出版社，2011.

[7] 全国动物检疫标准化技术委员会. 高致病性禽流感诊断技术：GB/T 18936—2003 [S]. 北京：中国标准出版社，2003.

[8] 国家认证许可监督管理委员会. 禽伤寒和鸡白痢检疫技术规范：SN/T 1222—2012 [S]. 北京：中国标准出版社，2012.

[9] 全国动物检疫标准化技术委员会. 新城疫诊断技术：GB/T 16550—2008 [S]. 北京：中国标准出版社，2009.

[10] DíAZ A，CASARAVILLA C，ALLEN J S，et al. Understanding the laminated layer of larval Echinococcus II：Immunology [J]. Trends in parasitology，2011，27：264 - 273.

[11] ECKERT J，GEMMELL M A，MESLIN F-X，et al. WHO/OIE manual on Echinococcosis in humans and animals：a public health problem of global concern [M/OL]. Paris：World Organisation for Animal Health，2001 [2012 - 06 - 16]. https：//apps. who. int/iris/handle/10665/42427.

[12] TAYLOR M A. Veterinary Parasitology [M]. 4th ed. New Jersey：Wiley Blackwell，2016.

**图书在版编目（CIP）数据**

预防兽医学综合实验教程 / 张浩吉，黄淑坚，张济培主编 . —北京：中国农业出版社，2020.7
　　ISBN 978-7-109-27093-0

　　Ⅰ . ①预… 　Ⅱ . ①张… ②黄… ③张… 　Ⅲ . ①兽医学－预防医学－实验医学－教材 　Ⅳ . ①S85-33

中国版本图书馆 CIP 数据核字（2020）第 129531 号

中国农业出版社出版

地址：北京市朝阳区麦子店街 18 号楼
邮编：100125
责任编辑：刁乾超　王陈路
版式设计：王　怡　责任校对：刘丽香
印刷：中农印务有限公司
版次：2020 年 7 月第 1 版
印次：2020 年 7 月北京第 1 次印刷
发行：新华书店北京发行所
开本：787mm×1092mm　1/16
印张：14.75　插页：8
字数：368 千字
定价：38.00 元

彩图1 肝片吸虫的浸渍标本

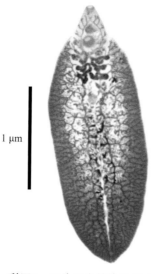

1 μm

彩图2 肝片吸虫的染色标本

彩图3 姜片吸虫的
染色标本

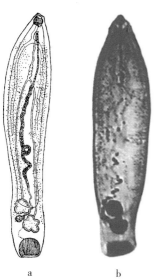

a      b

彩图4 长菲策吸虫染色标本
（引自李祥瑞，2011）

彩图5 透明前殖吸
虫染色标本

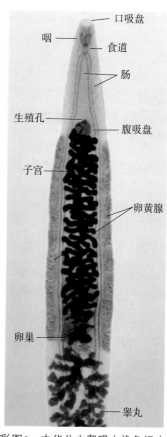

口吸盘

咽 —— 食道

肠

生殖孔

腹吸盘

子宫

卵黄腺

卵巢

睾丸

彩图6 中华分支睾吸虫染色标本
（引自DwightD.Bowman,2013）

彩图7 贝氏莫尼茨绦虫前端和
成熟节片染色标本

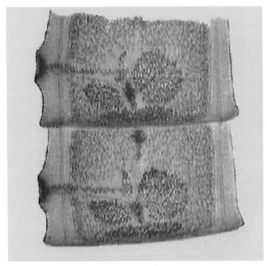
彩图8　有钩绦虫的成熟节片染色标本

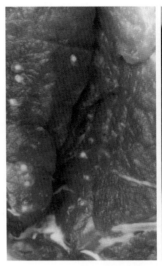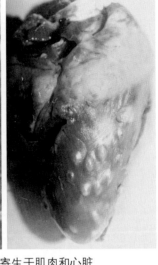
彩图9　猪囊尾蚴寄生于肌肉和心脏

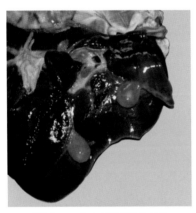
彩图10　寄生于肝脏表面的
　　　　细颈囊尾蚴

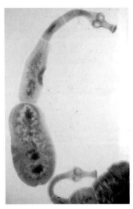
彩图11　细粒棘球绦虫
　　　　染色标本

彩图12　寄生于肝脏的棘球蚴

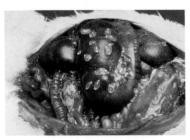
彩图13　寄生于兔肝、肠系膜和
　　　　腹腔的豆状囊尾蚴

彩图14　矛形剑带绦虫实物
　　　　（张浩吉提供）

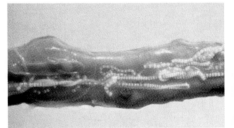
彩图15　寄生于鸡小肠的赖利绦虫

彩图16　犬复孔绦虫

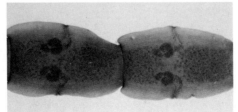
彩图17　犬复孔绦虫的成熟节片

彩图18　粪便中犬复孔绦虫的
　　　　孕卵节片

彩图19　鸡肠道内寄生的鸡蛔虫

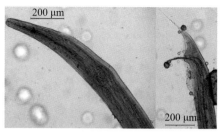

彩图20　鸡异刺线虫雄虫头端和尾端

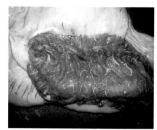

彩图21　寄生于猪盲肠的毛首线虫

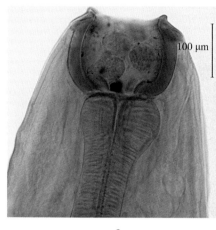

a　　　　　　　　　　　　b

彩图22　有齿冠尾线虫染色标本
a.虫体头端　b.虫卵

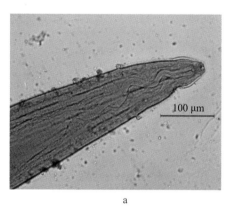

a

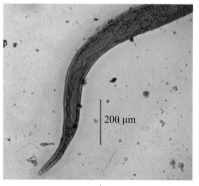

b

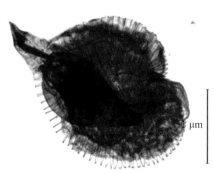

c

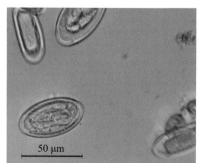

d

彩图23　美洲四棱线虫
a. 雄虫头端　b.雄虫尾端　c.雌虫　d.虫卵

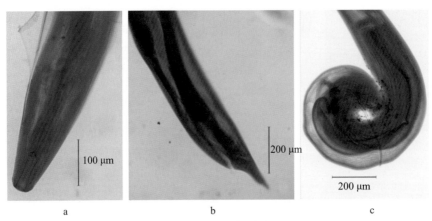

彩图24 圆形似蛔线虫

a. 雌虫头端　b.雌虫尾端　c.雄虫尾端

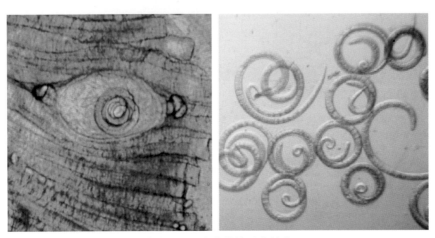

彩图25 肌肉中的旋毛虫幼虫

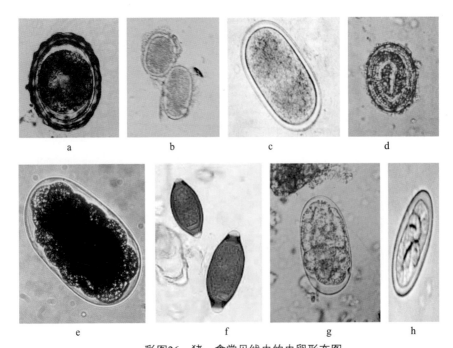

彩图26 猪、禽常见线虫的虫卵形态图

a.猪蛔虫卵　b.鸡蛔虫卵　c.鸡异刺线虫卵　d.后圆线虫卵　e.毛首线虫卵　f.冠尾线虫卵　g.食道口线虫卵　h.六翼泡首线虫卵

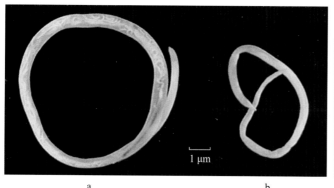
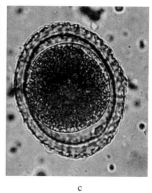

a             b             c

彩图27 牛新蛔虫
a.雌虫 b.雄虫 c.虫卵

彩图28 绵羊夏伯特线虫口囊和雄虫尾端

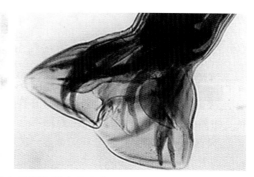

彩图29 羊仰口线虫口囊和雄虫交合伞

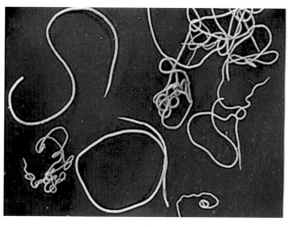
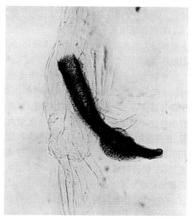

a                               b

彩图30 丝状网尾线虫
a.实物 b.雄虫尾部（交合刺）

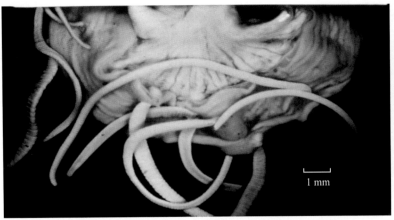

彩图31 以吻突附着于猪空肠的壁蛭形巨吻棘头虫

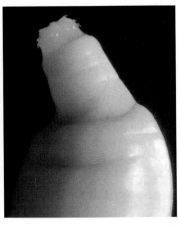

彩图32 蛭形巨吻棘头虫的头端

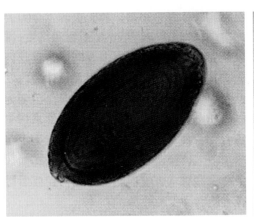

彩图33 蛭形巨吻棘头虫虫卵

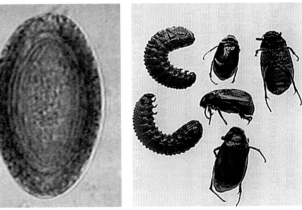

彩图34 蛭形巨吻棘头虫中间宿
主金龟子成虫及幼虫

彩图35 鸭多形棘头虫虫体

彩图36 鸭多形棘头虫头端

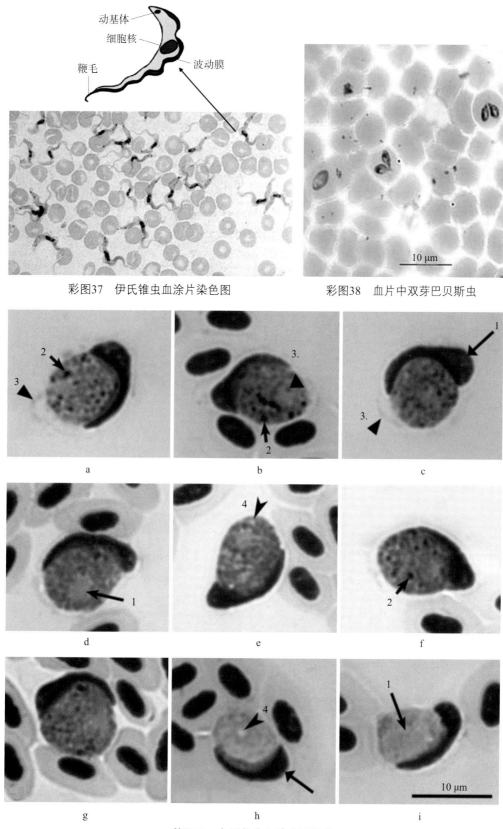

动基体

细胞核

波动膜

鞭毛

彩图37　伊氏锥虫血涂片染色图

10 μm

彩图38　血片中双芽巴贝斯虫

2

3

a

3.

2

b

1

3.

c

1

d

4

e

2

f

g

4

h

1

10 μm

i

彩图39　卡氏住白细胞虫配子体

a～g.大配子体　h～i.小配子体

（Nubia E Matta，2013）

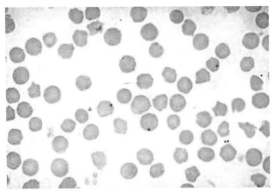

彩图40　红细胞中的边缘乏质体

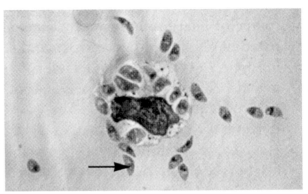

彩图41　弓形虫的滋养体形态

彩图42　横纹肌中的住肉孢子虫
包囊——米氏囊

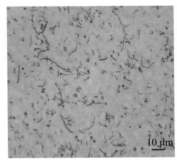

a　　　　　　　　　　　　　b

彩图43　副猪嗜血杆菌在显微镜下的形态
（革兰氏染色，1 000×）

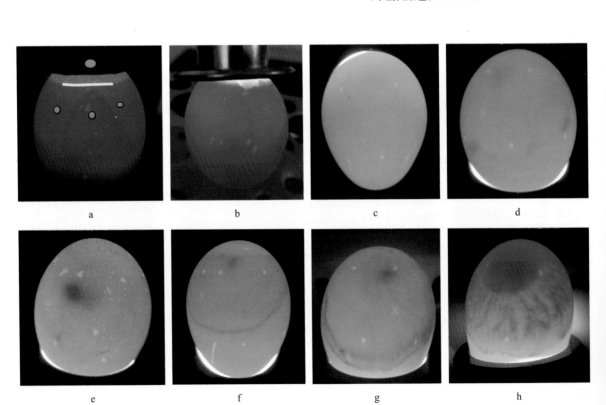

a　　　　　　b　　　　　　c　　　　　　d

e　　　　　　f　　　　　　g　　　　　　h

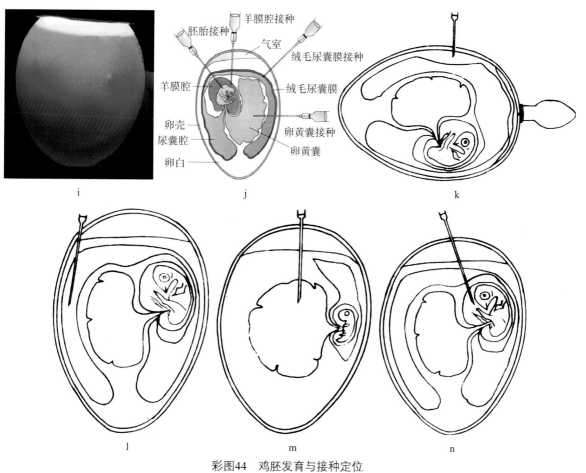

彩图44 鸡胚发育与接种定位

a.鸡胚接种定位 b.正常发育鸡胚 c.未受精蛋，俗称光蛋 d.死胚蛋 e.死胚蛋 f.死胚蛋 g.死胚蛋 h.死胚蛋
i.接种物致死胚蛋 j.禽胚结构图 k.绒毛尿囊膜接种 l.尿囊腔接种 m.卵黄囊接种 n.羊膜腔接种

彩图45 犬细小病毒病的血便

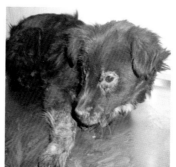

彩图46 犬瘟热的眼周围脓性
分泌物

彩图48 猫冠状病毒病的腹腔积液

彩图47 犬瘟热爪垫严重的
角质化

彩图49 非渗出型，眼睛表现为葡萄膜炎

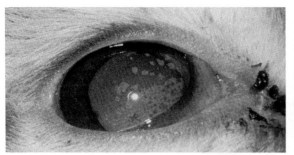

彩图50　病猫右眼出现角蛋白沉淀物

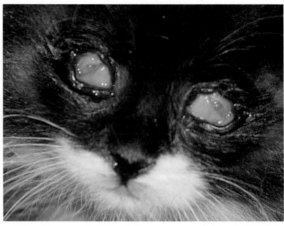

彩图51　猫传染性鼻支气管炎的眼部症状

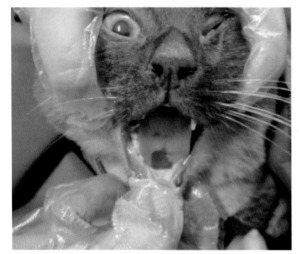

彩图52　猫杯状病毒病的口腔舌面溃疡

彩图53　血红扇头蜱雄虫腹面观

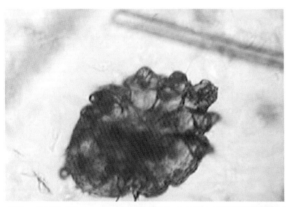

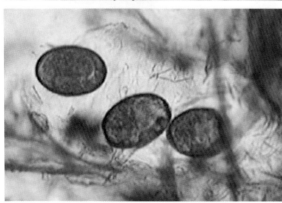

彩图54　疥螨的成虫和虫卵

彩图55　蠕形螨

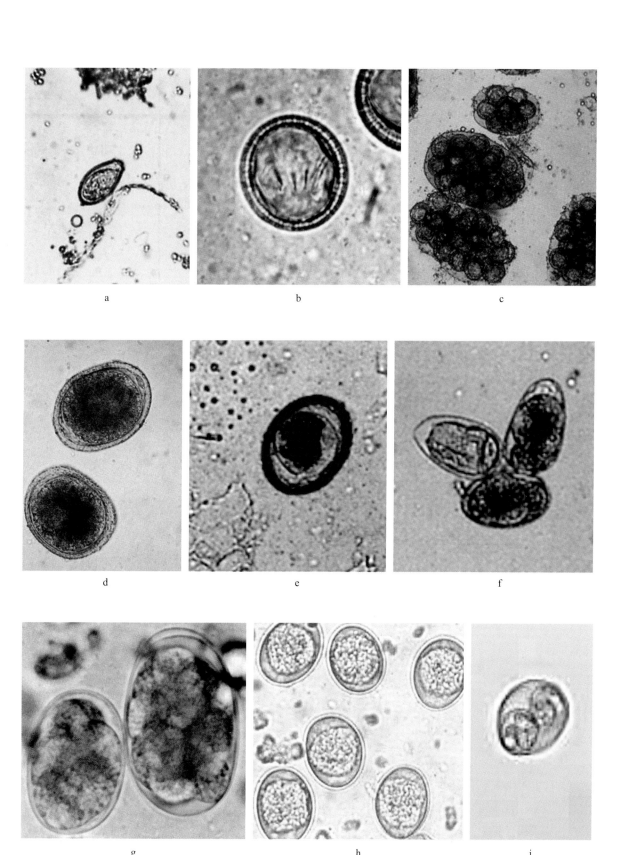

彩图56　犬粪便中寄生虫虫卵形态

a.华支睾吸虫卵　b.泡状带绦虫卵　c.犬复孔绦虫卵袋及虫卵　d.犬弓首蛔虫卵　e.犬狮弓蛔虫卵　f.犬钩虫卵
g.犬钩虫卵（放大）　h.犬等孢球虫卵　i.犬等孢球虫卵（孢子化）

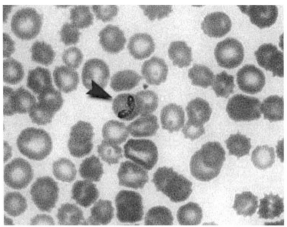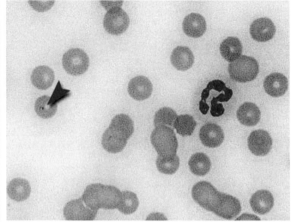

彩图57　犬巴贝斯虫

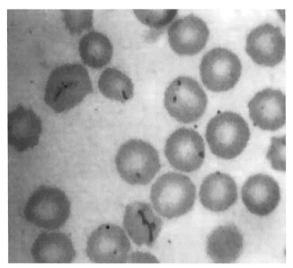

彩图58　犬附红细胞体

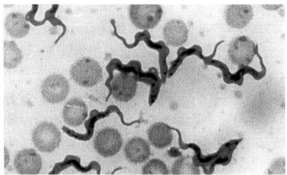

彩图59　伊氏锥虫的吉姆萨染色

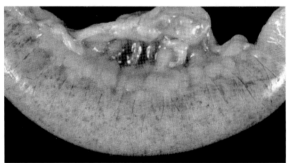

彩图61　毒害艾美耳球虫引起的小肠中段病变

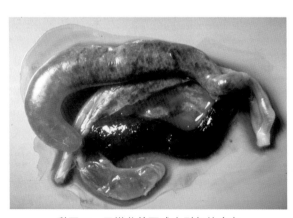

彩图60　柔嫩艾美耳球虫引起的病变

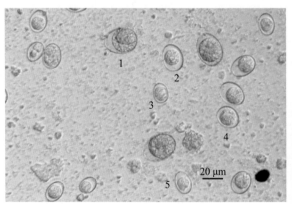

彩图62　粪便检查中多种艾美耳球虫的未孢子化卵囊

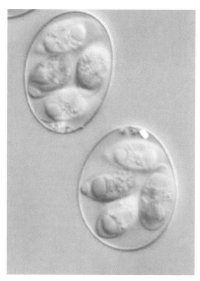

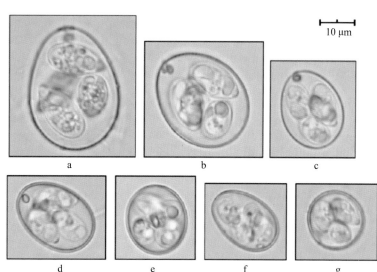

彩图63　堆形艾美耳球虫的
　　　　孢子化卵囊

彩图64　鸡7种艾美耳球虫孢子化卵囊
（Cesar Beltrán Castañón，2007）
a.巨型艾美耳球虫　b.布氏艾美耳球虫　c.柔嫩艾美耳球虫　d.毒害艾美耳球虫
e.早熟艾美耳球虫　f.堆型艾美耳球虫　g.和缓艾美耳球虫

彩图65　家禽颈静脉放血
（陈建红拍摄）

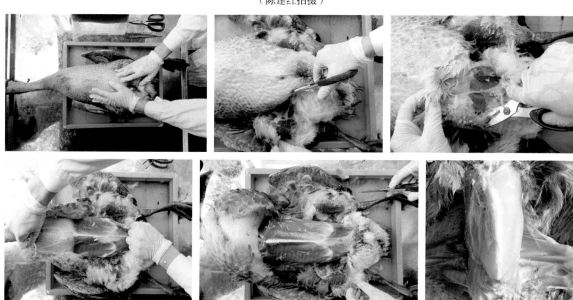

彩图66　家禽腹部皮肤切开与皮下、肌肉检查
（陈建红、张济培拍摄）

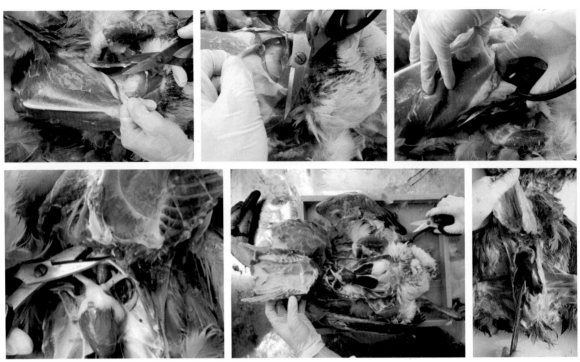

彩图67　腹部皮肤切开与皮下、肌肉检查

（陈建红、张济培拍摄）

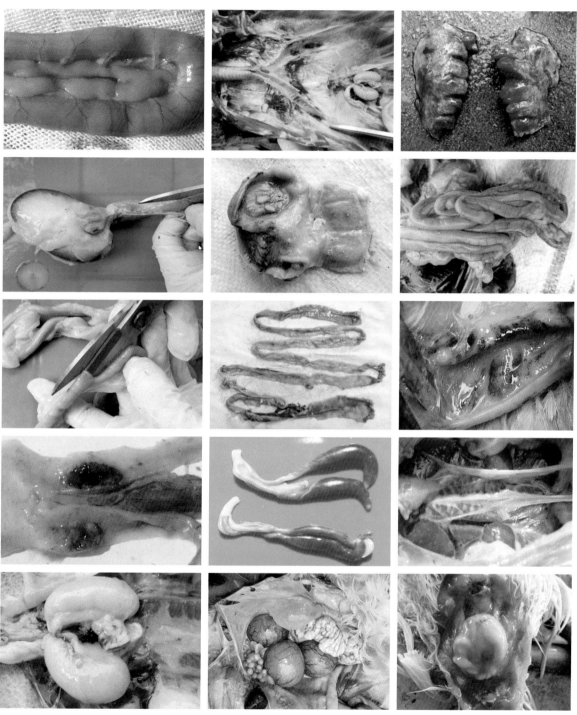

彩图68　家禽各内脏器官的检查

（张济培、陈建红拍摄）

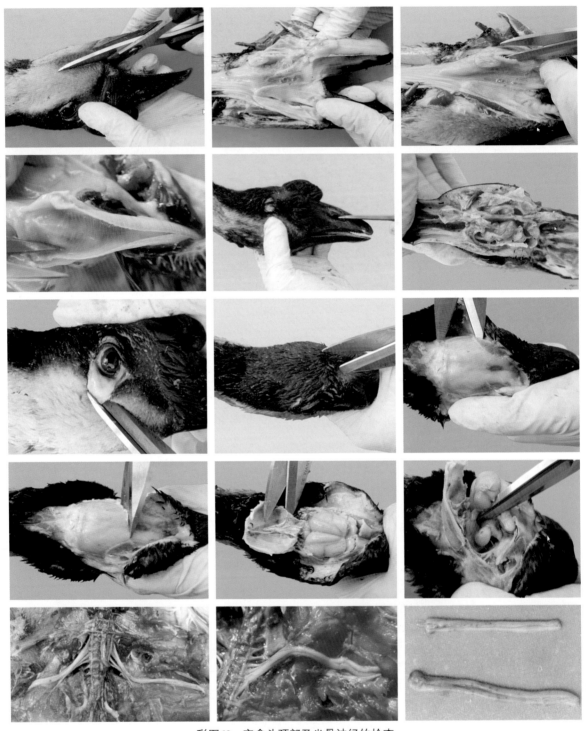

彩图69　家禽头颈部及坐骨神经的检查
（张济培、陈建红拍摄）